电工电路识图
从入门到精通

韩雪涛　主编

吴　瑛　韩广兴　副主编

U0196370

化学工业出版社

·北京·

内 容 简 介

本书采用全彩图解的方式，从电工电路识图基础入手，全面系统地介绍电工电路识读的专业知识和电工电路识读案例，主要内容包括：电工电路基础、电工识图基础、照明控制电路识图、供配电系统电气线路识图、电动机控制电路识图、常用机电设备控制电路识图、PLC及变频器控制电路识图、检测及保护电路识图、农业电气控制电路识图、电子电路识图技能。

本书内容全面实用，案例丰富，图解演示，易学易懂，大量实用案例的讲解帮助读者举一反三，解决工作中的实际问题。同时，对关键知识和技能增加微视频讲解，读者扫描书中二维码即可观看，视频配合图文讲解，轻松掌握识图技能。

本书可供电工、电子技术人员，电气设计、安装、维修人员学习使用，也可作为职业院校相关专业培训教材。

图书在版编目（CIP）数据

电工电路识图从入门到精通/韩雪涛主编.—北京：
化学工业出版社，2021.10（2023.4重印）
ISBN 978-7-122-39539-9

Ⅰ.①电…　Ⅱ.①韩…　Ⅲ.①电路图-识图-图解
Ⅳ.①TM02-64

中国版本图书馆CIP数据核字（2021）第138496号

责任编辑：李军亮　徐卿华　　　　　文字编辑：宁宏宇　陈小滔
责任校对：边　涛　　　　　　　　　装帧设计：关　飞

出版发行：化学工业出版社（北京市东城区青年湖南街13号　邮政编码100011）
印　　装：北京缤索印刷有限公司
787mm×1092mm　1/16　印张21　字数520千字　2023年4月北京第1版第2次印刷

购书咨询：010-64518888　　　　　　售后服务：010-64518899
网　　址：http://www.cip.com.cn
凡购买本书，如有缺损质量问题，本社销售中心负责调换。

定　　价：99.00元　　　　　　　　　　　　　　　　版权所有　违者必究

前 言

随着电气控制技术的不断升级，电气智能化得到突飞猛进的发展，同时也为电工领域提供了广阔的就业机会，电气设计、安装、维修的岗位需求强烈。电工电路识图是目前电工电子领域一项非常重要的基础技能，无论从事电气线路规划、设计、安装还是电气系统保养、维修，都需要具备一定的电工电路知识，因此掌握过硬的电工电路识图技能就显得尤为重要。

电工电路的识图技能，不仅包含基本的电路知识，也包含电气控制过程与各电气设备的控制原理及其控制关系。电工电路识图不能与实际需求脱节，要真正掌握识图的方法和技巧，才能应用于实际工作。

针对以上情况，我们根据国家相关职业标准，按照岗位技术要求，特别组织编写了《电工电路识图从入门到精通》。本书从电工电路识图基础入手，对电工电路识图的专业知识和实用技能进行了详细讲解，主要内容包括：电工电路基础、电工识图基础、照明控制电路识图、供配电系统电气线路识图、电动机控制电路识图、常用机电设备控制电路识图、PLC及变频器控制电路识图、检测及保护电路识图、农业电气控制电路识图、电子电路识图技能。本书的最大特色就是将知识与技能紧密结合，通过图解演示讲解电工电路识图的方法和技巧，并给出大量实际案例供读者练习，达到实战的效果。

在编写方式上，本书采用图解的方式，将专业知识和技能通过图解演示的方式呈现，让读者一看就懂，一学就会。对于结构复杂的电路，通过图解流程演示讲解的方式，让读者跟随信号流程完成对电路控制关系的识读，最终达到对电路的理解，不仅充分调动了读者的主观学习能动性，同时大大提高了学习效率。

另外，本书对关键知识和技能采用了"微视频"的教学模式，读者通过手机扫描书中二维码即可打开相关视频，观看图书相应内容的有声讲解及关键知识和技能的演示操作。

需要说明的是，本书所选用的多为实际工作案例，电路图纸很多都是原厂图纸，电路图中所使用的图形及文字符号与厂家实物标注一致（各厂家的标注不完全一致），为了便于学习和查阅，本书对电路图中不符合国家标准规定的图形及文字符号不作修改，在此特别加以说明。

本书由数码维修工程师鉴定指导中心组织编写，由韩雪涛任主编，吴瑛、韩广兴任副主编，参加编写的还有张丽梅、吴玮、韩雪冬、周文静、吴鹏飞、张湘萍、唐秀鸾。由于水平有限，编写时间仓促，书中难免会出现疏漏，欢迎读者指正，也期待与您的技术交流。

数码维修工程师鉴定指导中心

联系电话：022-83718162/83715667/13114807267

E-Mail：chinadse@163.com

地址：天津市南开区榕苑路 4 号天发科技园 8-1-401

邮编：300384

编者

目录

第8章 检测及保护电路
识图 /239

第9章 农业电气控制电路
识图 /267

第 10 章　电子电路识图技能 / 300

视频讲解目录

第1章 ▶▶▶
电工电路基础

1.1 电磁感应与交直流电

1.1.1 电磁感应

（1）电流感应磁场

磁场通俗地讲就是存在磁力的场所，我们可以用铁粉末验证磁场的存在。

在一块硬纸板下面放一块磁铁，在纸板上面撒一些细的铁粉末，铁粉末会自动排列起来，形成一串串曲线的样子，如图1-1所示。在两个磁极附近和两个磁极之间被磁化的铁粉末所形成的纹路图案是很有规律的线条。它是从磁体的N极出发经过空间到磁体的S极的线条，在磁体内部从S极又回到N极，形成一个封闭的环。通常说磁力线的方向就是磁体N极所指的方向。

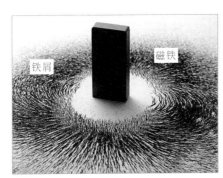
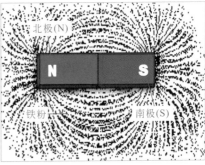

图1-1 磁铁周围的磁场

图1-1所示为磁铁周围的磁场。磁铁的磁极之间存在由铁粉末构成的曲线，代表着磁极

之间相互作用的强弱。只要有磁极存在，它就向空间不断地发出磁力线，而且离磁极越近的地方磁力线的密度越高，而远处磁力线的排列则比较稀疏。

【提示】▶▶▶

如图 1-2 所示，如果金属导线通过电流，那么借助铁粉末，可以看到在导线的周围产生磁场，而且导线中通过的电流越大产生的磁场越强。

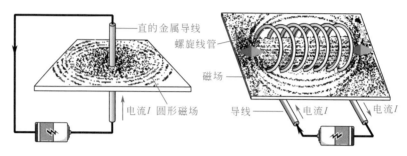

图 1-2　电流感应出磁场

【相关资料】▶▶▶

流过导体的电流方向和所产生的磁场方向之间有着明确的关系。图 1-3 所示为右手定则（即安培定则），说明了电流周围磁场方向与电流方向的关系。

直线电流的安培定则：用右手握住导线，让伸直的大拇指所指的方向跟电流的方向一致，那么弯曲的四指所指的方向就是磁力线的环绕方向，如图 1-3（a）所示。

环形电流的安培定则：让右手弯曲的四指和环形电流的方向一致，那么伸直的大拇指所指的方向就是环形电流中心轴线上磁力线（磁场）的方向，如图 1-3（b）所示。

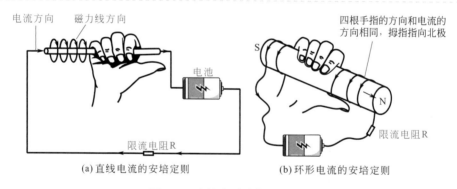

(a) 直线电流的安培定则　　　　(b) 环形电流的安培定则

图 1-3　安培定则（右手定则）

（2）磁场感应出电流

磁场也能感应出电流，把一个螺线管两端接上检测电流的检流计，在螺线管内部放置一根磁铁。当把磁铁很快地抽出螺线管时，可以看到检流计指针发生了偏转，而且磁铁抽出的速度越快，检流计指针偏转的程度越大。同样，如果把磁铁插入螺线管，检流计也会偏转，但是偏转方向和抽出时相反，检流计指针偏摆表明线圈内有电流产生。

图1-4所示为磁场感应出电流。当闭合回路中一部分导体在磁场中作切割磁感线运动时，回路中就有电流产生；当穿过闭合线圈的磁通发生变化时，线圈中就有电流产生。这种由磁产生电的现象，称为电磁感应现象，产生的电流叫感应电流。

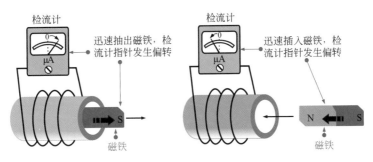

图1-4　磁场感应出电流

感应电流的方向，跟导体切割磁力线的运动方向和磁场方向有关。即当闭合回路中一部分导体作切割磁力线运动时，所产生的感应电流方向可用右手定则来判断，如图1-5所示。伸开右手，使拇指与四指垂直，并都跟手掌在一个平面内，让磁力线穿入手心，拇指指向导体运动方向，四指所指的即为感应电流的方向。

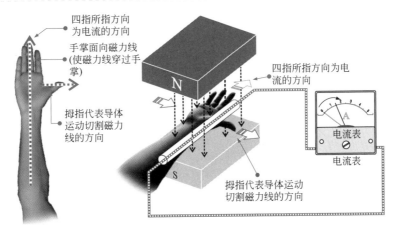

图1-5　右手定则

1.1.2　交流电与直流电

（1）直流电

直流电（Direct Current，DC）是指电流流向单一，其方向和时间不作周期性变化，即电流的方向固定不变，是由正极流向负极，但电流的大小可能不固定。

直流电可以分为脉动直流和恒定直流两种，脉动直流中电流大小不稳定；而恒定直流中的电流大小能够一直保持恒定不变。图1-6所示为脉动直流和恒定直流。

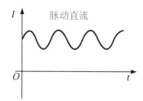

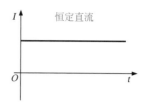

图1-6 脉动直流和恒定直流

【相关资料】▶▶▶

一般将可提供直流电的装置称为直流电源，它是一种形成并保持电路中恒定直流的供电装置，例如干电池、蓄电池、直流发电机等。直流电源有正、负两极，当直流电源为电路供电时，直流电源能够使电路两端之间保持恒定的电位差，从而在外电路中形成由电源正极到负极的电流，如图1-7所示。

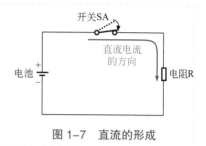

图1-7 直流的形成

（2）交流电

交流电（Alternating Current，AC）一般是指电流的大小和方向会随时间作周期性的变化。

日常生活中所用的电气产品都需要有供电电源才能正常工作，大多数的电气设备都是由市电交流220V、50Hz作为供电电源。这是我国公共用电的统一标准，交流220V电压是指相线即火线对零线的电压。

交流电是由交流发电机产生的，交流发电机可以产生单相和多相交流电。图1-8所示为产生单相交流电和三相交流电。

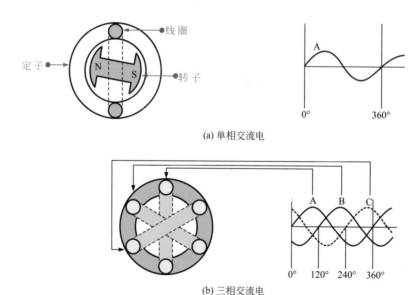

(a) 单相交流电

(b) 三相交流电

图1-8 产生单相交流电和三相交流电

① 单相交流电 单相交流电是以一个交变电动势作为电源的电力系统，在单相交流电路

中，只具有单一的交流电压，其电流和电压都是按一定的频率随时间变化。

图 1-9 所示为单相交流电的产生。在单相交流发电机中，只有一个线圈绕制在铁芯上构成定子，转子是永磁体，其内部的定子上有一组线圈，它所产生的感应电动势（电压）也为一组，由两条线进行传输，这种电源就是单相电源，这种配电方式称为单相二线制。

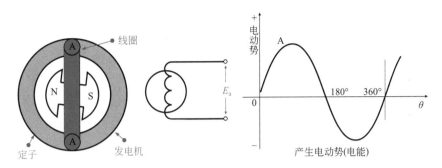

图 1-9　单相交流电的产生

【相关资料】▶▶▶

　　单相电路是由单相电源、单相负载和线路组成，有一根相线和一根零线，一般情况下单相电源的电压为 220V，多用于照明用电和家庭用电。

② 多相交流电　多相交流电根据相线数的不同，还可以分为两相交流电和三相交流电。

图 1-10 所示为两相交流电的产生。在发电机内设有两组定子线圈互相垂直地分布在转子外围。转子旋转时两组定子线圈产生两组感应电动势，这两组电动势之间有 90° 的相位差，这种电源为两相电源。这种方式多在自动化设备中使用。

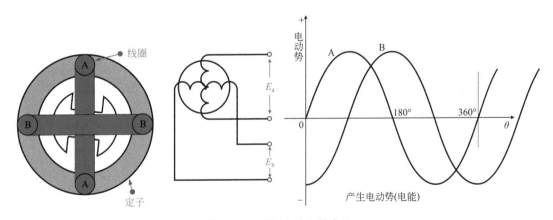

图 1-10　两相交流电的产生

图 1-11 所示为三相交流发电机。通常，把三相电源线路中的电压和电流统称三相交流电，这种电源由三条线来传输，三线之间的电压大小相等（380V）、频率相同（50Hz），相位差为 120°。三相 380V 交流电源是我国采用的统一标准。

三相交流电是由三相交流发电机产生的。在定子槽内放置三个结构相同的定子绕组 A、B、C，这些绕组在空间互隔 120°。转子旋转时，其磁场在空间按正弦规律变化，当转子由水轮机或汽轮机带动以角速度 ω 等速地顺时针方向旋转时，在三个定子绕组中，就产生频率相同、幅值相等、相位上互差 120° 的三个正弦电动势，这样就形成了对称三相电动势。

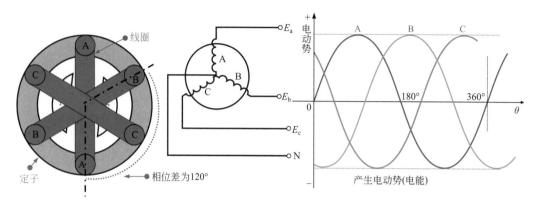

图 1-11　三相交流发电机

【相关资料】▶▶▶

　　三相电路是由三相电源、三相负载以及三相线路组成，通常有三根相线和一根零线，一般情况下三相电为 380V 多动力设备供电。实际上，住宅用电的供给也是从三相配电系统中抽取其中的某一相与零线构成电源。在三相电路中，相线与相线之间的电压为 380V，而相线与零线之间的电压为 220 V，如图 1-12 所示。

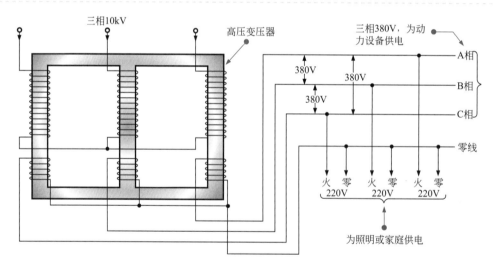

图 1-12　三相交流电路的电压

【提示】▶▶▶

　　交流发电机的基本结构如图 1-13 所示，转子是由永磁体构成的，当水轮机或汽轮机带动发电机转子旋转时，转子磁极旋转，会对定子线圈辐射磁场，磁力线切割定子线圈，定子线圈中便会产生感应电动势，转子磁极转动一周就会使定子线圈产生相应的电动势（电压）。由于感应电动势的强弱与感应磁场的强度成正比，感应电动势的极性也与感应磁场的极性相对应。定子线圈所受到的感应磁场是交替周期性变化的。转子磁极匀速转动时，感应磁场是按正弦规律变化的，发电机输出的电动势则为正弦波形。

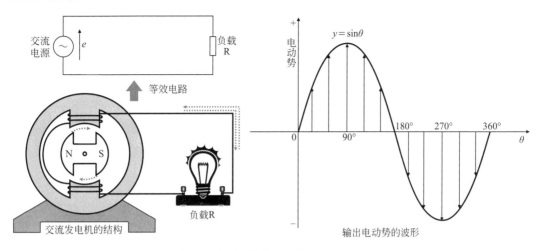

图 1-13　交流发电机的结构和原理

【相关资料】▶▶▶

　　发电机是根据电磁感应原理产生电动势的，当线圈受到变化磁场的作用时，即线圈切割磁力线便会产生感应磁场，感应磁场的方向与作用磁场方向相反。发电机的转子可以被看作是一个永磁体，如图 1-14（a）所示，当 N 极旋转并接近定子线圈时，会使定子线圈产生感应磁场（N），线圈产生的感应电动势为一个逐渐增强的曲线，当转子磁极转过线圈继续旋转时，感应磁场则逐渐减小。

　　当转子磁极继续旋转时，转子磁极 S 开始接近定子线圈，磁场的磁极发生了变化，如图 1-14（b）所示，定子线圈所产生的感应电动势极性也翻转 180°，感应电动势输出为反向变化的曲线。转子旋转一周，感应电动势又会重复变化一次。由于转子旋转的速度是均匀恒定的，因此输出电动势的波形为正弦波。

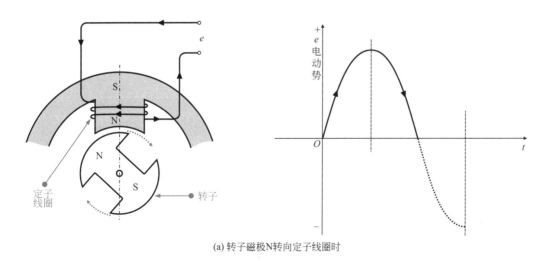

(a) 转子磁极N转向定子线圈时

图 1-14

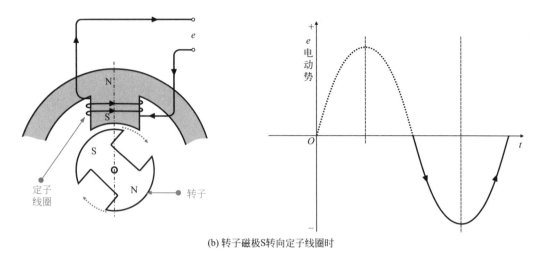

(b) 转子磁极S转向定子线圈时

图 1-14　发电机感应电动势产生的过程

1.2.1　电压对电流的影响

欧姆定律

在电路中电阻阻值不变的情况下，电阻两端的电压升高，流经电阻的电流也成比例增加；电压降低，流经电阻的电流也成比例减小。

图 1-15 所示为电压变化对电流的影响。电压从 25V 升高到 30V 时，电流值也会从 2.5A 升高到 3A。

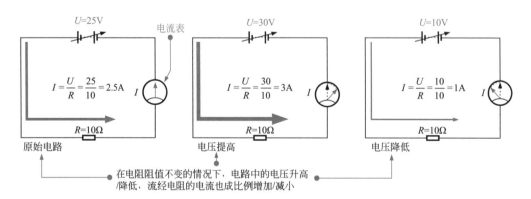

$$I=\frac{U}{R}=\frac{25}{10}=2.5A$$

$$I=\frac{U}{R}=\frac{30}{10}=3A$$

$$I=\frac{U}{R}=\frac{10}{10}=1A$$

原始电路　电压提高　电压降低

在电阻阻值不变的情况下，电路中的电压升高/降低，流经电阻的电流也成比例增加/减小

图 1-15　电压变化对电流的影响

1.2.2　电阻对电流的影响

在电路中电阻两端电压值不变的情况下，电阻阻值升高，流经电阻的电流成比例减小；电阻阻值降低，流经电阻的电流则成比例增加。

图 1-16 所示为电阻变化对电流的影响。电阻从 10Ω 升高到 20Ω 时，电流值会从 2.5A 减小到 1.25A。

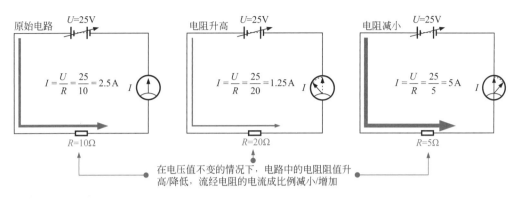

在电压值不变的情况下，电路中的电阻阻值升高/降低，流经电阻的电流成比例减小/增加

图 1-16　电阻变化对电流的影响

1.3 直流供电方式

1.3.1 电池直流供电

直流电动机驱动电路，采用的直流电源供电，是一个典型的直流电路。图 1-17 所示为电池直流供电。

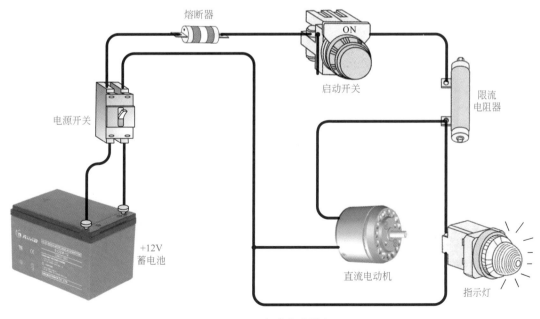

图 1-17　电池直流供电

1.3.2 交流－直流变换器供电方式

家庭或企事业单位的供电都是采用交流 220V、50Hz 的电源，而在机器内部各电路单元及其元件则往往需要多种直流电压，因而需要一些电路将交流 220V 电压变为直流电压，供电路各部分使用。

图 1-18 所示为典型的交流 - 直流变换供电电路。交流 220V 电压经变压器 T，先变成交流低压（12V）。再经整流二极管 VD 整流后变成脉动直流，脉动直流经 LC 滤波后变成稳定的直流电压。

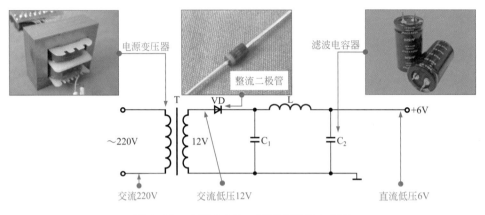

图 1-18　典型的交流－直流变换供电电路

【相关资料】▶▶▶

一些电器如电动车、手机、收音机等，是借助充电器给电池充电后获取直流电压。值得一提的是，不论是电动车的大型充电器，还是手机、收音机等的小型充电器，都需要从市电交流 220V 的电源中获得能量，充电器将交流 220V 变为所需的直流电压进行充电。还有一些电子产品将直流电源作为附件，制成一个独立的电路单元，又称为适配器。如笔记本电脑、摄录一体机等，通过电源适配器与 220V 相连，适配器将 220V 交流电转变为直流电后为用电设备提供所需要的电压，如图 1-19 所示。

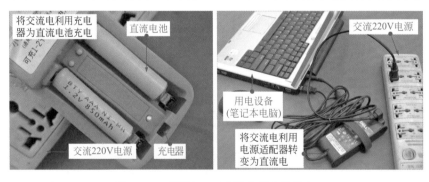

图 1-19　利用 220V 交流电供电的设备

1.4 单相交流供电方式

1.4.1 单相两线式交流供电方式

单相交流电路
供电

单相两线式是指仅由一根相线（L）和一根零线（N）构成，通过这两根线获取 220V 单相电压，为用电设备供电。

如图 1-20 所示，一般在家庭照明支路和两孔插座多采用单相两线式供电方式。从三相三线高压输电线上取其中的两线送入柱上高压变压器的输入端，经高压变压器变压处理后，由次级输出端（相线与零线）向家庭照明线路输出 220V 电压。

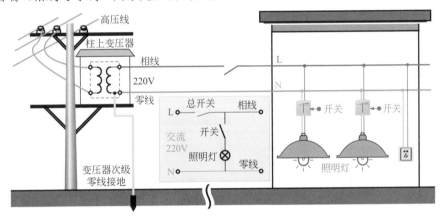

图 1-20 单相两线式交流供电方式

1.4.2 单相三线式交流供电方式

单相三线式是在单相两线式基础上，添加一条地线，即由一根相线、零线和地线构成。其中，地线与相线之间的电压为 220V，零线（中性线 N）与相线（L）之间电压为 220V。由于不同接地点存在一定的电位差，因而零线与地线之间可能有一定的电压。

如图 1-21 所示，家庭用电中，空调器支路、厨房支路、卫生间支路、插座支路多采用单相三线式供电方式。

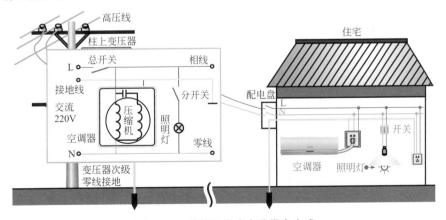

图 1-21 单相三线式交流供电方式

1.5 三相交流供电方式

1.5.1 三相三线式交流供电方式

　　三相三线式是指供电线路由三根相线构成，每根相线之间的电压为380V，因此额定电压为380V的电气设备可直接连接在相线上，如图1-22所示。这种供电方式多用在电能传输系统中。

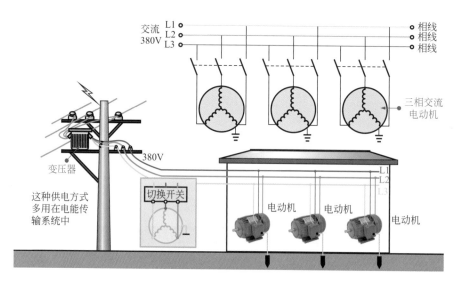

图1-22　三相三线式交流供电方式

1.5.2 三相四线式交流供电方式

　　如图1-23所示，三相四线式供电方式与三相三线式供电方法不同的是，其从配电系统多

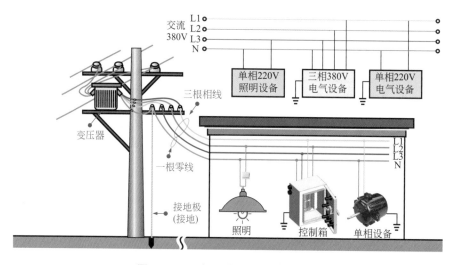

图1-23　三相四线式交流供电方式

引出一条零线。接上零线的电气设备在工作时，电流经过电气设备进行做功，没有做功的电流就可经零线回到电厂，对电气设备起到了保护的作用，这种供配电方式常用于 380/220V 低压动力与照明混合配电。

【提示】▶▶▶

在三相四线式供电方式中，由于三相负载不平衡时和低压电网的零线过长且阻抗过大时，零线将有零序电流通过，过长的低压电网，由于环境恶化、导线老化、受潮等因素，导线的漏电电流通过零线形成闭合回路，致使零线也带一定的电位，这对安全运行十分不利。在零线断线的特殊情况下，断线以后的单相设备和所有保护接零的设备会产生危险的电压，这是不允许的。

1.5.3 三相五线式交流供电方式

如图 1-24 所示，在三相四线式供电系统中，把零线的两个作用分开，即一根线作工作零线（N），另一根线作保护零线（PE 或地线），这样的供电接线方式称为三相五线式供电方式。

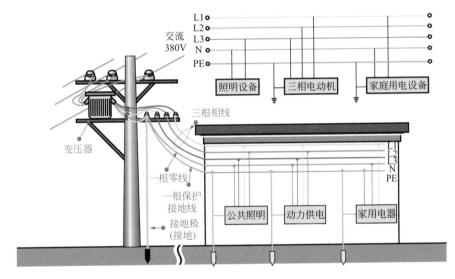

图 1-24 三相五线式交流供电方式

第2章

电工识图基础

2.1 电工电路图的应用分类

电工是指从事电力生产、电力传输、电力分配以及相关电气设备安装、调试、维护与检修的技术人员。其在工作过程中，离不开电工电路图。

电工电路图是各种表示电磁关系、电信号关系、电气设备布置安装的图的统称。

2.1.1 按电路性质分类

（1）电工原理图

电工原理图非常清晰地表明了电气控制线路的组成和电路关系，电工可通过对电工原理图的识读，了解电气控制线路的结构和工作过程。因此，电工原理图在电气安装、调试、维修中非常重要。

例如，三相交流感应电动机点动控制线路原理图见图2-1。

【图解】▶▶▶

这是三相交流感应电动机点动控制线路的原理图，该电路是由总电源开关 QS、熔断器 FU1 ～ FU3、交流接触器 KM 的主触点以及电动机 M 等构成的供电电路和由熔断器 FU4 ～ FU5、按钮开关 SB、交流接触器 KM 的线圈等构成的控制电路组成。当按动开关 SB，电动机便可动作，松开开关 SB，电动机即停止转动。

（2）电工接线图

电工接线图较电工原理图更加直观，通过电工接线图可以非常清楚地了解电气控制线路中各主要电气部件之间的连接关系。

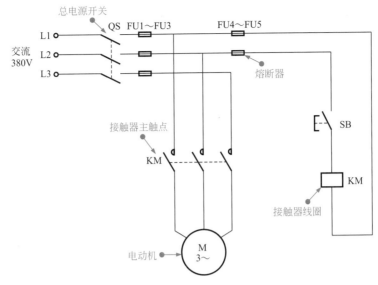

图 2-1　电工原理图

因此，通过识读电工接线图，可以帮助我们更快地了解电气控制线路的构成和连接特点，这对安装和检验电气控制线路很有帮助。

按照电工原理图（图 2-1），将主要元器件进行实际配线，就是三相交流感应电动机点动控制线路接线图。例如，三相交流感应电动机点动控制线路接线图见图 2-2。

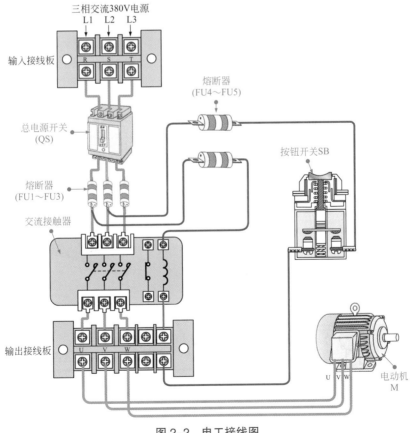

图 2-2　电工接线图

（3）供电示意图

供电示意图往往更加突出电气控制线路中各主要电气部件之间的结构关系，有助于电工了解整个电气控制线路的基本组成和供电流程。

例如，配电盘电路结构见图2-3。

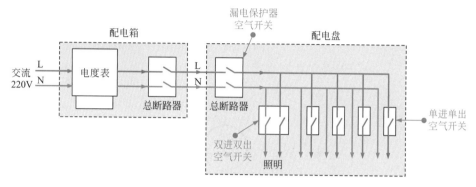

图2-3　供电示意图

（4）供电分配图

供电分配图更加侧重表现电力分配关系，电工可以通过供电分配图直观了解电力的分配和流向。

例如，家庭用电器交流电路供电分配图见图2-4。

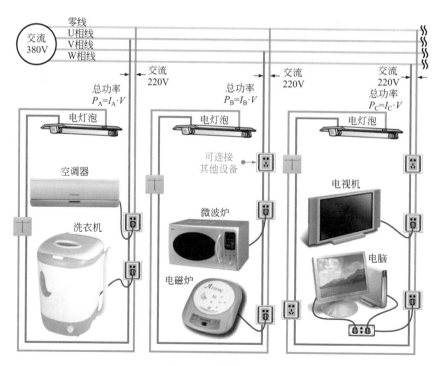

图2-4　供电分配图

按照供电示意图，用来计算某一支路的用电量，合理分配用电设备，应尽量使总功率A、B、C的值相近，保证用电平衡。

（5）施工位置图

施工位置图常用于电气线路的安装，通过施工位置图电工可以明确电气线路的分配、走向、敷设、施工方案以及线路连接关系，在进行整体线路调试、检验时，识读施工位置图就显得尤为重要。

例如，室内电路供电线路施工位置图见图2-5。

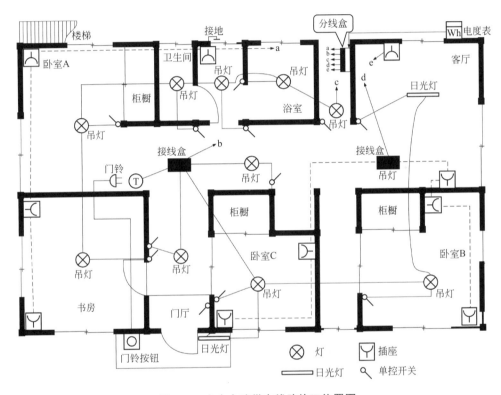

图2-5　室内电路供电线路施工位置图

结合供电示意图和供电分配图，可以标注施工位置图，明确用电设备的安装位置，以及线路分配，可更合理地安排布线位置。

2.1.2　按功能分类

电工线路按照功能的不同，可分为保护电路、检测电路、控制电路等，这些电路有比较明确的功能，有些是独立的电路结构，可以随意地与用电设备进行连接，而有的则包含于用电设备之中。

例如，某车床电路结构按功能划分见图2-6。该电路由供电电路、保护电路、控制电路、检测电路、指示电路等不同功能的电路构成。

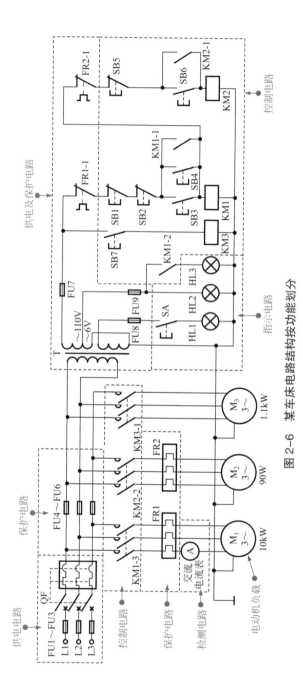

图 2-6 某车床电路结构按功能划分

2.1.3 按行业领域分类

电工按照行业范围的不同，可分为企业电工、物业电工、农村电工和家装电工。

电工随着我国国民经济的持续发展和综合国力的增强，使城乡面貌得到了根本的变化。工农业的迅速发展促进了电力工业的发展，如今电气设备已成为工业、农业以及家庭生活中不可缺少的设备，电工已成为家庭供电、工矿企业供电、农业机械供电系统中不可缺少的岗位，而这一行业对电工的技能要求和知识要求也越来越高。广大城乡需要很多具有熟练操作技能而又具有丰富经验的电工人才。

人类社会发展正逐渐趋于城市化，人口密集、居住集中，是城市化的最大特点。为了缓解人类居住用地的需要，一栋栋楼宇拔地而起，构成了不同规模的居民小区、住宅小区、物业小区。管理这些小区的是物业管理部门，而物业管理中有关用电及电气设备的事务就属于物业电工的工作职能。

对于家庭用户来说，随着人民生活水平的提高，家用电器的种类越来越庞杂，功能越来越完善。家庭用电线路的设计、施工也变得越来越复杂，家庭装修过程中，家装电工已经成为不可忽视的重要力量，家装电工的从业人员也在不断壮大。

（1）企业电工电路图

企业电工主要针对企业和工厂中的大型机械设备的供电系统、变配电系统、常用电动机、低压供电线路与电气设备进行维护与检修。由于企业电工经常会与高压电气设备打交道，所以应注意安全用电知识。为了使生产稳定，电工应对企业变配电所的电气设备经常进行维护和检修，确保其工作运行可靠。若变配电系统工作不良，将造成各种电气设备不能正常运转，严重时将造成停电甚至造成事故。图2-7所示为企业电工变配电系统。

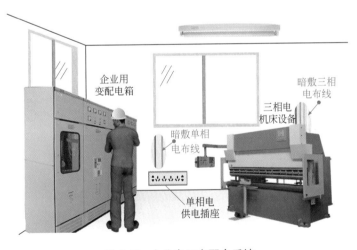

图 2-7 企业电工变配电系统

企业中所涉及的电工电路图有电动机控制电路、机电设备控制电路等，主要以原理图和接线图居多。

例如，双速电动机控制电路见图2-8、图2-9。

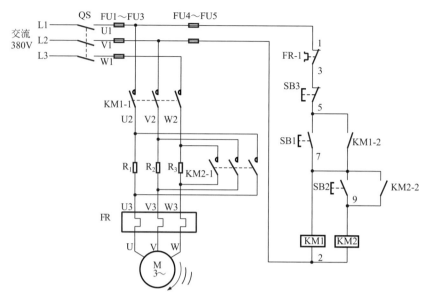

图 2-8　双速电动机控制电路原理图

（2）农村电工电路图

农村电工是从事农村供电线路岗位的人员，其主要工作范围是根据农村布线要求对农村户外及室内的供电进行规划设计，并能利用各种器材和工具完成各种电气设备、配线器具的安装和维修工作。其工作范围是从农村低压供电配电线路到农村家庭用电，农机用电及农村排灌的供电设备等方面。图 2-10 所示为农村室内供电线路安装示意图。

农村经常会使用到排灌设备，如水泵、离心泵、潜水泵等，如图 2-11 所示。此外还会使用各种农用机械，这些设备用电量比较大，因此农村电工对这些设备进行配电线路设置时，要正确合理分配，否则会因设备用电过度造成事故。

例如，灌溉设备控制电路见图 2-12。

（3）家装电工电路图

家装电工是指对家装方面进行电气安装、线路敷设的工作人员。家装电工需要掌握室内供电电路及配电方式、室内布线、室内线路的安装、入户器材的安装及室内电气设备安装等。室内线路见图 2-13、图 2-14。

（4）物业电工电路图

物业电工人员是指物业中从事各种电工工种的工作人员，物业电工掌握和应用的知识、技能、技术不同，其解决和处理电气设备的问题不同。物业电工首先要了解物业小区电气化系统的组成结构，对小区内出现线路故障能及时修复。小区物业的供电关着很多家庭及电器的安全，因此在进行检修工作时，一定要按安全操作规程进行，防止发生人身和设备事故。例如，室外照明布线见图 2-15。

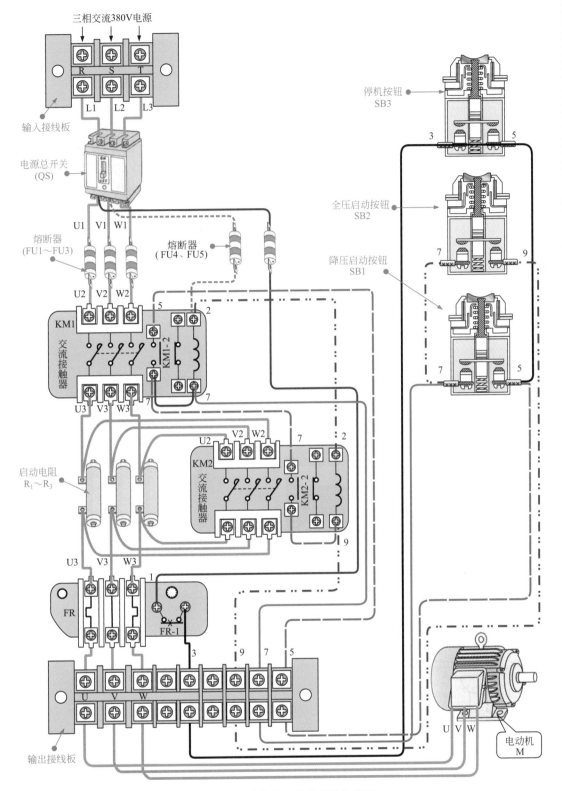

三相交流380V电源

输入接线板

电源总开关
(QS)

熔断器
(FU1～FU3)

熔断器
(FU4、FU5)

停机按钮
SB3

全压启动按钮
SB2

降压启动按钮
SB1

KM1
交流接触器

KM2
交流接触器

启动电阻
R₁～R₃

FR

输出接线板

电动机
M

图2-9 双速电动机控制电路接线图

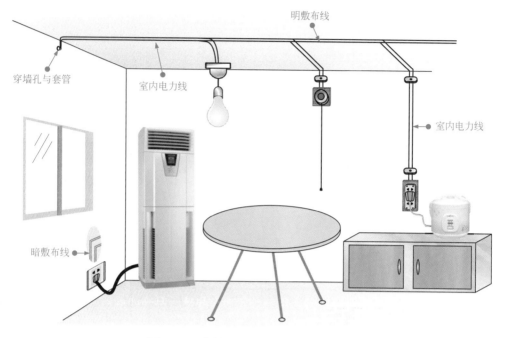

图 2-10　农村室内供电线路安装示意图

(a) 灌溉设备　　　　　　　　(b) 排灌设备

图 2-11　各种农用机械

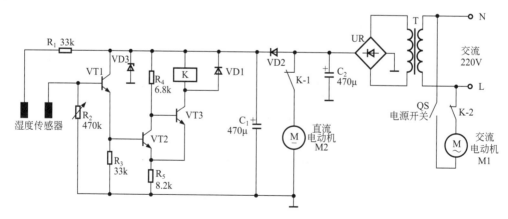

图 2-12　灌溉设备控制电路

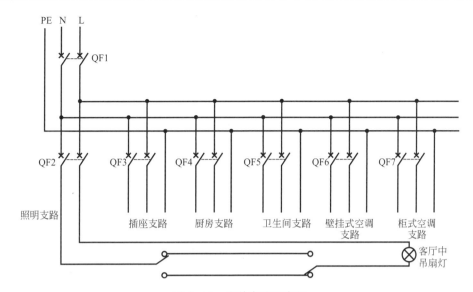

图 2-13　家装电路配电图

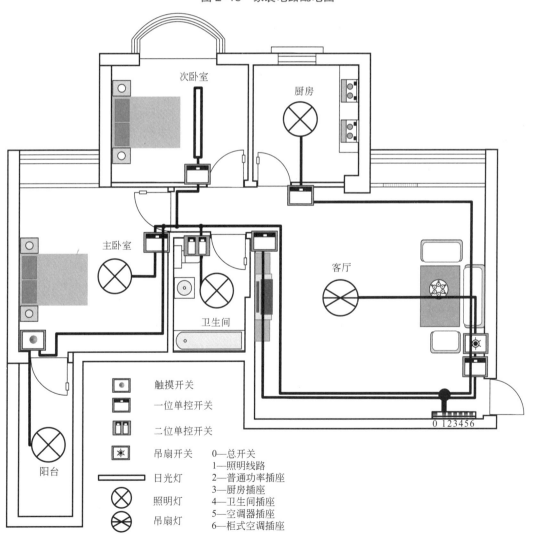

图 2-14　家装电路布线位置图

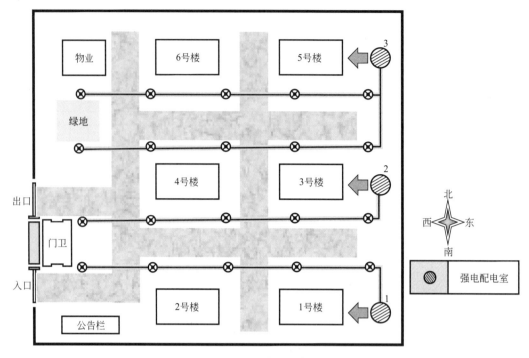

图 2-15　室外照明布线图

2.2　电工电路的识图规律与技巧

2.2.1　电工电路符号与元器件的对应关系

对于电工电路中图形符号的认识，是为了便于电工人员通过识图的方式得知该电路的连接走向和电路连接的方式。一个简单的电工电路见图 2-16。

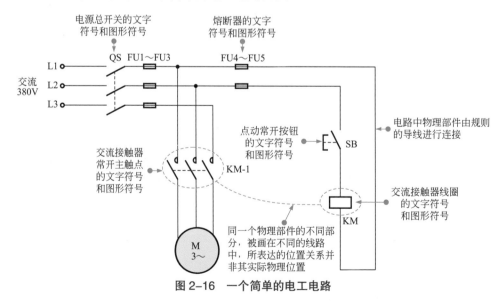

图 2-16　一个简单的电工电路

图 2-16 中，每个图形符号和文字、线段都体现了该电路中的重要内容，也是识读该电路的所有依据来源。

2.2.2 电工电路识图要领

对于电工技术人员，想要对电气设备进行维修，首先就要了解它的功能和原理，而一张详细的电气电路图就提供了这一切。通过对电气图的识读，电工能够充分地了解电气设备的内部结构、组成部分以及工作原理，从而快速、准确找出故障所在，并进行修理。现在电气设备的品种越来越多，功能也越来越强大，相对应的电气图也各不相同，为维修这些电气设备带来了一定的困难。

电气图是电工技术领域中各种图纸的总称，要想看懂各种电气图，必须要从基本的电气元件符号及电路开始，通过了解识图的一些基本方法和基本步骤，积累丰富的识图经验，循序渐进，才能轻松地看懂电气图。

识读电工电路时，可以结合以下几点注意事项，遵循一定的原则和识读技巧，一步步地进行分析，从而使电工电路的识图更为快捷。

（1）结合电气相关图形符号、标记符号

电气图主要是利用各种电气图形符号来表示其结构和工作原理的。因此，结合上面介绍的电气图形符号等，就可以轻松地对电气图进行识读。

（2）结合电工、电子技术的基础知识

在电工领域中，比如输变配电、照明、电子电路、仪器仪表和家电产品等，所有电路等方面的知识都是建立在电工、电子技术基础之上的，所以要想看懂电气图，必须具备一定的电工、电子技术方面的知识。

（3）结合典型电路

典型电路是电气图中最基本也是最常见的电路，这种电路的特点是既可以单独应用，也可以应用于其他电路中作为关键点扩展后使用。许多电气图都是由很多的典型电路结合而成的。

例如电动机的启动、控制、保护等电路或晶闸管触发电路等，都是由各个电路组成的。在读图过程中，只要抓准典型电路，将复杂的电气图划分为一个个典型的单元电路，就可以读懂任何复杂电路图。

（4）结合电气或电子元件的结构和工作原理

各种电气图都是由各种电气元件或电子元器件和配线等组成的，只有了解各种元器件的结构、工作原理、性能以及相互之间的控制关系，才能帮助电工技术人员尽快地读懂电路图。

2.2.3 电工电路识图步骤

电工电路图是将各种元器件的连接关系用图形符号和连线连接起来的一种技术资料，因

此电路图中的符号和标记必须有统一的标准。这些电路符号或标记中包含了很多的识图信息，从电路图中可以了解电路结构、信号流程、工作原理和检测部位，掌握这些识图信息能够方便地对其在电路中的作用进行分析和判断，是学习电子电路识图的必备基础知识。

识读电工电路的首要原则是先看说明，对于电气或电路设备有整体的认识后，熟悉电气元件的电路符号，再结合相应的电工、电子电路，电子元器件、电气元件以及典型电路等知识进行识读。在看电气图的主电路时，一般要遵循从下往上、从左到右的识图顺序，即从用电设备开始，经控制元件，顺次而下进行识图，或先看各个回路，搞清电路的回路构成，分析各回路上元件的功能特点和工作原理。看辅助电路图时，要自上而下，通过了解辅助电路和主电路之间的关系，从而搞清电路的工作原理和流程。顺着电路的流程识图是比较简便的方法。

电工电路识图的基本流程如图 2-17 所示。

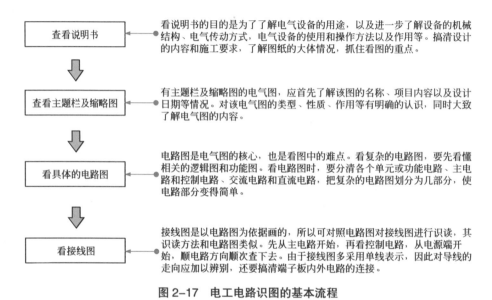

图 2-17　电工电路识图的基本流程

2.3　供电系统电气图的识读

2.3.1　供电系统电气图的识读原则

电能由发电站升压后，经高压输电线将电能传输到城市或乡村。电能到达城市后，会经变电站将几十万伏至几百万伏的超高压降至几千伏电压后，再配送到企业、小区及居民住宅处的变配电室，再由变配电室将几千伏的电压变成三相 380V 或单相 220V 交流电压输送到工厂车间和居民住宅。

要想对一个场所的供电系统有所了解，电工人员需要首先借助于该场所的整体供电系统电气图，通过对相关电气图的识读，从而了解整个场所供电系统所涉及的范围、部件、布线原则及线路走向等相关信息。

根据供电范围和供电需求的不同，不同环境所设计的供电系统均不相同，因此各供电系统电气图之间无明显相关性。在对一个场所的供电系统电气图进行识读时，通常需借助于很多的相关图纸，从各种不同的电路图纸中，了解该电路的主要功能；之后，可根据相关电路的结构图，熟悉电路中涉及的电气部件，识读各部件之间的线路走向，建立对整个供电系统结构的初步了解。

之后，可继续从该供电系统的整体供电电路连接图和供电设备整体结构图进行入手，对其进行分析。在掌握了供电电路的基本流程后，可遵循从下往上、从左到右的识图顺序，对以上电路的整体流程和各部件之间电压的转换关系进行逐步识读，完成对整个供电系统电气图的具体分析、识读。

2.3.2　供电系统电气图的识读方法

不同的供电系统，所采用的变配电设备和电路结构也不尽相同，对供电系统电气图的识读，首先要了解供电系统电气图中的主要部件的电路符号和功能特点，然后按信号流程对电路进行逐步识读。

下面以典型变压器配电室的供电系统电气图为例，详细讲解该类电路的识读方法。

典型变配电室电路结构见图2-18。

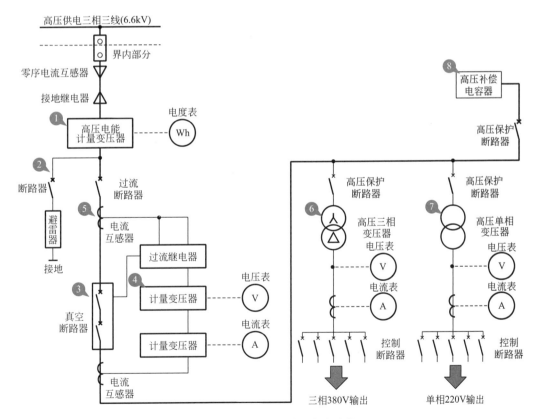

图 2-18　典型变配电室电路结构

【图解】▶▶▶

　　该电路主要是由高压电能计量变压器、断路器、真空断路器、计量变压器、变流器、高压三相变压器、高压单相变压器、高压补偿电容器等部件组成的。

　　① 线路首先经高压电能计量变压器送入，该变压器主要功能是驱动电度表测量用电量。电度表通常设置在面板上，便于相关工作人员观察记录。

　　② 线路中的断路器是具有过流保护功能的开关装置，开关装置可以人工操作，其内部或外部设有过载检测装置，当电路发生短路故障时，断路器会断路以保护用电设备，它相当于普通电子产品中带保险丝的切换开关。

　　③ 真空断路器相当于变配电室的总电源开关，切断此开关可以进行高压设备的检测、检修。

　　④ 计量变压器用来连接指示电压和指示电流的表头。以便相关工作人员观察变电系统的工作电压和工作电流。

　　⑤ 电流互感器是检测高压线流过电流大小的装置，它可以不接触高压线而检测出电路中的电压和电流，以便在电流过大时进行报警和保护。电流互感器是通过电磁感应的方式检测高压线路中流过的电流大小。

　　⑥ 高压三相变压器是将输入高压（7000V以上）变成三相380V电压的变压器，通常为工业设备的动力供电。该变电系统中使用了两个高压三相380V输出的变压器，分成两组输出。一组用电系统中出现故障不影响另一系统。

　　⑦ 高压单相变压器是将高压变成单相220V输出电源的变压器，通常为照明和普通家庭供电。

　　⑧ 高压补偿电容器是一种耐高压的大型金属壳电容器，它有三个端子，内有三个电容器，外壳接地，三个端子分别接在高压三相线路上，与负载并联，通过电容移相的作用进行补偿，可以提高供电效率。

　　这种结构关系图更多反映供电系统电气图的组成和主要功能。对于电气信号的流程和原理更多地会从电气连接图中进行识读。

　　典型供配电线路连接图见图2-19。

【图解】▶▶▶

　　① 高压三相6.6kV电源输入后，首先经过零序电流互感器（ZCT-1），检测在负载端是否有漏电故障发生。零序电流互感器的输出送到漏电保护继电器，如果有漏电故障发生，继电器会将过流保护断路器的开关切断进行保护。

　　② 接着电源经计量变压器（VCT-1），计量变压器（VCT-1）的输出接计量电度表，用于计量所有负载（含变配电设备）的用电量。经计量变压器（VCT-1）后送到过流保护继电器，当过流时熔断。

　　③ 人工操作断路器（OCB）中设有电磁线圈（TC-1和TC-2），在人工操作断路器的输出线路中设有2个电流互感器（CT-1、CT-2）。电流互感器（CT-1和CT-2）设在交流三相电路中的两条线路中进行电流检测，它的输出也送到漏电保护继电器中，同时送到过流保护继电器中，经过流保护继电器为人工操作断路器中的电磁线圈（TC-1和TC-2）提供驱动信号，使人工操作断路器自动断电保护。

④ 最后，三相高压加到高压接线板（高压母线）上，高压接线板通常是由扁铜带或粗铜线制成，便于设备的连接。电源从高压接线板分别送到高压单相变压器、高压三相变压器和高压补偿电容器中。在变压器电源的输入端和高压补偿电容器的输入端分别设有高压保护继电器（PC-1、PC-2和PC-3），进行过流保护。高压单相变压器的输出为单相220V，高压三相变压器的输出为三相380V。单相220V可作为照明用电，三相380V可作为动力用电，也可送往住宅为楼内单元供电。单相变压器和三相变压器的数量可以根据需要增减。

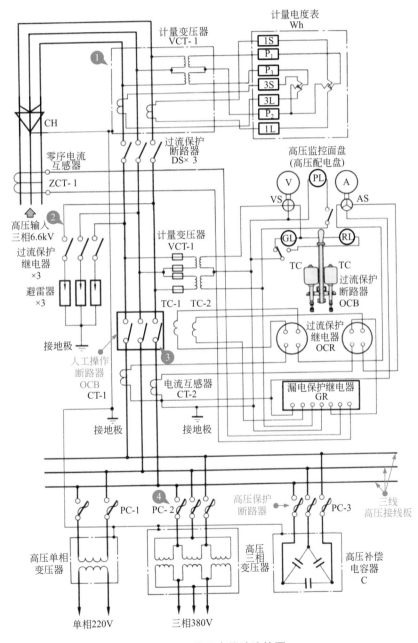

图2-19　供配电线路连接图

2.4　电气控制电路图的识读技能

2.4.1　电气控制电路图的识读原则

　　电气控制电路图主要包括计算机控制电路图、电动机控制电路图、机床控制电路图、起重机控制电路图、自动生产线控制等设备的电路图纸。根据电路控制方向的不同，其具体的电路结构和功能都各有不同，但从驱动和控制电路的角度来说，其结构和所使用的电路元件是相同的。

　　对电气控制电路进行识读时，首先要了解该电气控制电路的特点和基本工作流程。接下来，结合具体电路熟悉电路的结构组成，了解电路中主要部件的功能、特点。然后，依据电路中主要的元器件的功能特点，对整体电路进行电路单元的划分。最后，顺信号流程，通过对各电路单元的分析，完成对整体线性电源电路的识读。

2.4.2　电气控制电路图的识读方法

　　下面以典型点动控制电路中电动机运行电路为例，讲解关于电气控制电路图的基本识读方法。

　　在建筑行业中，常常需要电动机做短时且断续的工作，如起重机的升降控制、吊车上下左右的移动控制等，因此在建筑行业中三相异步电动机通常采用点动控制。所谓点动控制是指当按下开关按钮时电动机就动作，松开开关按钮时电动机就停止动作。点动控制方式是通过点动按钮直接与接触器的线圈串联实现的。

　　在对该电路进行识读时，可首先建立电路图中的主要元器件与实物的对应关系，以便为之后的识图过程打下基础。

　　三相异步电动机点动控制电路主要部件见图 2-20。

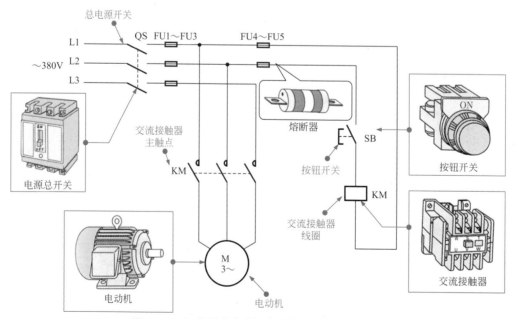

图 2-20　三相异步电动机点动控制电路主要部件

三相异步电动机点动控制电路主要由电动机供电电路及控制电路构成。其中电动机供电电路是由总电源开关 QS、熔断器 FU1 ～ FU3、交流接触器 KM 的主接触点以及电动机 M 等构成的；控制电路由熔断器 FU4 ～ FU5、按钮开关 SB、交流接触器 KM 的线圈等构成的。

熔断器 FU1 ～ FU5 起保护电路的作用，其中 FU1 ～ FU3 为主电路熔断器，FU4、FU5 为支路熔断器。在电动机点动运行过程中，若 L1、L2 两相中的任意一相熔断器熔断，接触器线圈就会因失电而被迫释放，从而使电动机切断电源停止运转。另外，若接触器的线圈出现短路等故障时，支路熔断器 FU4、FU5 也会因过流熔断，从而切断电动机电源，起到保护电路的作用，如采用具有过流保护功能的交流接触器，则 FU4、FU5 可以省去。

在了解了主要部件和各部件的相关功能后，可对电路的基本信号流程进行逐步地了解和识读。

三相异步电动机点动控制电路中电动机启动过程见 2-21。

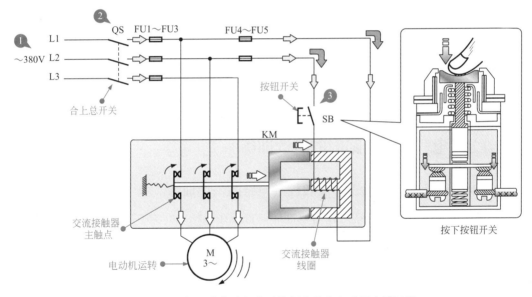

图 2-21 三相异步电动机点动控制电路中电动机启动过程

【图解】▶▶▶

① 三相异步电动机需要交流三相 380V 电源供电。

② 当电动机需要点动控制动作时，先合上总电源开关 QS，此时电动机 M 并未接通电源而处于待机状态。

③ 当按下按钮开关 SB 时，交流接触器线圈 KM 得电，使交流接触器内部的衔铁吸合，并带动交流接触器主触点闭合，此时电动机 M 得电开始运转。

三相异步电动机点动控制电路中电动机停机过程见图 2-22。

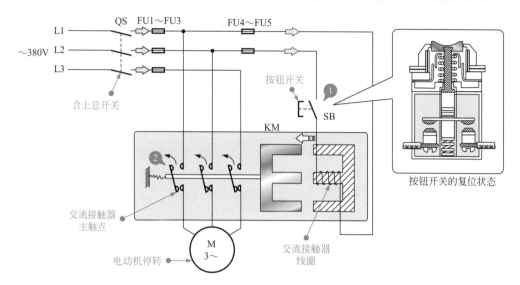

图 2-22　三相异步电动机点动控制电路中电动机停机过程

【图解】▶▶▶

① 当松开启动按钮 SB 时，交流接触器 KM 线圈断电。

② 衔铁从吸合状态恢复到常开状态，从而接触器主触点也恢复到常开状态，此时电动机因失电停止转动。

如此控制按钮开关 SB 的通断，即可实现控制电动机电源的通断，从而实现电动机的点动控制。电动机的运行时间完全由按钮开关 SB 按下的时间决定。

2.4.3　电气控制电路图的识读训练

（1）典型三相交流电机正、反转控制电路的识读训练

在建筑工程中，通常会涉及一些需要进行调整所在重物上升或下降高度的设施，如提升机、悬吊平台、自动吊篮等。以上功能通常是由电机的正、反转控制电路来实现的，该电路是指能够使电机实现正、反两个方向运转的电路，通常应用于需要运动部件进行正、反两个方向运动的环境中，从而实现工程设备的相关操作。

典型三相交流电机正、反转控制电路见图 2-23。

【图解】▶▶▶

该电路主要由电机供电电路和控制电路两部分构成。其中供电电路是由电源总开关 QS、熔断器 FU1 ～ FU3、交流接触器 KMF、KMR 的常开触点（KMF-1、KMR-1）、过热保护继电器 FR1 以及三相交流电机 M 等构成的；控制电路是由熔断器 FU4、FU5、停止按钮 SB1，正转启动按钮 SB3、反转启动按钮 SB2，交流接触器 KMF、KMR 的线圈、自锁触点（KMF-2、KMR-2）和常闭触点（KMF-3、KMR-3）等构成。

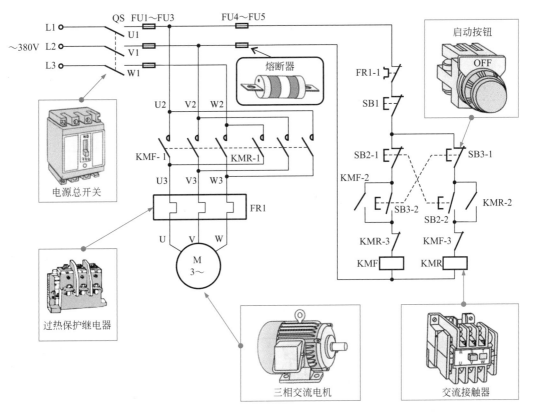

图 2-23　典型三相交流电机正、反转控制电路

1）正转启动过程　典型三相交流电机正、反转控制电路正转启动过程见图 2-24。

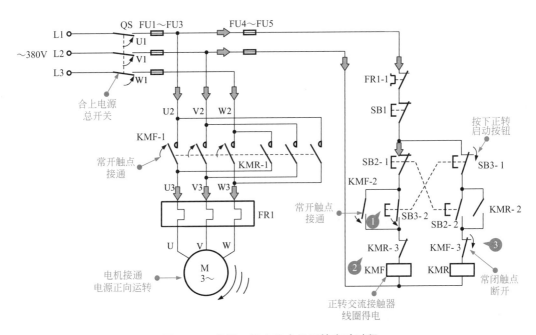

图 2-24　典型三相交流电机正转启动过程

按图中标号顺序说明如下。

① 合上电源总开关 QS，按下正转启动按钮 SB3-2，常闭触点 SB3-1 断开，断开电机反向运转。

② 常开触点 SB3-2 接通，正转交流接触器 KMF 线圈得电，常开触点 KMF-2 接通，实现自锁功能。

③ 之后，常闭触点 KMF-3 断开，防止反转交流接触器 KMR 得电，常开触点 KMF-1 接通，此时电机接通的相序为 L1、L2、L3，电机正向运转。

2）反转启动过程　典型三相交流电机正、反转控制电路反转启动过程见图 2-25。

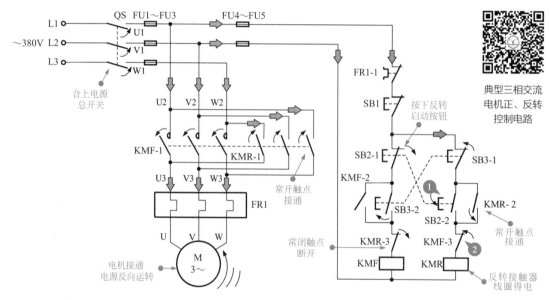

图 2-25　典型三相交流电机反转启动过程

按图中标号顺序说明如下。

① 当电机需要反转启动工作时，按下反转启动按钮 SB2-2，常闭触点 SB2-1 断开，正转交流接触器 KMF 线圈失电，触点全部复位，断开正向电源。

② 常闭触点 KMF-3 接通，反转交流接触器 KMR 线圈得电，常开触点 KMR-2 接通实现自锁功能，常闭触点 KMR-3 断开，防止正转交流接触器 KMF 得电，常开触点 KMR-1 接通。此时，电机接入三相电源的相序为 L3、L2、L1，电机反向运转。

三相交流电机的正、反转控制电路通常采用改变接入电机绕组的电源相序来实现，从图 2-25 中可看出该电路中采用了两只交流接触器（KMF、KMR）来换接电机三相电源的相序，同时为保证两个接触器不能同时吸合（否则将造成电源短路的事故），在控制电路中采用了按钮和接触器联锁方式，即在接触器 KMF 线圈支路中串入 KMR 的常闭触点，KMR 线圈支路中串入 KMF 常闭触点，并将正反转启动按钮 SB2、SB3 的常闭触点分别与对方的常开触点串联。

3）停机过程　当电机需要停机时，按下停止按钮 SB1，不论电机处于正转运行状态还是反转运行状态，接触器线圈均断电，电机停止运行。

（2）典型三相交流电机联锁控制电路的识读训练

电机的联锁控制电路是指对电路中的各个电机的启动顺序进行控制，因此，也称为顺序控制电路。通常应用在要求某一电机先运行，另一电机后运行的设备中。

典型三相交流电机的联锁控制电路见图 2-26。

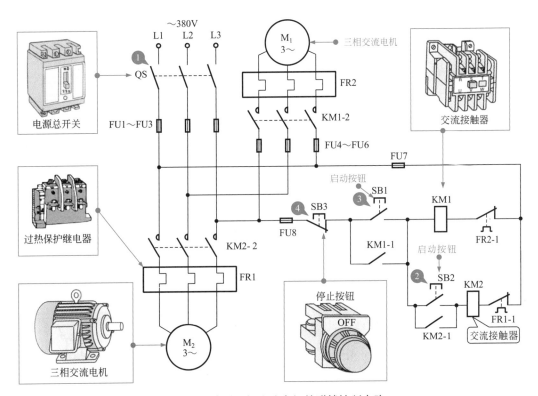

图 2-26　典型三相交流电机的联锁控制电路

【图解】▶▶▶

该电路主要由电源总开关 QS，启动按钮 SB1、SB2，停止按钮 SB3，熔断器 FU1～FU8，交流接触器 KM1、KM2，过热保护继电器 FR1、FR2，三相交流电机 M_1、M_2 等构成。

1）启动过程

① 合上电源开关 QS，按下启动按钮 SB1，交流接触器 KM1 线圈得电，常开触点 KM1-1 接通实现自锁功能，KM1-2 接通，电机 M_1 开始运转。

② 当按下启动按钮 SB2 时，交流接触器 KM2 线圈得电，常开触点 KM2-1 接通，实现自锁功能，KM2-2 接通，电机 M_2 开始运转。

③ 当未按下启动按钮 SB1 时，电机 M₂ 不能启动工作，只有电机 M₁ 启动工作后，按下启动按钮 SB2，电机 M₂ 才可启动工作，从而达到顺序启动控制的目的。

2）停机过程

当两台电机需要停机时，按下停止按钮 SB3，交流接触器 KM1、KM2 线圈失电，所有触点全部复位，电机 M₁、M₂ 停止运转。

2.5 电子电路图的识读技能

2.5.1 电子电路图的识读原则

通常，常用的电子电路图主要有电原理图、方框图、元器件分布图、印制线路板图和安装图五种类型。其中，我们俗称的"电路图"主要就是指电原理图，下面具体介绍该类电路图的特点及识图方法。

电原理图是最常见的一种电路图，它是由代表不同电子元器件的电路符号构成的电子电路，根据其具体构成又可分为整机电路图和单元电路图。

（1）整机电路图的识读原则

整机电路图是指通过一张电路图纸便可将整个电路产品的结构和原理进行体现的原理图。通过了解该图中各图形符号所表示的含义，以及对该电路的识读，便可以了解该电子产品的结构组成和各个电子器件之间的关系。

典型的袖珍式收音电路见图 2-27，该图直接体现了该收音机的结构和工作原理。

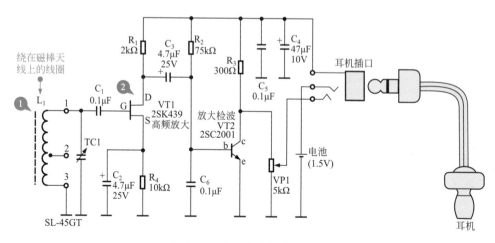

图 2-27　小型收音机电原理图

【图解】▶▶▶

① 天线线圈 L₁ 与可变电容 TC1 构成谐振电路，该电路具有选频功能，调整电容可以与广播电台发射的信号谐振。

② 谐振信号经电容 C_1 耦合到场效应晶体管 VT1 的栅极（G），场效应晶体管具有增益高、噪声低的特点，它将收到的信号放大后经电容 C_3 耦合到放大检波晶体管 VT2 的基极（b），再经放大和检波后将广播电台的音频信号提取出来，经电位器 VP1 送到耳机中。

整机电路图包括了整个电子产品所涉及的所有电路，因此可以根据该电路从宏观上了解整个电子产品的信号流程和工作原理，对于探究、分析、检测和检修产品提供了重要的理论依据。

【扩展】▶▶▶

整机电路图具有以下特点和功能。

- 包含元器件最多，是比较复杂的电路图。
- 表明了整个产品的结构、各单元电路的分割范围和相互关系。
- 电路中详细地标出了各元器件的型号、标称值、额定电压、功率等重要参数，为识读其具体功能、检修和更换元器件提供了重要的参考数据。

另外，许多整机电路原理图中还给出了关键测试点的直流工作电压，能够认识和准确识读这些信息，对理解该电路原理或在检修电路故障时都会起到很重要的作用。

- 复杂的整机电路原理图一般通过各种接插件建立关联，识别这些接插件的连接关系，更容易理清电子产品各电路板与电路板模块之间的信号传输关系。
- 对于同类电子产品的整机电路原理图具有一定的相似之处，因此可通过举一反三的方法练习识图；而对不同类型的产品，其整机电路原理图相差很大，但若能够真正掌握识读的方法，也能够做到"依此类推"。

（2）单元电路图的特点及应用

单元电路是电子产品中完成某一个电路功能的最小电路单位。它可以是一个控制电路或某一级的放大电路等，该类电路是构成整机电路图的基本元素。

单元电路中一般只画出了与其功能相关的部分，而省去了无关的元器件和连接线、符号等，相比整机电路来说比较简单、清楚，有利于排除外围电路影响，实现有针对性的分析和理解。

电磁炉电路中直流电源供电电路部分见图 2-28。

【图解】▶▶▶

该电路为整个电磁炉电原理图中的一个功能单元，它实现了将 220 V 市电转化为多路直流电压的变换过程。对于该单元电路，与其他电路部分的连接处用一个小圆圈代替，排除了其他部分的干扰，可以很容易地对这一个小电路单元进行分析和识读。

① 交流 220V 进入降压变压器 T1 的初级绕组，其次级绕组 A 经半波整流滤波电路（整流二极管 VD18、滤波电容 C67、C59）整流滤波后，再经 Q10 稳压电路稳压后，为操作显示电路板输出 20 V 供电电压。

② 降压变压器的次级绕组 B 中有 3 个端子，其中①和③两个端子经桥式整流电路（VD6～VD9）输出直流 20V 电压，该直流电压在 M 点上分为两路进行输送，即一路经插头 CON2 为散热风扇供电；另一路送给稳压电路，晶体管 Q6 的基极设有稳压二极管 DZ5，经 DZ5 稳压后晶体管 Q6 的发射极输出 20V 电压，该电压再经 Q5 稳压电路后，输出 5V 直流电压。

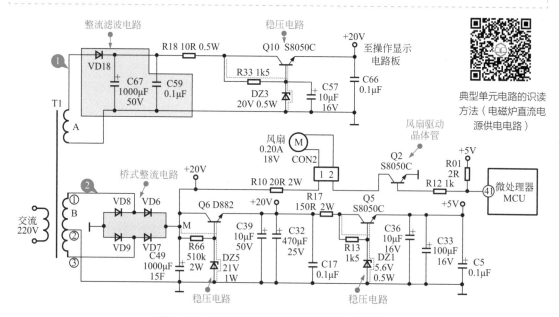

图 2-28　电磁炉电路中直流电源供电电路部分

【提示】▶▶▶

　　通过上面对该单元电路的分析可以知道，识读电路不仅需要了解识读的方法、技巧和步骤，熟悉各种元器件的电路符号和电路功能也是至关重要的，如上面的变压器，需要了解其基本电路符号和电路功能，才能进行下一步识读，由此也可以看出识图前首先熟悉基本元器件电路符号的必要性。

　　● 单元电路是由整机电路分割出来的相对独立的整体，因此，其一般都标出了电路中各元器件的主要参数，如标称值、额定电压、额定功率或型号等。

　　● 单元电路通常对输入和输出部分进行简化，一般会用字母符号表示，该字母符号会与其所连接的另一个单元电路字母符号完全一致，表明在整机中这两个部分是进行连接的。

　　● 很多时候一个单元电路主要是由一个集成电路和其外围的元件构成的，也称该类单元电路图为集成电路应用原理图。

　　在电路中通常用方形线框标识集成电路，并标注集成电路各引脚外电路结构、元器件参数等，从而表示某一集成电路的连接关系。如有必要可通过集成电路手册了解集成电路内部电路结构和引脚功能。

　　单元电路相对简单一些，且电路中各器件之间采用最短的线进行连接，而实际的整机电路中，由于要考虑到元器件的安装位置，有时候一个元器件可能会画得离其所属单元电路很远，由此电路中连线很长且弯弯曲曲，对识图和理解电路造成困扰。但整机电原理图的整体性和宏观性又是单元电路所不及的，因此掌握其各自的特点和功能对进一步学习识图很有帮助。

2.5.2 电子电路图的识读方法

在对该电路进行识读分析时，我们首先要了解该电路的基本组成，找该电路中典型器件构成的功能电路，对其在整个电路中的功能进行识读，最后完成整个电路的识读过程。下面以实际的电子电路为例，详细讲解该类电路的具体识读方法。

一个简单的直流稳压电源电路见图 2-29。

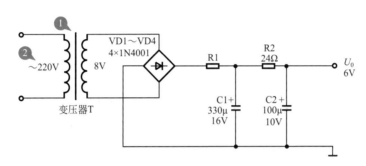

图 2-29　简单的直流稳压电源电路

【图解】▶▶▶

该电路主要是由变压器 T，桥式整流堆 VD1 ~ VD4，电阻器 R1、R2，电容器 C1、C2 等部分构成的。

① 变压器 T 为降压变压器，将交流 220V 变为交流 8V 电压；电阻器与电容器构成了 RC 滤波电路。

② 根据图中输入端"~ 220V"和输出端"6V"的文字标识可知，该电路主要实现了将交流 220V 转换为直流 6V 的过程。了解了其整体功能后，便可对其进行具体识读了。交流 220V 经变压器降压后输出 8V 交流低压，8V 交流电压经桥式整流电路输出约 11V 直流电压，该电压经两级 RC 滤波后，输出较稳定的 6V 直流电压。

2.5.3 电子电路图的识读训练

（1）小功率可变直流稳压电源电路的识读训练

小功率可变直流稳压电源电路见图 2-30。

典型小功率可变直流稳压电源电路的识读

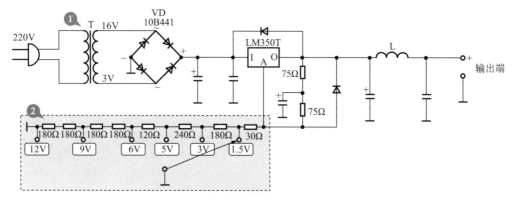

图 2-30　小功率可变直流稳压电源电路

【图解】▶▶▶

　　该小功率可变直流稳压电源电路主要是由变压器 T、桥式整流堆 VD、稳压器 LM350T、8 只串联在一起的电阻器等部分构成的。

　　① 变压器 T、桥式整流堆 VD、稳压器 LM350T 及其外围电路主要实现该电路交流到直流的转换过程；8 只电阻器的串联构成该电路的分压电路，用于控制稳压器的调整端（A），从而控制其输出端输出的电压值。

　　② 由 8 只电阻器组成的串联电路实现分压功能，在该部分又设有六个输出点，当开关打在不同的输出点上时，可以提供图中 6 组电压数值输出，进而实现输出直流电压可变的功能。

　　例如，当开关打在 30Ω 电阻器左侧输出点时，相当于将一个 30Ω 的电阻器接在稳压器调整端，其他 7 只电阻器被短路，控制稳压器输出端输出 1.5V 电压；当开关打在 180Ω 电阻器左侧输出点时，相当于将一个 30Ω 的电阻器和一个 180Ω 电阻器串联后接在稳压器调整端，其他 6 只电阻器被短路，控制稳压器输出端输出 3V 电压。以此类推，当开关置于不同的输出端上时，可控制稳压器 LM350T 输出 1.5V、3V、5V、6V、9V、12V 六种电压值。

（2）典型的袖珍式单波段收音机电路的识读训练

典型的袖珍式单波段收音机电路见图 2-31。

【图解】▶▶▶

　　该电路主要是由天线、LC 并联谐振电路（L_1、VC1）、场效应晶体管放大器以及后级电路等部分构成的。

　　① 由天线感应的中波广播信号经电容 C_1 耦合到电路中，首先经 LC 谐振电路选频后，将合适频率的信号送到场效应晶体管的栅极，经放大后由漏极输出。

　　② 该电路中接收部分为高频信号的接收电路，一般可选用空气介质的单联可变电容器 VC1，VC1 与电感器 L_1 构成 LC 调谐选台电路，微调电容器（调台旋钮）即可选择不同频率的电台信号。

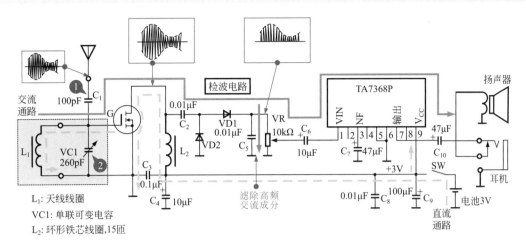

交流通路

L_1

100pF C_1

VC1 260pF

L_1: 天线线圈
VC1: 单联可变电容
L_2: 环形铁芯线圈,15匝

G

检波电路

0.01μF C_2

C_3 0.1μF

L_2

VD1 0.01μF

VD2

C_5 0.01μF

C_4 10μF

VR 10kΩ

滤除高频交流成分

C_6 10μF

C_7 47μF

TA7368P

VIN NF 输出 V_{CC}

1 2 3 4 5 6 7 8 9

0.01μF C_8 100μF C_9

+3V

SW

电池3V

直流通路

扬声器

47μF C_{10}

V

耳机

图 2-31　典型的袖珍式单波段收音机电路

第3章 ▶▶▶
照明控制电路识图

3.1 照明控制电路的特点及用途

3.1.1 照明控制电路的功能及应用

（1）照明控制电路的功能

照明控制电路是依靠开关、继电器等控制部件来控制照明灯具，进而完成对照明灯具数量、亮度、启停时间及启停间隔的控制。

单联开关控制照明电路见图3-1。该电路为简单的照明控制电路，它通过单联开关即可控制照明灯的开启或熄灭。照明控制电路由于电路结构设计和主要部件不同，其电路功能也大不相同。

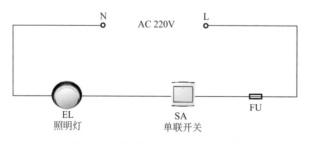

图 3-1 单联开关控制照明电路

声控照明电路见图3-2。该电路是通过声音感应器接收到声音信号后使晶体三极管 VT 导通，经集成电路芯片 DC SL517A 处理后控制照明灯具开启或熄灭的电路，当声控开关接收到声音信号后照明灯具便点亮，延时一段时间后便会自动熄灭。

可见根据不同的需要，照明控制电路的结构以及所选用的照明灯具和控制部件是多种多样的。正是通过对这些部件巧妙地连接和组合设计，使得照明控制电路可以实现各种各样的功能。

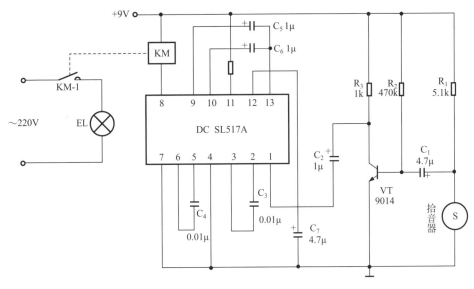

图3-2　声控照明电路

（2）照明控制电路的应用

照明控制电路最基本的功能就是可以实现对照明灯具的控制。因此，不论是在家庭生活还是在公共场合，照明控制电路都是非常重要且使用效率较高的实用电路。

尤其是随着技术的发展和人们生活需求的不断提升，照明控制电路所能实现的功能越来越多，几乎在社会生产、生活的各个角落都可以看到照明控制电路的应用。

照明控制电路的应用见图3-3。

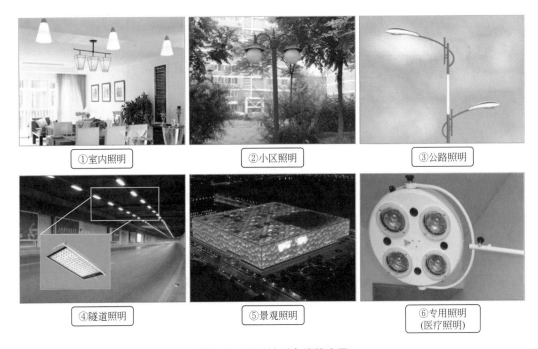

① 室内照明　② 小区照明　③ 公路照明　④ 隧道照明　⑤ 景观照明　⑥ 专用照明（医疗照明）

图3-3　照明控制电路的应用

① 在室内照明电路中，大多采用单联开关、双联开关及其遥控等控制电路。

② 在小区照明电路中，大多采用时间、光能和总线控制等控制电路。可以有效地节约能源和人力。

③ 在公路照明电路中，采用的控制方式与小区照明基本相同。

④ 在隧道照明电路中，大多采用时间和总线控制的控制电路。

⑤ 在景观照明电路中，大多采用时间和总开关控制的方式，便于在节日时对其进行整体开启或关闭。

⑥ 在专用照明电路（医疗照明电路）中，大多采用元器件或集成电路对其光线进行控制。

⑦ 在楼道照明电路中，大多采用声音、光线、触摸的控制电路。可以节约能源，也便于在黑暗中对楼道的照明灯进行控制。

3.1.2 照明控制电路的组成

照明控制电路是由照明灯具、电子控制部件和基本电子元器件构成的。在学习识读照明控制电路之前，首先要了解照明控制电路的组成。明确照明控制电路中各主要电子元器件、控制部件以及照明灯具的电路对应关系。

典型照明控制电路的组成见图3-4。

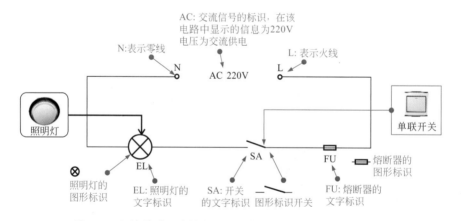

图3-4　识读单联开关控制照明灯电路及各个符号的表示含义

图3-4中"AC"为交流供电标识，为整个电路提供220交流电压；"L"表示火线端；"N"表示零线端；"EL"与"⊗"分别表示照明灯的文字和图形标识，当有电流通过时可以发出光；"SA"与"⌒"分别表示开关的文字和图形标识，控制照明灯的点亮和熄灭；"FU"与"▭"分别表示熔断器的文字和图形标识，在电路中用于保护电路。线路中SA为单联开关，在火线L端，照明灯的一端连接控制开关，另一端连接零线N端。当单联开关SA闭合时，照明电路形成回路，交流220V电压加载到照明灯的两端，为其供电，EL点亮；当单联开关SA断开时，照明电路断路，EL会随之熄灭；当电路中的电流或电压过大时，熔断器会断开起到保护作用，防止照明灯损坏。

　　在照明控制电路中主要使用的控制方式有，按键开关直接对电路进行控制；利用不同的元器件进行组合使用触摸的方式使其导通进行控制；利用感应开关与元器件进行控制；利用开关与继电器和元器件进行控制；采用元器件对光能进行检测达到对照明电路的控制等。如图3-5所示。

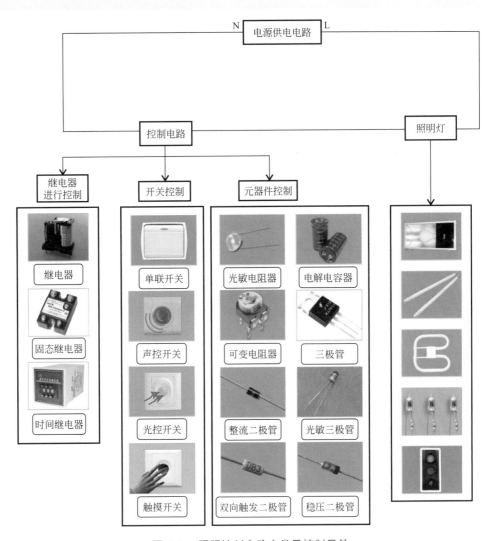

图3-5　照明控制电路中常见控制元件

3.2　照明控制电路的识图方法

3.2.1　照明控制电路中的主要元器件

　　在前面的章节中，我们大体了解了照明控制电路的基本组成。接下来，我们会从照明控制电路中的主要组成元件、电气部件和照明灯具入手，掌握照明控制电路的组成部件的种类和特点，为识读照明控制电路打好基础。

（1）照明灯

照明灯在照明控制电路中的图形用"⊗"表示，文字符号用"EL"或"H"表示，是一种通过控制能发出光亮的电气设备。

照明控制电路中照明灯的实物外形见图3-6。

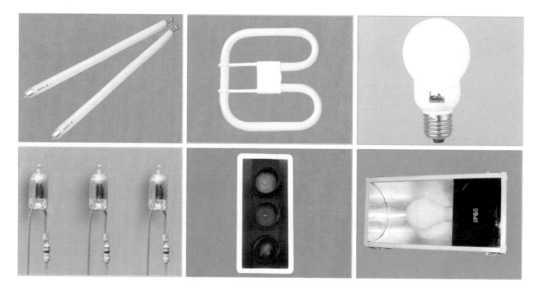

图3-6　照明控制电路中照明灯的实物外形

灯管、灯泡以及节能灯管多用于家庭照明控制电路中；LED灯牌多用于广告及装饰灯带的控制电路；隧道灯多用于较为黑暗潮湿的环境中，可以防止电路过于潮湿发生损坏。红绿灯用于交通指挥。

（2）开关组件

在照明控制电路中比较常见的开关组件有常开开关、常闭开关、常开按钮、常闭按钮、复合开关、联动开关、触摸开关、声控开关、光控开关及超声波感应开关，见表3-1。

表3-1　照明控制电路中常见的开关图形符号

名称	符号	图形	名称	符号	图形
常开开关	SA		常闭开关	SA	
常开按钮	SB		常闭按钮	SB	
单联开关	SA		双联开关	SA	
双控开关	SA		联动开关	SA	

名称	符号	图形	名称	符号	图形
触摸开关	A	Ⓐ	声控开关	S	Ⓢ
光控开关	MG	▯⚡	超声波感应开关	B	⊑

照明控制电路中开关的实物外形见图 3-7。

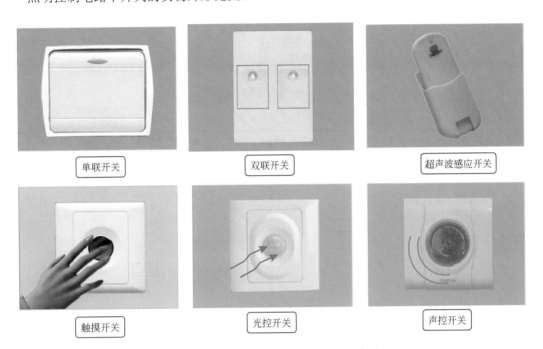

单联开关　双联开关　超声波感应开关

触摸开关　光控开关　声控开关

图 3-7　照明控制电路中开关的实物外形

照明控制电路中的单联开关、双联开关及超声波感应开关多用于家庭照明中，触摸开关、光控开关和声控开关多用楼道照明中。

在室外照明控制电路中很少采用开关进行控制，而是多采用元器件或是集成电路控制照明灯具的点亮和熄灭。

【资料】▶▶▶

在照明控制电路中双联开关与双控开关的区别，如图 3-8 所示。

双联开关可以分别控制不同的照明灯具，其内部由两个独立的常开开关构成；双控开关是控制一盏或多盏照明灯的不同状态，内部由两个触点构成，外形与单联开关相似。双控开关与单联开关从外形上无法分别，可以利用其内部的电路结构进行区分。

（3）继电器

继电器在照明电路中起到控制电路的通断功能，进而也可以间接控制照明灯具的照明和熄灭。常见的继电器图形符号见表 3-2。

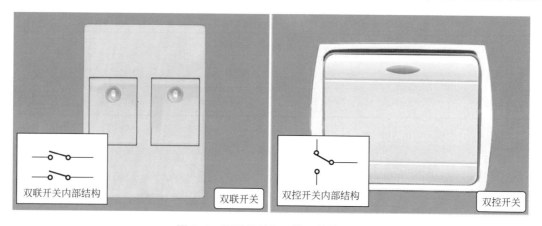

图 3-8　双联开关与双控开关的区别

表 3-2　照明电路中常见继电器图形符号

名称	符号	图形	名称	符号	图形		
继电器	K	K 线圈　K-1 常开触点　或　K 线圈　K-1 常闭触点	时间继电器	KT	或　KT 通电延时线圈	KT-1 延时闭合的常开触点	KT-2 延时断开的常闭触点
					KT 通电延时线圈	KT-1 延时断开的常开触点	KT-2 延时闭合的常闭触点
中间继电器	KA	KA 线圈　KA-1 常开触点　或　KA 线圈　KA-1 常闭触点					

照明电路中常见继电器的实物外形见图 3-9。

(a) 继电器

(b) 时间继电器

(c) 中间继电器

图 3-9　照明电路中继电器的实物外形

a 图：继电器是指根据继电器线圈中信号而接通或断开电路的控制器件。当继电器接收到控制信号后动作，使其触点一起动作，常闭触点打开，常开触点闭合，从而可以控制照明电路的导通和断开。

b 图：时间继电器是一种延时或周期性定时接通、切断某些控制电路的继电器，当线圈得电后，经一段时间延时后（预先设定时间），其常开、常闭触点才会动作。

c 图：中间继电器通常用来控制各种电磁线圈使信号得到放大，将一个输入信号转变成一个或多个输出信号。

3.2.2 照明控制电路的识读

照明控制电路的结构多样，电子元件、控制部件和功能器件连接组合方式的不同，使得电路的功能也千差万别。

因此，在对照明控制电路进行识读时，通常先要了解照明控制电路的结构特点，掌握照明控制电路中的主要组成部件，并根据这些主要组成部件的功能特点和连接关系，对整个照明控制电路进行单元电路的划分。

然后，进一步从控制部件入手，对照明控制电路的工作流程进行细致的解析，搞清照明控制电路的工作过程和控制细节，完成照明控制电路的识读过程。

（1）两位双联开关三方控制照明灯的电路识读

① 两位双联开关三方控制照明灯的电路结构特点　三方控制照明灯电路，是设在不同位置的三个开关可控制一个照明灯，例如在家庭中，照明灯位于客厅中，三个开关分别设置在客厅与两个不同的卧室中，便于对照明灯进行控制。

两位双联开关三方控制照明灯电路结构特点的识读见图3-10。

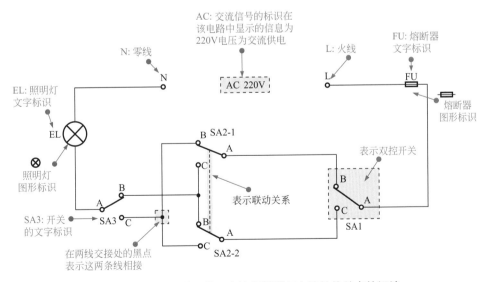

图 3-10　两位双联开关三方控制照明灯电路结构特点的识读

该电路由 AC 220 V 供电，控制电路由双控开关 SA1、SA3，双控联动开关 SA2 组成；照明灯具为 EL；保护器件有熔断器 FU。当电路中任何一个开关动作，都可以对照明灯进行控制。

该照明电路处于图示状态时，开关 SA1 的 A 点与 B 点连接，联动开关 SA2-1 的 A 点和 B 点连接，SA2-2 的 A 点和 B 点连接，开关 SA3 的 A 点连接 B 点，照明电路处于断路状态，照明灯 EL 不亮。

三地联控
照明电路

② 从控制部件入手，理清照明控制电路的工作过程　双控开关 SA1 动作时，三方控制照明灯电路的工作过程见图 3-11。

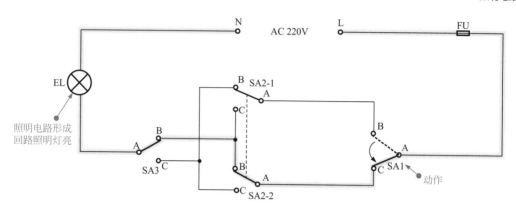

图 3-11　双控开关 SA1 动作时照明电路的工作过程

【图解】▶▶▶

　　当双控开关 SA1 动作时，双控开关 SA1 的触点 A 与触点 C 连接，三方控制照明电路形成回路，照明灯 EL 亮。

　　此时，若按动双控联动开关 SA2 或双控开关 SA3 时，三方控制照明电路断路，照明灯 EL 灭。

双控联动开关 SA2 动作时，三方控制照明灯电路的工作过程见图 3-12。

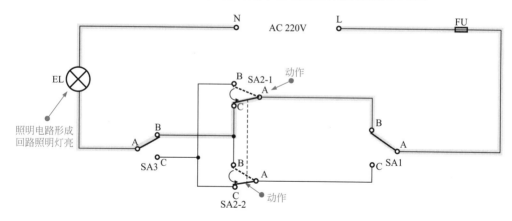

图 3-12　双控联动开关 SA2 动作时照明电路的工作过程

【图解】▶▶▶

　　双控开关 SA1 和 SA3 不动作，双控联动开关 SA2 动作时，双控联动开关 SA2-1 和 SA2-2 的触点 A 连接 C 点，三方控制照明电路形成回路，照明灯 EL 亮。

　　此时，若按动双控开关 SA1 或双控开关 SA3，三方控制照明电路断路，照明灯 EL 灭。

双控开关 SA3 动作时，三方控制照明灯电路的工作过程见图 3-13。

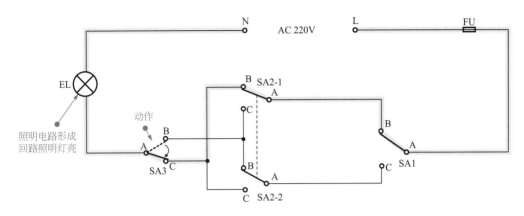

图 3-13　双控开关 SA3 动作时照明电路的工作过程

【图解】▶▶▶

　　当电路处于初始状态时，双控开关 SA3 动作，双控开关 SA3 的触点 A 与触点 C 连接，三方控制照明电路形成回路，照明灯 EL 亮。

　　此时，若按动双控联动开关 SA2 或双控联动开关 SA1 时，三方控制照明电路断路，照明灯 EL 灭。

（2）触摸开关控制照明灯电路识图

　　该电路为触摸控制照明灯电路，比较适合楼道照明或公共场合的短时间照明。当该电路接收到感应信号后，其工作，当一段时间后电容器内的电量降低，照明灯自动熄灭，电路进入初始状态，电容器进行充电，等待照明灯再一次被点亮。

　　1）触摸开关控制照明灯的电路结构特点的识读　触摸开关控制照明灯电路结构特点的识读见图 3-14。

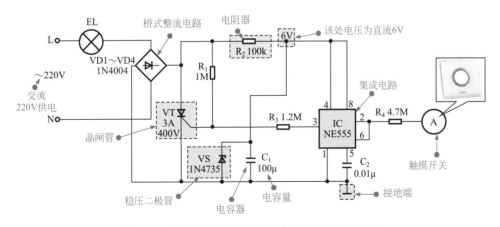

图 3-14　触摸开关控制照明灯电路结构特点的识读

触摸开关控制照明灯电路由 AC 220V 交流供电，电源电路由桥式整流电路、稳压二极管、电容器 C_1 构成；触摸控制电路由触摸开关、集成电路 IC NE555、晶闸管 VT、稳压二极管 VS 等构成。由触摸开关控制照明灯具 EL 的点亮与熄灭。

【图解】▶▶▶

在电路中标有 6V 的标识表示该处的电压为直流 6V，只有在出现"AC"和"～"时表示该处的电压为交流电压。在电路中桥式整流电路可以将交流电压转换为直流电压为电路供电。

2）根据主要组成部件的功能特点和连接关系划分单元电路　识读触摸开关控制照明灯电路的结构见图 3-15。

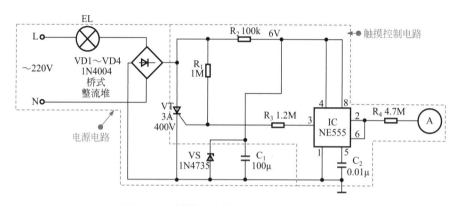

图 3-15　触摸开关控制照明灯电路的识图

在触摸开关控制照明电路中，首先根据电路符号和文字标识找到主要组成部件，并根据主要组成部件的功能特点和连接关系划分单元电路，该电路可划分为电源电路和触摸控制电路。其中电源电路用于为触摸控制电路提供工作电压；触摸控制电路是利用触摸开关控制晶闸管的导通，从而控制照明灯具 EL 的点亮与熄灭。

3）从控制部件入手，理清照明控制电路的工作过程　无人触摸感应开关时照明灯电路的工作流程见图 3-16。

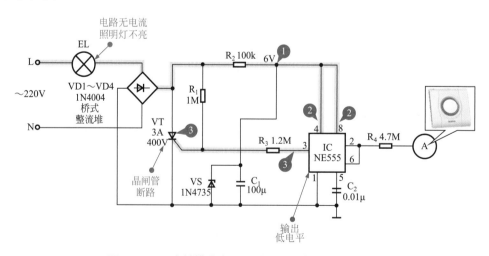

图 3-16　无人触摸感应开关时照明灯电路的工作流程

　　① 当无人触摸感应开关时，该电路处于初始状态。AC 220V 电压经桥式整流堆进行整流后，再由电阻器 R_2 限流降压，产生 6V 左右的直流电压。

　　② 6 V 左右的直流电压为集成电路管理芯片 IC NE555 提供电压。

　　③ 由于此时集成芯片 IC NE555 的 3 脚为低电平，使晶闸管 VT 处于截止状态。晶闸管 VT 截止，导致通过桥式整流电路的电流过小，无法启动照明灯 EL。

　　有人触摸感应开关时照明灯电路的工作流程见图 3-17。

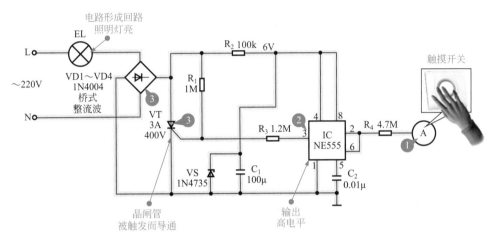

图 3-17　当触摸感应开关时照明灯电路的工作流程

　　① 当有人触摸感应键 A 时，人体感应信号加到集成电路 IC NE555 的 2 脚上。

　　② 由于 2 脚信号的作用使 IC NE555 的 3 脚输出高电平。

　　③ 高电平信号加到晶闸管 VT 的触发端使晶闸管 VT 导通，电流经过桥式整流电路和晶闸管形成回路。交流 220V 供电电路中电流量增大，照明灯 EL 点亮。

3.3　照明控制电路的识读案例

3.3.1　光控照明电路的识读

　　光控照明电路是利用光敏元件自动控制照明的电路。该电路多用于公路照明，使用光能控制照明电路可以有效地节约能源。掌握光能控制照明电路的识读，对于设计、安装、改造和维修灯控电路会有所帮助。

（1）光控照明电路结构组成的识读

　　识读光能控制照明电路，首先要了解该电路的组成，明确电路中各主要部件与电路符号的对应关系。

该电路利用光敏电阻器进行照明控制。白天光敏电阻器阻值较小，继电器不动作，照明灯不亮；夜晚光敏电阻器阻值增大，继电器动作，照明灯电源被接通自动点亮。

光控照明电路的结构组成见图3-18。

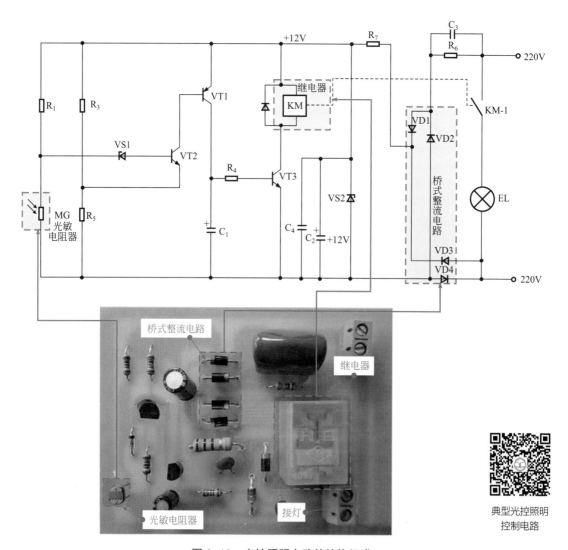

图 3-18　光控照明电路的结构组成

光控照明电路的识读最好与其电路板对照进行。该电路是由照明电路、电源电路、控制电路构成。电源电路是由桥式整流堆、电阻器 R_6、电容器 C_3 构成；照明电路是由照明灯与继电器触点构成；控制电路是由光敏电阻器 MG、继电器 KM、电阻器、电容器、控制晶体三极管和稳压二极管等构成。

（2）光控照明电路工作过程的识读

对光控照明电路工作过程的识读，通常应从控制电路入手，通过对电路信号流程的分析，掌握光控照明电路的工作过程及工作原理。

光控照明电路白天的工作过程见图3-19。

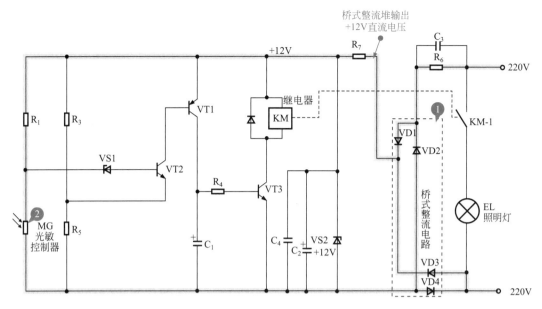

图 3-19　光控照明电路白天的工作过程

【图解】▶▶▶

　　① 由 AC 220V 供电电压输入，经过电阻器 R_6、电容器 C_3 降压，桥式整流电路整流和电阻器 R_7、稳压二极管 VS2 稳压后形成 +12V 直流电压，为控制电路供电（+12V）。

　　② 由于光敏电阻 MG 的阻值在白天较小，导致晶体三极管 VT1、VT2 和 VT3 都处于截止状态，无法使继电器 KM 动作，常开触点 KM-1 断开，照明灯供电断路，照明灯 EL 不亮。

　　光控照明电路黑天的工作过程见图 3-20。

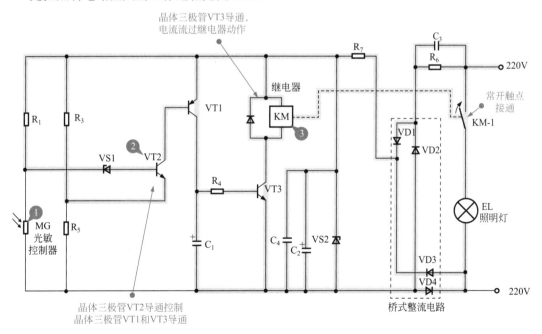

图 3-20　光控照明电路黑天的工作过程

① 由于黑天时，光敏电阻器 MG 的阻值增大。

② 当光敏电阻器阻值增大时，晶体三极管 VT2 基极电压上升而导通，晶体三极管 VT2 导通后为晶体三极管 VT1 提供基极电流，从而使晶体三极管 VT1 和 VT3 导通。

③ 当晶体三极管 VT1、VT3 导通时，继电器 KM 得电动作，常开触点 KM-1 接通，照明电路形成回路，照明灯 EL 点亮。

3.3.2 声控照明电路的识读

声控照明电路是利用声音感应器件和晶闸管对照明灯的供电进行控制，利用电解电容器的充放电特性达到延时的作用，该电路比较适合应用在楼道照明中，当楼道中的声控开关感应到有声音时自动亮起，当声音结束一段时间后照明灯自己熄灭。掌握声音控制照明电路的识读，对于设计、安装、改造和维修控制电路会有所帮助。

(1) 声控照明电路的结构组成的识读

识读声控照明电路，首先要了解该电路的组成，明确电路中各主要部件与电路符号的对应关系。

声控照明电路的结构组成见图 3-21。

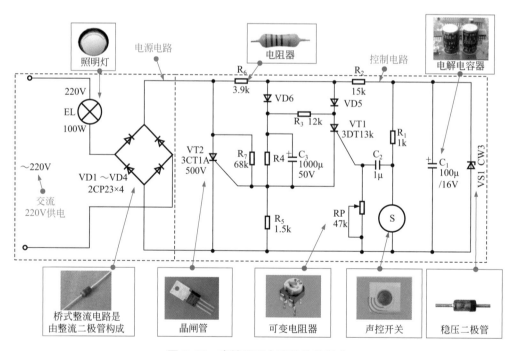

图 3-21　声控照明电路的结构组成

该电路主要是由电源电路与控制电路两部分组成，电源电路是由照明灯和桥式整流电路构成，控制电路是由声控开关，晶闸管、稳压二极管、电解电容器和可变电阻器等构成。

（2）声控照明电路工作过程的识读

对声控照明电路工作过程的识读，通常会从控制电路入手，通过对电路信号流程的分析，掌握声控照明电路的工作过程及功能特点。

声控照明电路接收到感应信号的工作过程见图3-22。

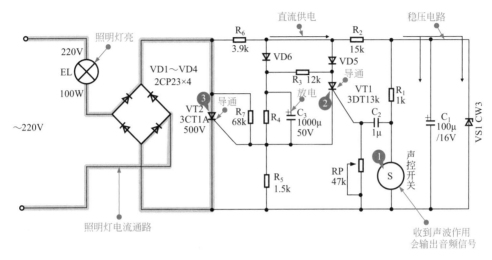

图3-22　声控照明电路接收到感应信号的工作过程

【图解】▶▶▶

① 当声音感应器接收到声波后，输出音频信号。

② 音频信号经电容器 C_2 触发晶闸管 VT1 并使之导通。

③ 当晶闸管 VT1 导通后为晶闸管 VT2 提供触发信号，使其导通，照明电路形成回路，照明灯 EL 点亮。

声控照明电路感应信号消失后的工作过程见图3-23。

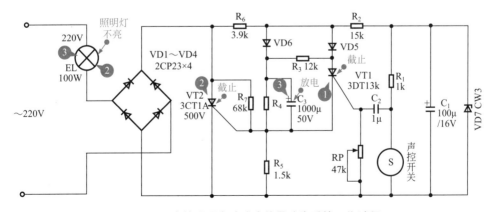

图3-23　声控照明电路感应信号消失后的工作过程

3.3.3　声光双控照明电路的识读

声光双控照明电路是利用光线和声音对照明灯进行双重控制的电路。该类电路中一般由光敏电阻器进行锁定控制，白天光线强时电路被锁定，照明灯不亮，不受声音控制，当光线变暗后解除锁定，使其处于解锁状态，当其接收到声音信号后，触发电路控制部件，使照明电路形成回路，将照明灯点亮，当经过一定的时间后照明灯自动熄灭。

声光双控照明电路节约能源，常常使用在小区的楼道照明中。白天时楼道中光线充足，照明灯无法照亮，夜晚黑暗的楼道中不方便找照明开关，使用声音即可控制照明灯照明，待行人走过后照明灯可以自行熄灭。掌握声光双控照明电路的识读，对于设计、安装、改造和维修声光控制电路有所帮助。

（1）声光双控照明电路的结构组成的识读

识读声光双控照明电路，首先要了解该电路的组成，明确电路中各主要部件与电路符号的对应关系。

声光双控照明电路的结构组成见图3-24。

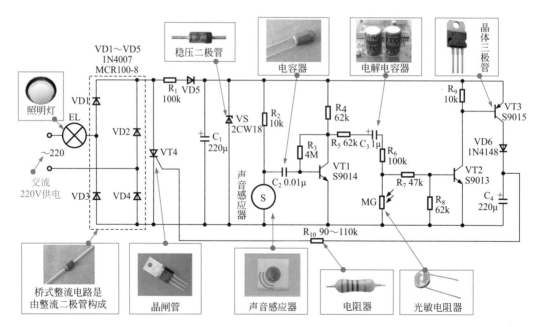

图 3-24　声光双控照明电路识图

声光双控照明电路主要是由电源供电端、照明灯、晶体三极管、电阻器、电容器、晶闸管、二极管、光敏电阻器和声音感应器等元器件构成。

（2）声光双控照明电路工作过程的识读

对声光双控照明电路工作过程的识读，通常会从控制电路入手，通过对电路信号流程的分析，掌握声光双控照明电路的工作过程及功能特点。

声光双控照明电路白天的工作过程见图 3-25。

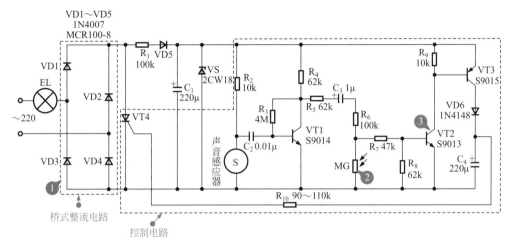

图 3-25　声光双控照明电路白天的工作过程

【图解】▶▶▶

① 由交流 220V 供电电压输入，经过照明灯 EL、桥式整流电路、电阻器 R_1、二极管 VD5、电容器 C_1、稳压二极管 VS 形成直流电压，为控制电路供电。

② 在白天光照强度较大时，光敏电阻器 MG 的阻值随之减小。

③ 由于光敏电阻器阻值较小，使晶体三极管 VT2 的基极就锁定在低电平状态而截止，即使有声音控制信号也不能使 VT2 导通。没有信号触发晶闸管 VT4，照明电路不能形成回路，照明灯 EL 不亮。

声光双控照明电路黑天时的工作过程见图 3-26。

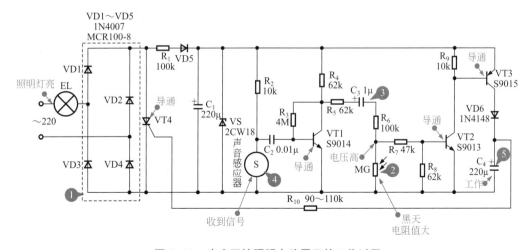

图 3-26　声光双控照明电路黑天的工作过程

① 由交流 220V 供电电压输入，经过桥式整流电路整流和滤波稳压后输出直流电压，为控制电路供电。

② 黑天时，光敏电阻器 MG 的阻值增大。

③ 由于电容器 C_3 的隔直作用，晶体三极管 VT2 的基极为低电平，因而处于截止状态。

④ 当声音感应器接收到声音时，声音信号加到晶体三极管 VT1 的基极上，经放大后音频信号由晶体三极管 VT1 的集电极输出，经 C_3 加到晶体三极管 VT2 的基极上。晶体三极管 VT2 导通，于是晶体三极管 VT3 和二极管 VD6 导通，为电容器 C_4 充电，同时为晶闸管 VT4 触发极提供信号，使晶闸管 VT4 导通，整个照明电路形成回路，照明灯 EL 亮。

⑤ 当音频信号消失后，由于电容器 C_4 放电需要时间，因而照明灯会延迟熄灭。

3.3.4 触摸式照明电路的识读

由与非门电路构成的触摸式照明控制电路是利用触摸开关代替传统的按键式开关，该电路主要以与非门集成电路为主，对照明灯进行延迟控制。该电路可以应用在室内照明中。掌握触摸式控制照明和灯光电路的识读，对于设计、安装、改造和维修逻辑控制电路有所帮助。

（1）触摸式照明控制电路的结构组成

识读与非门电路构成的触摸式照明电路，首先要了解该电路的组成，明确电路中各主要部件与电路符号的对应关系。

与非门电路构成的触摸式照明电路的结构组成见图 3-27。

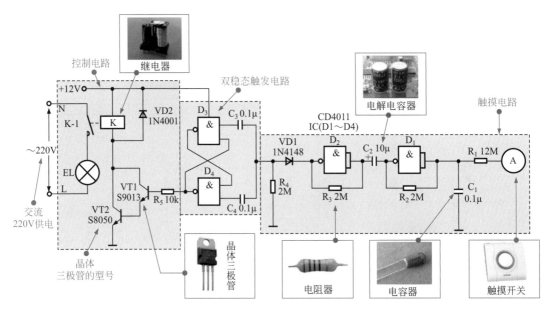

图 3-27　与非门电路构成的触摸式照明电路的结构组成

触摸式照明控制电路主要是由 CD4011 与非门、触摸开关 A、电阻器、电容器、二极管、晶体三极管、继电器和照明灯 EL 等构成。其中，触摸电路是由触摸开关 A，电阻器 $R_1 \sim R_4$，电容器 C_1、C_2，与非门 $D_1 \sim D_2$ 和二极管 VD1 构成；触发电路则是由与非门 D_3、D_4 和电容器 C_3、C_4 构成双稳态触发电路；控制电路是由电阻器 R_5，晶体三极管 VT1、VT2，继电器 K 和保护二极管 VD2 构成。

（2）触摸式照明控制电路工作过程的识读

对与非门电路构成的触摸式照明控制电路工作过程的识读，通常会从控制电路入手，通过对电路信号流程的分析，掌握与非门电路构成的触摸式照明控制电路的工作过程及功能特点。

与非门电路构成的触摸式照明电路开灯的工作过程见图 3-28。

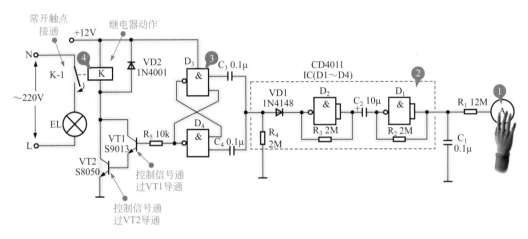

图 3-28　与非门电路构成的触摸式照明电路的开灯过程

【图解】▶▶▶

① 触摸感应开关 A 被按下。

② 感应信号经与非门 D_1、D_2 整形后，经二极管 VD1 为双稳态触发电路提供信号。

③ 双稳态触发电路接收到感应信号后，发生翻转，D_4 输出高电平，为晶体三极管 VT1、VT2 提供控制信号。使晶体三极管 VT1、VT2 导通。

④ +12V 经继电器 K 和晶体三极管 VT2 形成回路，使继电器 K 的线圈动作，常开触点 K-1 接通。常开触点 K-1 接通后，AC 220V 电压为照明灯 EL 供电使之点亮。

与非门电路构成的触摸式照明电路关灯的工作过程见图 3-29。

3.3.5　卫生间门控照明电路的识读

图 3-30 为卫生间门控照明控制电路。

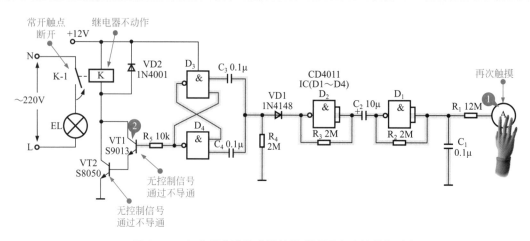

图 3-29 与非门电路构成的触摸式照明电路的关灯过程

【图解】▶▶▶

① 再次触摸感应开关 A。

② 感应信号会使双稳态触发电路发生翻转，D_4 输出低电平，晶体三极管 VT1 和 VT2 处于截止状态，继电器 K 的线圈断电，也就使得常开触点 K-1 断开，照明电路处于断开状态，照明灯 EL 熄灭。

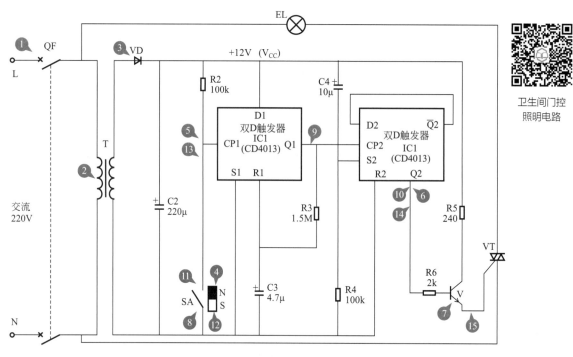

图 3-30 卫生间门控照明控制电路

【图解】▶▶▶

① 合上总断路器 QF，接通交流 220V 电压。

② 交流 220V 电压经变压器 T 降压。

③ 降压后的交流电压经 VD 整流和 C2 滤波后，变为 +12V 直流电压。+12V 直流电压为双 D 触发器 IC1 的 D1 端供电。+12V 直流电压为三极管 V 的集电极供电。

④ 当门关闭时，磁控开关 SA 处于闭合状态。

⑤ 双 D 触发器 IC1 的 CP1 端为低电平。

⑥ 双 D 触发器 IC1 的 Q1 端和 Q2 端均输出低电平。

⑦ 三极管 V 和双向晶闸管 VT 均处于截止状态，照明灯 EL 不亮。

⑧ 当有人进入卫生间时，门被打开并关闭，磁控开关 SA 断开后又接通。

⑨ 双 D 触发器 IC1 的 CP1 端产生高电平触发信号，Q1 端输出高电平并送入 CP2 端。

⑩ 双 D 触发器 IC1 的内部受触发而翻转，Q2 端输出高电平。

⑪ 三极管 V 导通，为双向晶闸管 VT 的控制极提供触发信号，VT 导通，照明灯 EL 点亮。

⑫ 当有人走出卫生间时，门被打开并关闭，磁控开关 SA 断开后又接通。

⑬ 双 D 触发器 IC1 的 CP1 端产生高电平触发信号，Q1 端输出高电平并送入 CP2 端。

⑭ 双 D 触发器 IC1 的内部受触发而翻转，Q2 端输出低电平。

⑮ 三极管 V 截止，双向晶闸管 VT 截止，照明灯 EL 熄灭。

3.3.6 楼道应急照明电路的识读

楼道应急照明灯控制电路是指在市电断电时自动为应急照明灯供电的控制电路。当市电供电正常时，楼道应急照明灯自动控制电路中的蓄电池充电；当市电停止供电时，蓄电池为应急照明灯供电，应急照明灯点亮，进行应急照明。

图 3-31 为楼道应急照明电路。

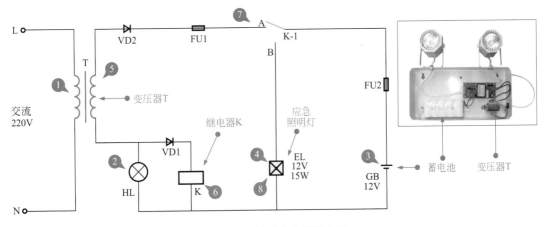

图 3-31　楼道应急照明电路

　　① 交流 220V 电压经变压器 T 降压后输出交流低压，再经整流二极管 VD1、VD2 变为直流电压，为后级电路供电。

　　② 正常状态下，待机指示灯 HL 亮，继电器 K 线圈得电，触点 K-1 与 A 点接通。

　　③ 在触点 K-1 与 A 点接通时，为蓄电池 GB 充电。

　　④ 应急照明灯 EL 供电电路无法形成回路，应急照明灯 EL 不亮。

　　⑤ 交流 220V 电源失电，变压器 T 次级无输出电压。

　　⑥ 后级电路无供电，待机指示灯 HL 熄灭，继电器 K 线圈失电。

　　⑦ 继电器 K 线圈失电，触点 K-1 动作，触点 K-1 与 A 点断开，与 B 点接通。

　　⑧ 蓄电池 GB 经熔断器 FU2、触点 K-1 的 B 点为应急照明灯 EL 供电，应急照明灯 EL 点亮。

3.3.7　光控路灯照明电路的识读

　　图 3-32 为继电器控制路灯照明电路。继电器控制路灯照明电路一般是通过光敏电阻器进行控制的，即利用光敏电阻器代替手动开关自动控制路灯的工作状态：白天，光照较强，路灯熄灭；夜晚，光照较弱，路灯点亮。

光控路灯照明电路

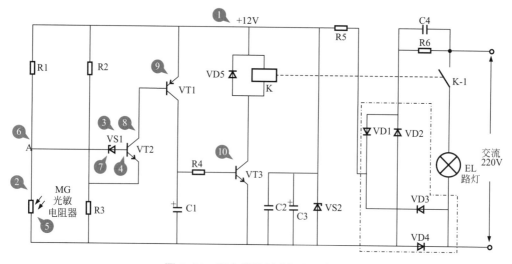

图 3-32　继电器控制路灯照明电路

　　① 交流 220V 电压经桥式整流电路 VD1 ～ VD4 整流、稳压二极管 VS2 稳压后，输出 +12V 直流电压，为电路供电。

　　② 白天，光照较强，光敏电阻器 MG 的阻值较小。

　　③ 光敏电阻器 MG 与电阻器 R1 形成分压电路，电阻器 R1 上的压降较大，分压点 A 点电压偏低，低于稳压二极管 VS1 的导通电压。

　　④ 由于 VS1 无法导通，三极管 VT1、VT2、VT3 均截止，电磁继电器 K 不吸合，路灯 EL 不亮。

⑤ 夜晚，光照较弱，光敏电阻器 MG 的阻值增大。

⑥ 光敏电阻器 MG 的阻值增大，分压点 A 点电压升高。

⑦ 当 A 点电压超过稳压二极管 VS1 的导通电压时，稳压二极管 VS1 导通。

⑧ 稳压二极管 VS1 导通后，为三极管 VT2 提供基极电压，使三极管 VT2 导通。

⑨ 三极管 VT2 导通后，为三极管 VT1 提供导通条件，三极管 VT1 导通。

⑩ 三极管 VT1 导通后，为三极管 VT3 提供导通条件，三极管 VT3 导通，电磁继电器 K 线圈得电，带动常开触点 K-1 闭合，形成供电回路，路灯 EL 点亮。

3.3.8 景观照明电路的识读

景观照明控制电路是指应用在一些观赏景点或广告牌上，或者用在一些比较显著的位置上的，设置用来观赏或提示功能的公共用电电路。

图 3-33 为景观照明电路。可以看到，该电路主要由景观照明灯和控制电路（由各种电子元器件按照一定的控制关系连接）构成。

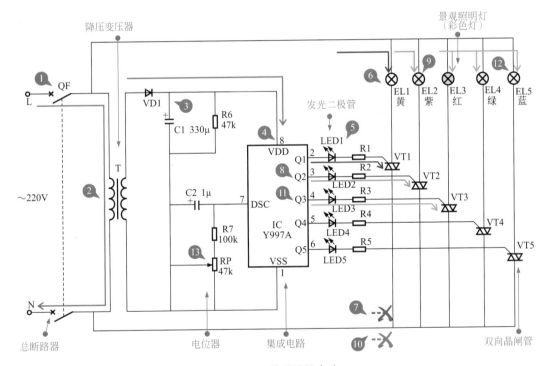

图 3-33　景观照明电路

【图解】▶▶▶

① 合上总断路器 QF，接通交流 220V 市电电源。

② 交流 220V 市电电压经变压器 T 变压后变为交流低压。

③ 交流低压再经整流二极管 VD1 整流、滤波电容器 C1 滤波后变为直流电压。

④ 直流电压加到 IC（Y997A）的⑧脚，提供工作电压。

⑤ IC 的⑧脚有供电电压后，内部电路开始工作，②脚首先输出高电平脉冲信号，使 LED1 点亮。

⑥ 同时，高电平信号经电阻器 R1 后，加到双向晶闸管 VT1 的控制极上，VT1 导通，彩色灯 EL1（黄色）点亮。

⑦ 此时，IC 的③脚、④脚、⑤脚、⑥脚输出低电平脉冲信号，外接的晶闸管处于截止状态，LED 和彩色灯不亮。

⑧ 一段时间后，IC 的③脚输出高电平脉冲信号，LED2 点亮。

⑨ 同时，高电平信号经电阻器 R2 后，加到双向晶闸管 VT2 的控制极上，VT2 导通，彩色灯 EL2（紫色）点亮。

⑩ 此时，IC 的②脚和③脚输出高电平脉冲信号，有两组 LED 和彩色灯被点亮，④脚、⑤脚和⑥脚输出低电平脉冲信号，外接晶闸管处于截止状态，LED 和彩色灯不亮。

⑪ 依次类推，当 IC 的输出端②～⑥脚输出高电平脉冲信号时，LED 和彩色灯便会被点亮。

⑫ 由于②～⑥脚输出脉冲的间隔和持续时间不同，双向晶闸管触发的时间也不同，因而 5 个彩灯便会按驱动脉冲的规律发光和熄灭。

⑬ IC 内的振荡频率取决于⑦脚外的时间常数电路，微调电位器 RP 的阻值可改变振荡频率。

3.3.9　超声波遥控调光电路的识读

超声波遥控调光照明电路可以在远距离使用遥控器遥控照明的状态，该电路比较适合应用在室内照明中。掌握超声波遥控调光照明电路的识读，对于设计、安装、改造和维修遥控电路有所帮助。

（1）超声波遥控调光照明电路的结构组成的识读

识读超声波遥控调光照明电路，首先要了解该电路的组成，明确电路中各主要部件与电路符号的对应关系。

超声波遥控调光照明电路的结构组成见图 3-34。

超声波遥控调光电路是由超声波发射电路、超声波接收和控制电路构成的。超声波发射电路是由振荡器、点动开关、超声波发射器等构成。超声波接收和控制电路是由超声波感应器、晶体三极管、CD4017 集成电路、双向晶闸管等构成。该电路可以通过遥控器进行控制，按下按钮的次数不同可以改变照明灯的亮度及其工作状态。当超声波接收和控制电路处于待机状态，该电路中的 CD4017 的③脚输出高电平，②脚、④脚、⑦脚和⑩脚均输出低电平，由于低电平无法使晶体三极管和双向晶闸管导通，照明电路断路，照明灯 EL 不亮。

【提示】▶▶▶

超声波产生电路是由 CD4069 和超声波发射器等部分构成的。其中 CD4069 是一个 6 反相器电路，其结构如图 3-35 所示。

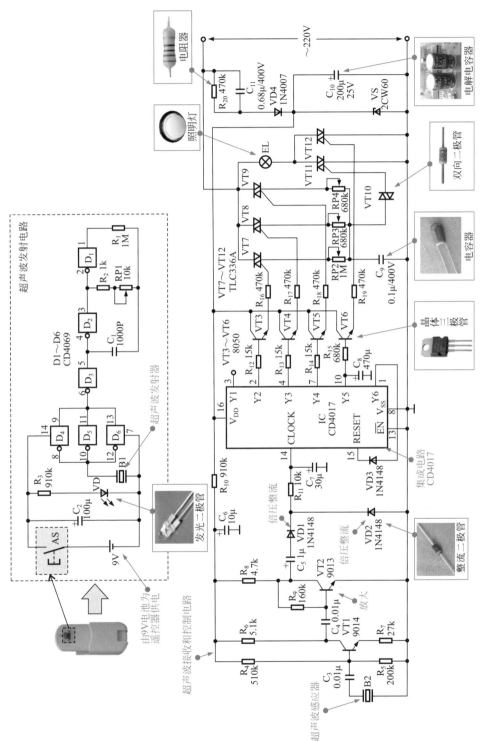

图 3-34　超声波遥控调光照明电路的结构组成

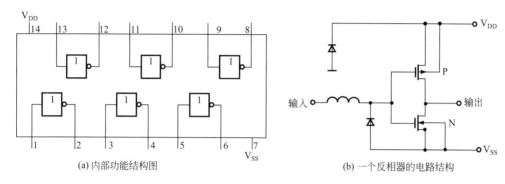

(a) 内部功能结构图   (b) 一个反相器的电路结构

图 3-35   CD4069 的内部功能框图

（2）超声波遥控调光照明电路工作过程的识读

对超声波遥控调光照明电路工作过程的识读，通常会从控制电路入手，通过对电路信号流程的分析，掌握超声波遥控调光照明电路的工作过程及功能特点。

超声波遥控调光照明电路第一次接收超声波信号的过程见图 3-36。

【图解】▶▶▶

　　① 当遥控器按钮第一次按下，由振荡器发出振荡信号经 D_4、D_5、D_6 后由超声波发射器发射。

　　② 超声波接收电路中的超声波感应器感应到超声波信号，将其转化为电压信号。经晶体三极管 VT1 和 VT2 放大，由二极管 VD1 和 VD2 进行倍压整流。

　　③ 第一次控制信号经 ⑭ 脚计数端送入 IC 芯片中，③脚输出低电平，②脚输出高电平，使晶体三极管 VT3 导通。

　　④ 由晶体三极管 VT3 输出触发信号加到双向晶闸管 VT7 并使其导通，经可变电阻器 RP2 和双向二极管 VT10 输出电压并加到双向晶闸管 VT11，使之导通，照明电路中形成回路，照明灯 EL 点亮。

　　⑤ 由于 RP2 的电阻值较大，对电容器 C_9 的充电时间较长，触发角小，照明灯 EL 的亮度较暗。

超声波遥控调光照明电路第二次接收到超声波信号的过程见图 3-37。

【图解】▶▶▶

　　① 当第二次接收到超声波信号时，超声波接收和控制电路中 IC CD4017 的 ⑭ 脚计数端第二次接收到控制信号。

　　② 由集成电路 IC CD4017 的④脚输出高电平使晶体三极管 VT4 和双向晶闸管 VT8 导通，经可变电阻器 RP3 后使双向二极管 VT10 导通，并使双向晶闸管 VT11 随之导通，由于可变电阻器的阻值较小，为电容器 C_9 的充电时间缩短，使双向晶闸管 VT11 的导通角增大，照明电路中平均的电流增大，照明灯 EL 的亮度增加。

超声波遥控调光照明电路第三次接收到超声波信号的过程见图 3-38。

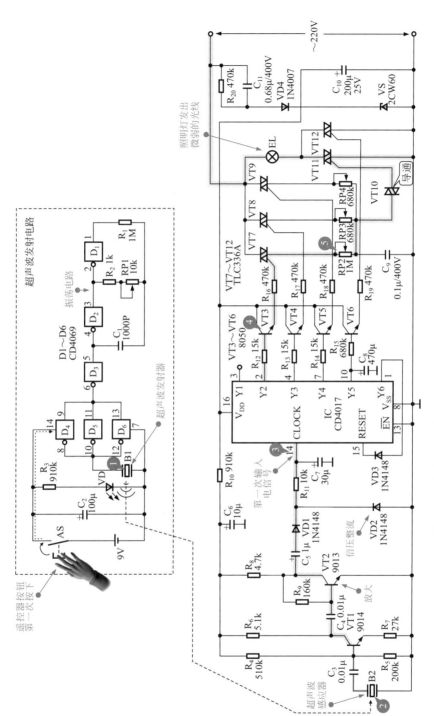

图 3-36　超声波遥控调光照明电路第一次接收超声波信号的过程

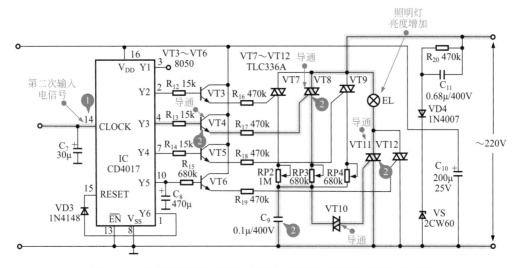

图 3-37　超声波遥控调光照明电路第二次接收到超声波信号的过程

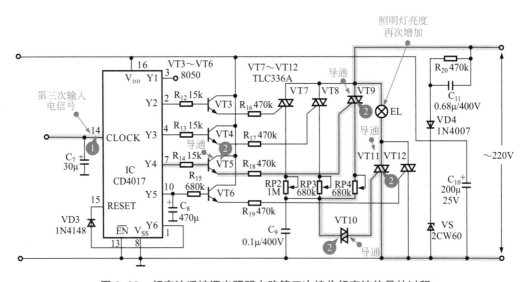

图 3-38　超声波遥控调光照明电路第三次接收超声波信号的过程

【图解】▶▶▶

　　① 当第三次接收到超声波信号时，超声波接收和控制电路中 IC CD4017 的 ⑭ 脚计数端第三次接收到控制信号。

　　② 由集成电路 IC CD4017 的 ⑦ 脚输出高电平，使晶体三极管 VT5 和双向晶闸管 VT9 导通，经可变电阻器 RP4 后使双向二极管 VT10 导通，并使双向晶闸管 VT11 随之导通，由于可变电阻器 RP4 的阻值更小，使双向晶闸管 VT11 导通角更大，照明电路中的平均电流更大，照明灯 EL 的亮度增加。

　　超声波遥控调光照明电路第四次接收到超声波信号的过程见图 3-39。

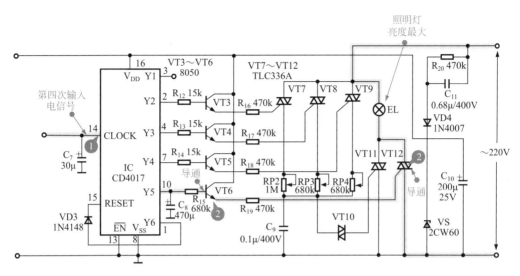

图 3-39　超声波遥控调光照明电路第四次接收到超声波信号的过程

【图解】▶▶▶

　　① 当第四次接收超声波信号，超声波接收和控制电路中 IC CD4017 的 ⑭ 脚计数端第四次接收到控制信号。

　　② 由集成电路 IC CD4017 的 ⑩ 脚输出高电平，使晶体三极管 VT6 导通，将触发信号直接送到双向晶闸管 VT12 上，使双向晶闸管 VT12 导通角最大，照明电路中的电流最大，照明灯 EL 的亮度最大。

　　超声波遥控调光照明电路第五次接收到超声波信号的过程见图 3-40。

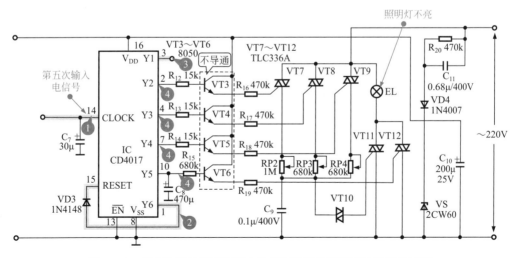

图 3-40　超声波遥控调光照明电路第五次接收到超声波信号的过程

① 当第五次接收到超声波信号，超声波接收和控制电路中 IC CD4017 的 ⑭ 脚计数端第五次接收到控制信号。

② 由集成电路 IC CD4017 的①脚输出信号，将其送入 ⑮ 脚，使 IC CD4017 芯片内部重置。

③ 由集成电路 IC CD4017 的③脚输出高电平。

④ 集成电路 IC CD4017 的②脚、④脚、⑦脚和⑩脚均输出低电平，由于低电平无法使晶体三极管和双向晶闸管导通，照明电路断路，照明灯 EL 不亮。

3.3.10 音乐彩灯电路的识读

音乐彩灯电路是利用音乐芯片发出的信号，控制彩灯变换颜色的电路，该电路适合应用在庆祝场合中。掌握音乐彩灯控制照明电路的识读，对于设计、安装、改造和维修音乐芯片及控制电路会有所帮助。

（1）音乐彩灯电路的结构组成的识读

识读音乐彩灯电路，首先要了解该电路的组成，明确电路中各主要部件与电路符号的对应关系。

音乐彩灯控制电路的结构组成见图 3-41。

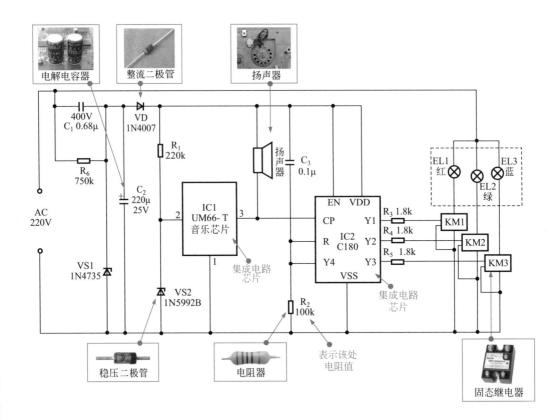

图 3-41　音乐彩灯控制电路的结构组成

该电路是由音乐芯片 IC1 UM66-T、集成电路芯片 IC2 C180、扬声器、电阻器、电容器、二极管、稳压二极管、固态继电器，红、绿、蓝三个彩灯构成。

（2）音乐彩灯电路工作过程的识读

对音乐彩灯电路工作过程的识读，通常会从控制电路入手，通过对电路信号流程的分析，掌握音乐彩灯控制照明电路的工作过程及功能特点。

音乐彩灯电路中音乐芯片电路输出前三段音乐信号的过程见图 3-42。

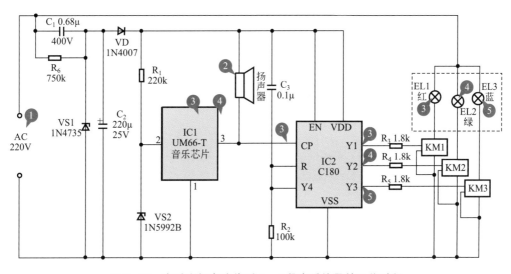

图 3-42　音乐彩灯电路收到 1~3 段音乐信号的工作过程

【图解】▶▶▶

① 由 AC 220V 电源供电，经电路内部的处理后送入音乐芯片 IC1 中。

② 由 IC1 音乐芯片的②脚输出音乐信号，经扬声器播放。

③ 音乐信号同时送入 IC2 的 CP 端（计数端），经 IC2 处理后由 Y1 端输出高电平使继电器 KM1 动作，红灯 EL1 亮。

④ 该电路会随音乐的改变，改变输出的信号，当 IC2 的 CP 端（计数端）第二次收到音乐信号，会改变 IC2 内部电路状态，由 Y2 端输出高电平，绿灯 EL2 亮。

⑤ 当音乐再次改变时，IC2 的 CP 端（计数端）收到第三段音乐信号，改变 IC2 内部的工作状态，由 Y3 端输出高电平，蓝灯 EL3 亮。

音乐彩灯电路输出第 4～7 段音乐信号的过程见图 3-43。

3.3.11　彩灯闪烁控制电路的识读

彩灯闪烁控制电路是利用与非门电路控制彩灯的闪烁，该电路比较适合应用在庆祝场合中的装饰。掌握彩灯闪烁控制电路的识读，对于设计、安装、改造和维修有所帮助。

（1）彩灯闪烁控制电路的结构组成的识读

识读彩灯闪烁控制电路，首先要了解该电路的组成，明确电路中各主要部件与电路符号的对应关系。

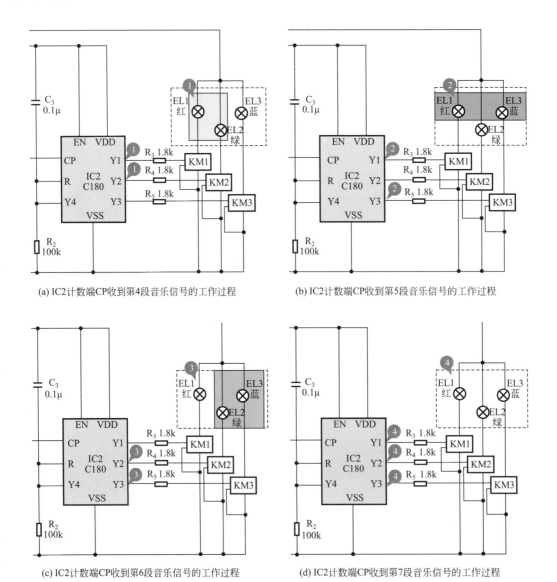

图 3-43　音乐彩灯电路收到第 4~7 段音乐信号的工作过程

【图解】▶▶▶

① IC2 的 CP 端（计数端）收到第 4 段音乐信号，经 IC2 处理后由 Y1 和 Y2 同时输出高电平，彩灯 EL1 和 EL2 同时发光（红色加绿色呈现黄色），彩灯呈现黄色。

② IC2 的 CP 端（计数端）收到第 5 段音乐信号，经 IC2 处理后由 Y1 和 Y3 同时输出高电平，彩灯 EL1 和 EL3 同时发光（红色加蓝色呈现紫色），彩灯呈现紫色。

③ 当 IC2 的 CP 端（计数端）收到第 6 段音乐信号，经 IC2 处理由 Y2 和 Y3 同

时输出高电平，彩灯 EL2 和 EL3 同时发光（绿色加蓝色呈现青色），彩灯呈现青色。

④ 当 IC2 的 CP 端（计数端）收到第 7 段音乐信号，经 IC2 处理由 Y1、Y2 和 Y3 输出高电平，彩灯 EL1、EL2 和 EL3 同时点亮，彩灯发出白光。音乐芯片不断地输出信号，彩灯会随着音乐的变化按照这七种颜色轮流变化。

彩灯闪烁控制电路的结构组成见图 3-44。

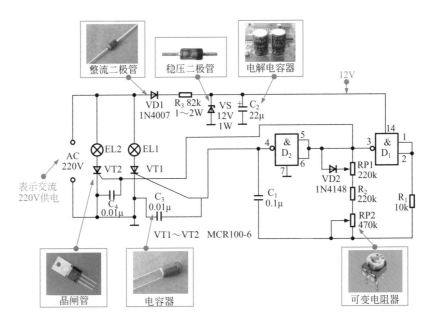

图 3-44　彩灯闪烁控制电路的结构组成

彩灯闪烁控制电路是由整流二极管，晶闸管，与非门集成电路 D_1、D_2，可变电阻器，电解电容器，彩灯等构成。

（2）彩灯闪烁控制电路工作过程的识读

对彩灯闪烁控制电路工作过程的识读，通常会从控制电路入手，通过对电路信号流程的分析，掌握彩灯闪烁控制照明电路的工作过程及功能特点。

彩灯闪烁控制电路工作过程见图 3-45。

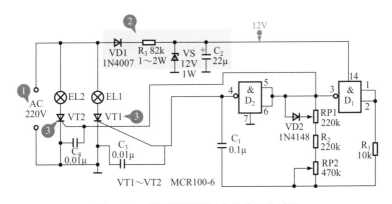

图 3-45　彩灯闪烁控制电路的工作过程

【图解】 ▶▶▶

① 由 AC 220V 电源直接为彩灯 EL1、EL2 供电，彩灯 EL1、EL2 分别受晶闸管 VT1、VT2 的控制。

② 交流 220V 经二极管 VD1 整流、电阻器 R_3 限流，由稳压二极管 VS 稳压后，输出 +12V 直流电压为与非门电路供电。

③ 两个与非门与外围电路构成振荡电路，并将两个相位相反的振荡脉冲信号去驱动单向晶闸管 VT1、VT2，使两个晶闸管交替导通，于是彩灯 EL1、EL2 交替发光。

第4章

供配电系统电气线路识图

4.1 电能的产生及传输

4.1.1 电能的产生

供配电系统电气线路最基本的功能就是实现供电和配电,是家庭生活和工业生产中离不开的实用电路。

(1)发电厂

发电厂是将自然界蕴藏的各种一次能源转换为电能(二次能源),将其他形式的能量转变成电能,为工业、商业设施以及家庭提供交流电的设备基地。

目前我国使用的发电形式主要有火力发电、水力发电和原子能发电等多种。发电设备也随着需求的增加而年年增加,且规模、容量和采用的技术也日新月异。

① 火力发电系统 火力发电是将石油、煤、液化天然气等矿物燃料燃烧获得的热能转换成机械能,使用这种能驱动发电机旋转发电。火力发电有燃气涡轮发电及内燃机发电等方式。将热能转变成蒸汽,利用蒸汽压驱动汽轮机旋转发电的火力发电占主流。

火力发电的基本构成见图4-1。火力发电能量转换过程:燃料的化学能→热能→机械能→电能。

② 水力发电系统 水力发电主要是利用位于高处的河流或水库中水的位能使水轮机旋转产生机械能,水力发电利用的水能主要是蕴藏于水中的位能。为实现将水能转换成电能,需要兴建不同类型的水电站,它是由一系列建筑物和设备组成的工程措施。建筑物主要用来集中天然水流的落差,形成水头,并以水库汇集、调节天然水流的流量,基本设备是水轮发电机组。当水流通过水电站引水建筑物进入水轮机时,水轮机受水流的推动而转动,使水能转化成机械能;水轮机带动发电机发电,机械能转换成电能,再经过变电站和输配电设备将电

力输送到用户。

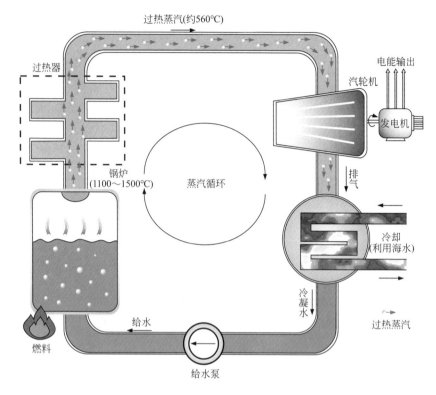

图 4-1　火力发电的基本构成

水力发电厂的构成见图 4-2。水力发电能量转换过程：水流位能→机械能→电能。

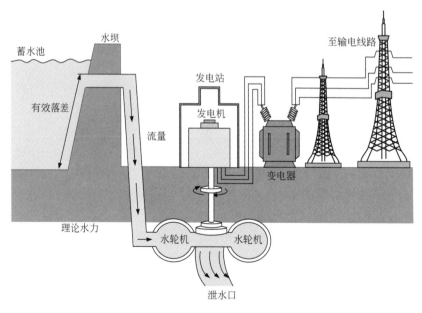

图 4-2　水力发电厂的构成

水所拥有的能是由太阳能引起的自然界循环周期产生的无限能。它与石油一类矿物燃料燃烧后获得的能不同，在水能转化为电能的过程中不发生化学变化，不排出有害物质，对环境影响较小，因此水力发电所获得的是一种清洁的能源。水力发电具有清洁、对环境影响小的优点，而且，水力发电的效率比其他发电方式高，最高达到80%。

③ 核能发电系统　核能发电是利用核反应堆内核裂变反应产生的热能发电。核能发电的原理在汽轮机旋转发电这一点上与火力发电相同，不同的只是产生热能的装置为核反应堆。将由低浓缩铀制成的燃料棒放置到核反应堆内，周围注入轻水。在反应堆内使中子与铀235碰撞后，原子核剧烈振动发生核裂变，由于连锁反应产生巨大的热能。利用这种热能产生高温高压蒸汽，由该蒸汽驱动汽轮机带动发电机旋转发电。

核能发电的基本构成见图4-3。核能发电能量转换过程：核裂变能→热能→机械能→电能。

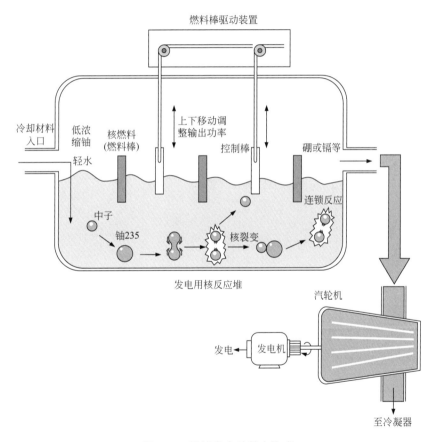

图4-3　核能发电的基本构成

④ 环保清洁能源系统

a. 太阳能。太阳能发电厂是利用太阳光能或太阳热能来生产电能。每1s从太阳到达地球的光的能量在晴天 $1m^2$ 能达到1kW。若要将这种能量转换成电能得使用太阳能电池板。利用太阳能电池发电称为太阳能发电。实际的发电系统是通过太阳能电池直接利用太阳能进行直流发电，经变频器将直流电转变成交流电后使用。太阳能电池光能的电转化效率低，为10%，目前正在开发提高效率的技术。

b. 风能。风力发电厂是利用风力的动能来生产电能，风能和太阳能一样，都是取之不尽的环保清洁能源。风力发电利用风力涡轮机将风能转换成旋转能，通过旋转能驱动发电机产生电能。风力发电的能量转换效率为30%，但有季节和时间性的变动，难获得稳定的电力，所以要与电力系统联合使用。

（2）变配电所（站）

变配电所包含两个含义：变电所和配电所。其任务是接受电能、变换电压和分配电能，即受电、变压、配电。根据所需电压的不同，可分为升压变配电所和降压变配电所。

变配电所的应用见图4-4。升压变配电所一般建在发电厂，主要任务是将低电压变换为高电压；而降压变配电所一般建在靠近负荷中心的地点，主要任务是将高电压变换到一个合理的电压等级。

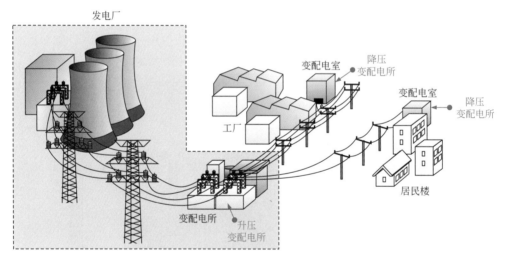

图4-4　变配电所的应用

【提示】▶▶▶

降压变配电所根据其在电力系统中的地位和作用不同，又分为：枢纽变电站；地区变配电所；工业企业变配电所。

（3）电能用户

电能用户又称电力负荷。在电力系统中，一切消费电能的用电设备均称为电能用户。

几种常见的电能用户见图4-5。

4.1.2　供配电系统电气线路的组成

供配电系统电气线路由发电厂、电力网和电能用户组成一个发电、输电、变电、配电和用电的整体，如图 4-6 所示。

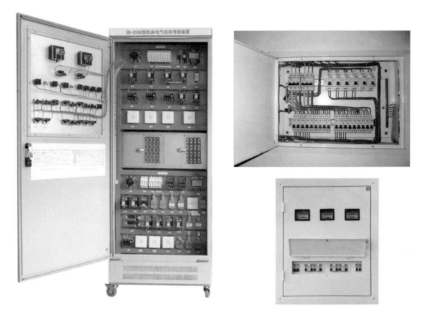

图 4-5　电能用户

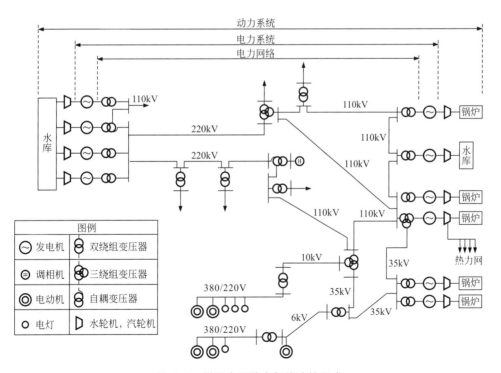

图 4-6　供配电系统电气线路的组成

　　其中，发电厂的发电机产生电能，在发电机中机械能转化为电能；变压器、电力线路输送、分配电能；电动机、电灯、电炉等用电设备使用电能。

在学习识读供配电系统电气线路之前，首先要了解供配电系统电气线路的组成，明确供配电系统电气线路中各主要设备、部件以及电路对应关系。

【提示】▶▶▶

电力网络或电网：指电力系统中除发电机和用电设备之外的部分，即电力系统中各级电压的电力线路及与其联系的变配电所。

动力系统：指电力系统加上发电厂的"动力部分"，包括水力发电厂的水库、水轮机，热力发电厂的锅炉、汽轮机、热力网和用电设备，以及核电厂的反应堆，等等。

4.2 供配电系统电气线路的识读方法

4.2.1 供配电系统电气线路中的主要元器件

通过前面的章节，我们大体了解了供配电系统电气线路的基本组成，接下来，从供配电系统电气线路中的各主要元件、电气部件和供配电系统电气线路入手，掌握这些电路组成部件的种类和功能特点，为识读供配电系统电气线路打好基础。

（1）供配电的固定装置

① 变配电室　三相供配电为生活、生产提供能源，是居民小区或生产企业正常运行的动力来源，是变电站、发电厂以及居民小区、生产企业之间能源的传递的桥梁，因此每个小区或企业都会有变配电室，如图4-7所示。变配电室是用来放置变配电设备的专用房间，需要建在指定的位置，便于供电。

图4-7　变配电室

② 变配电柜　变配电设备通常都安装在变配电柜中，变配电柜即用来容纳变配电设备线路的金属框架，如图4-8所示。在变配电柜的前面设有控制操作和显示面板，面板上装有监视检测仪表设备，不但便于将高压和低压设备组装架设，而且具有安全和便于电路维修、设备增减的功能。

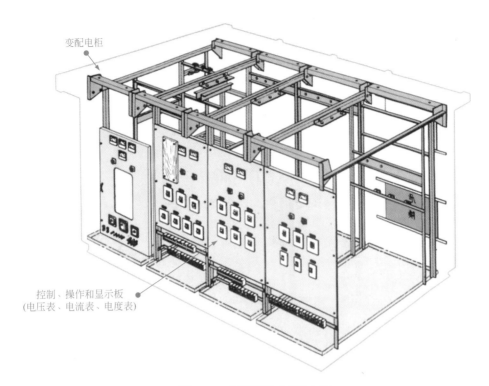

变配电柜

控制、操作和显示板
(电压表、电流表、电度表)

图 4-8　金属框架式变配电柜

③ 配电箱　电表与断路器一起安装在配电箱中，是每个企业或住户用于计量用电量的设备，如图 4-9 所示。根据电表的不同，配电箱可分为三相配电箱和单相配电箱两种，分别用于计量三相电和单相电的用电量。

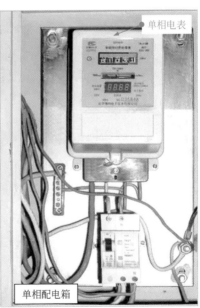

图 4-9　配电箱

④ 配电盘　配电箱将交流电引入室内以后，需要经过配电盘的分配使室内用电量更加合理，后期维护更加方便，用户使用更加安全。配电盘主要是由各种功能的断路器组成，如图4-10所示。在选购配电盘的时候，除了用于传输电力的配件使用金属材质以外，其他配件一般为绝缘材质。

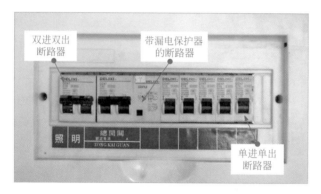

双进双出断路器

带漏电保护器的断路器

单进单出断路器

图 4-10　配电盘

（2）供配电设备

供配电电路所使用的设备与其他电工线路的有很大的不同，不同的设备组合在一起，可以满足的用电量也各不相同。

① 电流互感器　电流互感器是用来检测高压线路中流过电流的装置，它可以不接触高压线只通过感应的方法检测出电路中的电流，以便在电流过大时进行报警和保护。电流互感器是通过电磁感应的方式检测高压线路中流过的电流大小的，变配电设备中常见的有零序电流互感器和电流互感器两种，如图4-11所示。

零序电流互感器

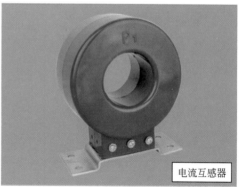

电流互感器

图 4-11　电流互感器

② 高压变压器　供配电设备中的高压变压器比较常见的有两种，如图4-12所示，分别为高压三相变压器和高压单相变压器。

高压三相变压器是将输入高压（10kV、6.6kV）变成三相380V电压的变压器，其内部结构如图4-13所示。在铁芯上设有三组输入线圈和三组输出线圈，它可以将三相高压变成三相低压输出。由于输入线圈中管的电压为高压，因此需要良好的绝缘措施，输入端装有绝缘良好的瓷瓶，整个铁芯和线圈装在密封的铁壳中，铁壳外装有散热片。

图 4-12　高压变压器

高压单相变压器的内部结构如图 4-14 所示，初级高压，次级输出单相 220V，单相高压变压器的输入端为高压，因而也需要采用良好的绝缘措施。

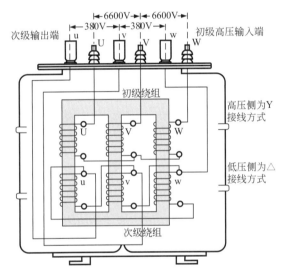

图 4-13　高压三相变压器的内部结构

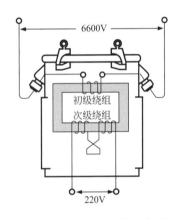

图 4-14　高压单相变压器的内部结构

③ 计量变压器　计量变压器是采用间接的检测方法，检测高压供电线路的电压和电流。为了安全起见，采用线圈感应方式，而不采用直接测量方式，将感应出的信号再去驱动用来指示电压和指示电流的表头，以便观察变配电系统的工作电压和工作电流，如图 4-15 所示。

④ 高压补偿电容器　高压补偿电容器是一种耐高压的大型金属壳电容器，它有三个端子，如图 4-16 所示。其内有三个电容器，可与高压三相线路上的负载并联，通过电容移相的作用，进行补偿，可以提高供电效率。

⑤ 断路器　变配电设备中会运用到许多过流保护装置，即断路器。当变配电设备中的线路发生短路故障时，断路器会自行断路进行保护，相当于普通电子产品中的保险丝或熔断器。

变配电设备中的断路器有许多种，如用于总电源开关的真空断路器；用于检测线路的过流断路器；用于保护高压设备的高压保护断路器以及位于端子台和接线板上连接负载的控制断路器；等等。图 4-17 所示为几种常见的断路器。

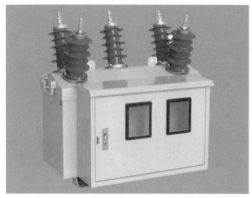

图 4-15　计量变压器

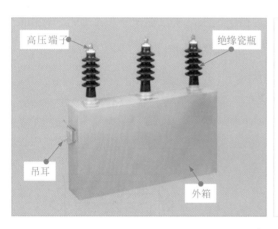
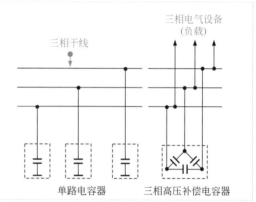

图 4-16　高压补偿电容器

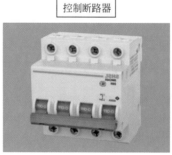

图 4-17　断路器

⑥ 继电器　继电器是一种电子控制器件，具有控制系统和被控制系统两大部分，通常应用于自动控制电路中，实际上就是一个用较小的电流即可控制较大电流的"自动开关"。在电路中起着自动调节、安全保护和线路转换等功能。

变配电设备中的继电器有许多种，图 4-18 所示为变配电系统中常见的漏电保护继电器和过流保护继电器。漏电保护继电器是与零序电流互感器接在一起的，是瞬时动作的过电流保护继电器，主要作用是对变配电系统中发生漏电情况时进行保护的器件；过流保护继电器是用于变配电系统中，检测电流量运行是否正常，并对真空断路器进行控制的主要设备，当供电线路中出现过流情况时进行控制，使主断路器切断供电线路。

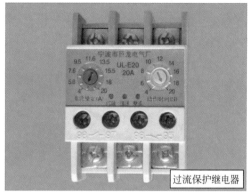

图 4-18 继电器

⑦ 避雷器 避雷器是在供电系统受到雷击时的快速放电装置，从而可以保护变配电设备免受瞬间过电压的危害，避雷器通常用于带电导线与地之间，与被保护的变配电设备呈并联状态。当过电压值达到规定的动作电压时，避雷器立即动作进行放电，从而限制供电设备的过电压幅值，保护设备；当电压值正常后，避雷器又迅速恢复原状，以保证变配电系统正常供电。图 4-19 所示为常见的变配电系统中的管型避雷器，它的一端接供电电源线，另一端接地。

图 4-19 避雷器

⑧ 接线板、端子台 在变配电系统中为了方便电力传输以及与设备的连接和分配线路，经常使用到接线板和端子台，如图 4-20 所示。该变配电系统中电力输出就使用了接线板和端子台，其中接线板可以承受大电流的传输，而端子台则方便传输电力的分配。

⑨ 电表 电表又称电能表、火表、电度表，有三相电表和单相电表之分，图 4-21 所示为几种不同类型的电表。

⑩ 电线、电缆 变配电系统中离不开进行电力传输的电线、电缆，如图 4-22 所示，该变配电系统中选用了 4 芯铠装电缆作为楼宇供电传输线路。此外在照明供电系统中，要根据所传输电流的值选择合适的电缆。

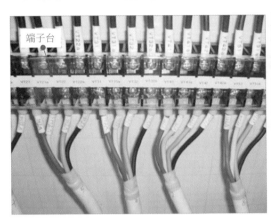

图4-20 接线板、端子台

(a) 感应式电表

(b) 电子式电表

(c) 智能化电表

图4-21 电表

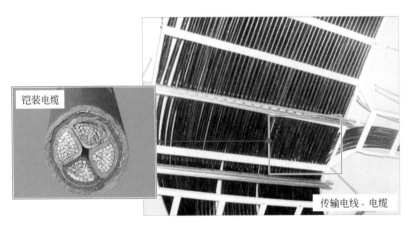

图4-22 传输电线、电缆

　　传输电流的值与电缆的规格要相适应，如选择电缆留的余量过大，会造成浪费，电缆直径选择过小，会使电缆在传输电流的过程中产生较大的热量。导线过热会引起线路损坏，还可能引起火灾，这是要十分注意的问题。

4.2.2 供配电系统电气线路的识读

　　供配电系统电气线路的结构多样，电子元件、控制部件和功能器件连接组合方式不同，则电路的功能也千差万别。

因此，在对供配电系统电气线路进行识读时，通常要了解电动机控制电路的结构特点，掌握供配电系统电气线路中主要组成部件，并根据这些主要组成部件的功能特点和连接关系，对整个供配电系统电气线路进行单元电路的划分。

然后，进一步从控制部件入手，对供配电系统电气线路的工作流程进行细致的解析，搞清供配电系统电气线路工作的过程和控制细节，完成供配电系统电气线路的识读过程。

以典型高压供配电系统电气图为例，图4-23为典型35～10kV高压供配电电路的结构。

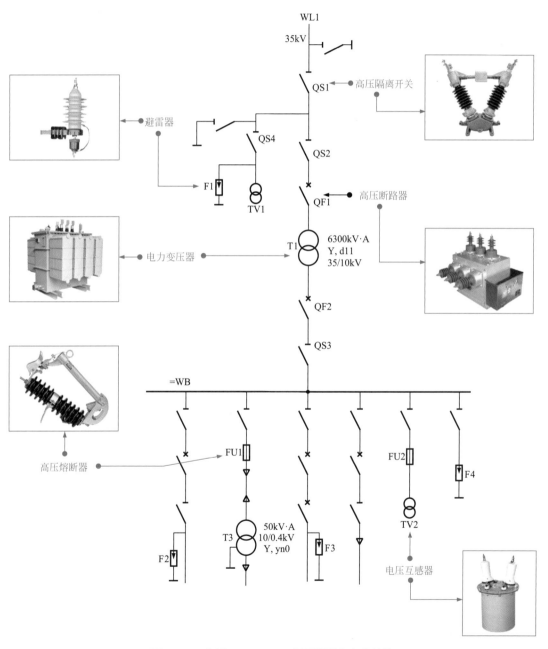

图4-23　典型35～10kV高压供配电电路结构

该电路主要是由高压隔离开关、避雷器、高压断路器、电力变压器、高压熔断器、电压互感器等部件组成的。

图 4-24 为 35～10kV 高压供配电电路的识读方法。

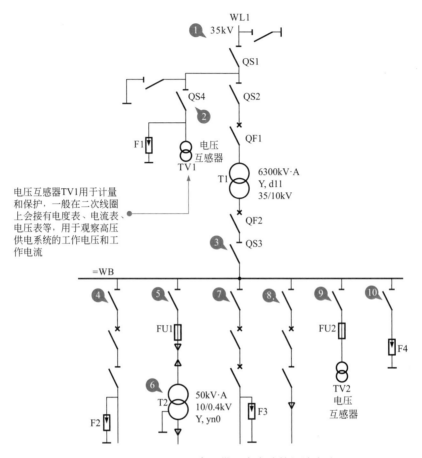

图 4-24 35～10kV 高压供配电电路的识读方法

【图解】 ▶▶▶

① 来自前级的 35kV 高压（发电厂或电力变电所）经高压隔离开关 QS1、QS2 和高压断路器 QF1 后，送入容量为 6300kV·A 的电力变压器 T1 上，由 T1 降为 10kV 后，经高压断路器 QF2 和高压隔离开关 QS3 送到母线 WB 上。

② 35kV 电源进线经高压隔离开关 QS4 后，加到避雷器 F1 和电压互感器 TV1 上，经避雷器 F1 到地，起防雷击保护作用。

③ 10kV 高压送至母线 WB 上后分为 6 路。

④ 第一路经高压隔离开关、高压断路器及避雷器 F2 后，作为 10kV 高压配电线路输出。

⑤ 第二路经高压隔离开关、跌落式熔断器 FU1 后，加到容量为 50kV·A 的电力变压器 T2 上。

⑥ 电力变压器 T2 将 10kV 高压降为 0.4kV（380V）电压，为后级电路或低压用电设备供电。

⑦ 第三路经高压隔离开关、两个高压断路器及避雷器F3后，作为10kV高压配电线路输出。

⑧ 第四路经高压隔离开关、高压断路器、高压隔离开关后，作为10kV高压配电线路输出。

⑨ 第五路经高压隔离开关、跌落式熔断器FU2后，送至电压互感器TV2上，用来测量配电电路中的电压或电流。

⑩ 第六路经高压隔离开关、避雷器F4后到地，用于防雷击保护。

4.3 供配电系统电气线路的识读案例

供配电系统由总降压变电所（高压配电所）、高压配电线路、车间变电所、低压配电线路及用电设备组成，每一组成部分的电气线路各有不同，下面分别进行识读。

4.3.1 一次变压供电系统的识读

供配电系统是对电能进行供应和分配的系统，为工厂企业及人们生活提供所需要的电能。图4-25为只有一个变电所的一次变压供电系统。

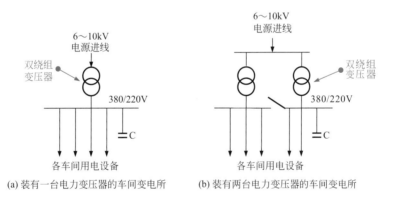

(a) 装有一台电力变压器的车间变电所　　(b) 装有两台电力变压器的车间变电所

图4-25　供配电系统电气线路示意图（只有一个变电所的一次变压供电系统）

【图解】▶▶▶

这是简单的供配电系统电气线路，它是只有一个变电所构成的一次变压供电系统，可将6～10kV电压，降为380/220V电压的变电所，通常车间采用这种变电所。采用两个变压器的变电所，当一个变压器有故障需要检修时，另一变压器仍可正常供电。

拥有高压配电所的一次变压供电系统见图4-26。

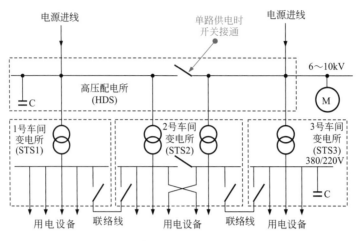

图 4-26　拥有高压配电所的一次变压供电系统

【图解】▶▶▶

　　拥有高压配电所的一次变压供配电系统,最少拥有一个高压配电所和若干个车间变电所。高压配电所接收 6 ～ 10kV 的电源进线,经由车间变电所降压为 380/220V 电压。该系统有两路独立的供电线路,当一路有故障时,另一路可正常为设备供电。

4.3.2　二次变压供电系统的识读

　　大型工厂和某些电力负荷较大的中型工厂,一般采用具有总降压变电所的二次变压供电系统。

　　有总降压变电所的二次变压供电系统见图 4-27。

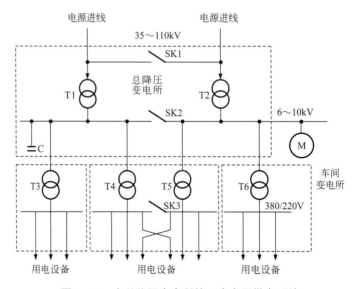

图 4-27　有总降压变电所的二次变压供电系统

有总降压变电所的二次变压供电系统，至少拥有一个总降压变电所和若干个车间变电所，电源进线为 35 ～ 110kV，经总降压变电所输出 6 ～ 10kV 高压，再由车间变电所降压为 380/220V。

正常情况有两路供电电路，分别为各自的系统供电。当电源进线一路停电时，可将 SK1 接通，整个系统正常供电。当 T1 或 T2 需检修时，接通 SK2，整个系统可正常工作。当 T4 或 T5 需要检修时，接通 SK3，整个电路仍可正常供电。

4.3.3 低压供配电系统的识读

无高压用电设备且用电设备总容量较小的小型工厂，直接采用 380/220V 低压电源进线，只需设置一个低压配电室，将电能直接分配给各车间低压用电设备使用。

低压供配电系统见图 4-28。低压供配电系统直接将公共低压电网引进低压配电间，为各个用电车间供电。

供配电系统的安装要求。

① 安全。在电能的供应、分配和使用中，不应发生人身事故和设备事故。

② 可靠。应满足电能用户对供电可靠性即供电连续性的要求。

③ 优质。应满足电能用户对电压和频率等方面的质量要求。

④ 经济。应使供配电系统的投资少、运行费用低，并尽可能地节约电能和减少有色金属的消耗量。

4.3.4 供配电系统中性点电气线路的识读

电力系统的中性点是指发电机或变压器的中性点。

（1）中性点不接地

中性点不接地的供配电系统见图 4-29。中性点不接地的运行方式，即电力系统的中性点不与大地相接。我国 3 ～ 66kV 系统，特别是 3 ～ 10kV 系统，一般采用中性点不接地的运行方式。

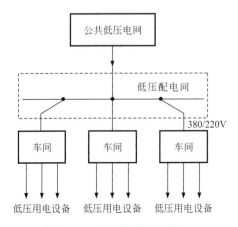

图 4-28　低压供配电系统

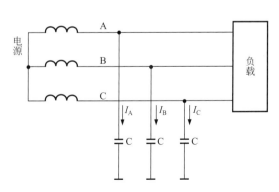

图 4-29　中性点不接地的供配电系统

中性点不接地的运行方式注意事项如下。

① 单相接地状态不允许长时间运行。原因：如果另一相又发生接地故障，就形成两相接地短路，产生很大的短路电流，从而损坏线路及其用电设备；较大的单相接地电容电流会在接地点引起电弧，形成间歇电弧过电压，威胁电力系统的安全运行。

② 我国电力规程规定，中性点不接地的电力系统发生单相接地故障时，单相接地运行时间不应超过 2h。

③ 中性点不接地系统一般都装有单相接地保护装置或绝缘监测装置，在系统发生接地故障时，会及时发出警报，提醒工作人员尽快排除故障；同时，在可能的情况下，应把负荷转移到备用线路上去。

（2）中性点经消弧线圈接地

中性点经消弧线圈接地的供配电系统见图 4-30。中性点经消弧线圈接地的运行方式采用经消弧线圈接地的措施来减小接地电流，熄灭电弧，避免过电压的产生。

中性点经消弧线圈接地的运行方式与中性点不接地系统一样，发生单相接地故障时的运行时间不允许超过 2h。

（3）中性点直接接地

中性点直接接地的供配电系统见图 4-31。

【提示】▶▶▶

当这种系统发生单相接地，即通过接地中性点形成单相短路。单相短路电流比线路的正常负荷电流大许多倍。因此，在系统发生单相短路时保护装置应动作于跳闸，切除短路故障，使系统的其他部分恢复正常运行。并且发生单相接地时，其他两完好相的对地电压不会升高。因此，该系统中的供电设备的绝缘只需按相电压考虑，而无需按线电压考虑。

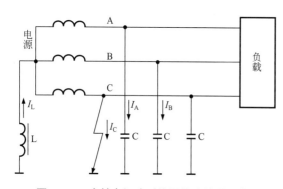

图 4-30 中性点经消弧线圈接地的供配电系统

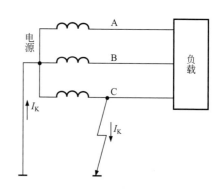

图 4-31 中性点直接接地的供配电系统

【相关资料】 ▶▶▶

中性点直接接地的供配电系统应用在以下范围内。

① 110kV 以上的超高压系统：目前我国 110kV 以上电力网均采用中性点直接接地方式。高压电器的绝缘问题是影响电器设计和制造的关键，电器绝缘要求的降低，直接降低了电器的造价，同时改善了电器的性能。

② 380/220V 低压配电系统：我国 380/220V 低压配电系统也采用中性点直接接地方式，而且引出中性线（N 线）、保护线（PE 线）或保护中性线（PEN 线），这样的系统，称为 TN 系统。其中中性线（N 线）的作用是用来接相电压为 220V 的单相用电设备；用来传导三相系统中的不平衡电流和单相电流；减少负载中性点的电压偏移。而保护线（PE 线）的作用则是保障人身安全，防止触电事故发生。

根据 TN 系统中 N 线和 PE 线的不同形式，分为 TN-C 系统、TN-S 系统和 TN-C-S 系统，如图 4-32 所示。

a. TN-C 系统：N 线和 PE 线合用一根导线（PEN 线），所有设备外露可导电部分（如金属外壳等）均与 PEN 线相连。在安全要求较高的场所和要求抗电磁干扰的场所均不允许采用该系统。

特点：保护中性线（PEN 线）兼有中性线（N 线）和保护线（PE 线）的功能，当三相负荷不平衡或接有单相用电设备时，PEN 线上均有电流通过；这种系统一般能够满足供电可靠性的要求，而且投资较省，节约有色金属，但是当 PEN 断线时，可使设备外露可导电部分带电，使人有触电危险。

b. TN-S 系统：N 线和 PE 线是分开的，所有设备的外露可导电部分均与公共 PE 线相连。多用于环境条件较差，对安全可靠性要求较高及用电设备对抗电磁干扰要求较严的场所。

特点：公共 PE 线在正常情况下没有电流通过，因此不会对接在 PE 线上的其他用电设备产生电磁干扰；由于其 N 线与 PE 线分开，因此其 N 线即使断线也并不影响接在 PE 线上的用电设备的安全。

c. TN-C-S 系统：这种系统前一部分为 TN-C 系统，后一部分为 TN-S 系统或部分为 TN-S 系统。多用于配电系统末端环境条件较差并且要求无电磁干扰的数据处理或具有精密检测装置等设备的场所。

特点：兼有 TN-C 系统和 TN-S 系统的优点。

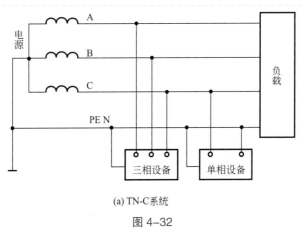

(a) TN-C 系统

图 4-32

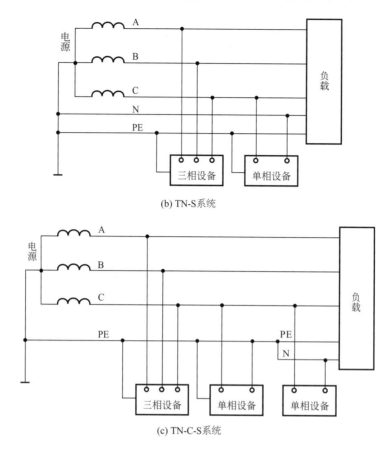

(b) TN-S系统

(c) TN-C-S系统

图 4-32　低压配电 TN 系统

　　高压变电所供配电电路是将 35kV 电压进行传输并转换为 10kV 高压，再进行分配与传输的线路。在传输和分配高压电的场合十分常见，如高压变电站、高压配电柜等线路。

　　图 4-33 为高压变电所供配电电路的识读。可以看到，高压变电所供配电电路主要由母线 WB1、WB2 及连接在两条母线上的高压设备和配电线路构成。

【图解】 ▶▶▶

　　① 35kV 电源电压经高压架空线路引入后，送至高压变电所供配电电路中。

　　② 根据高压配电电路倒闸操作要求，先闭合电源侧隔离开关、负荷侧隔离开关，再闭合断路器，依次接通高压隔离开关 QS1、高压隔离开关 QS2、高压断路器 QF1 后，35kV 电压加到母线 WB1 上，为母线 WB1 提供 35kV 电压，35kV 电压经母线 WB1 后分为两路。一路经高压隔离开关 QS4 后，连接 FU2、TV1 及避雷器 F1 等高压设备。一路经高压隔离开关 QS3、高压跌落式熔断器 FU1 后，送至电力变压器 T1。

　　③ 变压器 T1 将 35kV 电压降为 10kV，再经电流互感器 TA、QF2 后加到 WB2

母线上。

④ 10kV 电压加到母线 WB2 后分为三条支路。第一条支路和第二条支路相同，均经高压隔离开关、高压断路器后送出，并在电路中安装避雷器。第三条支路首先经高压隔离开关 QS7、高压跌落式熔断器 FU3，送至电力变压器 T2 上，经电力变压器 T2 降压为 0.4kV 电压后输出。

⑤ 在电力变压器 T2 前部安装有电压互感器 TV2，由电压互感器测量配电电路中的电压。

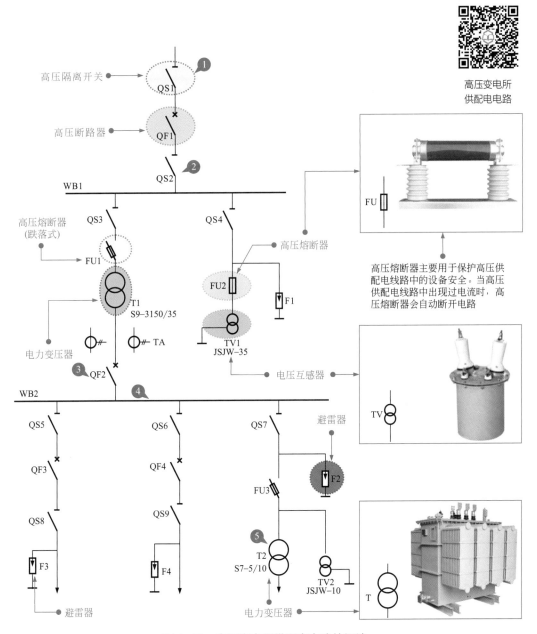

图 4-33　高压变电所供配电电路的识读

深井高压供配电电路是一种应用在矿井、深井等工作环境下的高压供配电线路，在线路中使用高压隔离开关、高压断路器等对线路的通断进行控制，母线可以将电源分为多路，为各设备提供工作电压。

图 4-34 所示为深井高压供配电电路的识读。

深井高压供
配电电路

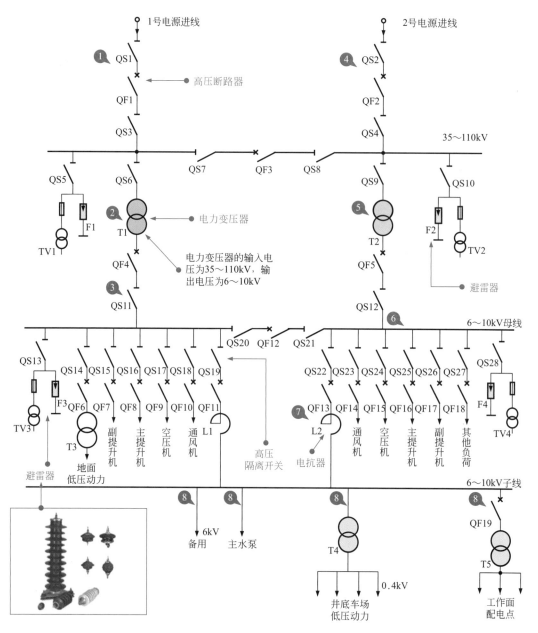

图 4-34　深井高压供配电电路的识读

【图解】▶▶▶

① 合上 1 号电源进线中的高压隔离开关 QS1、QS3，高压断路器 QF1，高压电送入 35 ～ 110kV 母线。

② 合上高压隔离开关 QS6、QS11，闭合高压断路器 QF4，35 ～ 110kV 高压送入电力变压器 T1 的输入端。

③ 由电力变压器 T1 的输出端输出 6 ～ 10kV 的高压，送入 6 ～ 10kV 母线中。经母线后分为多路，分别为主/副提升机、通风机、空压机、避雷器等设备供电，每路都设有高压隔离开关，便于进行供电控制。还有一路经 QS19、高压断路器 QF11 及电抗器 L1 后送入 6 ～ 10kV 子线。

④ 合上 2 号电源进线中的高压隔离开关 QS2、QS4，高压断路器 QF2，高压电送入 35 ～ 110kV 母线中。

⑤ 合上高压隔离开关 QS9、QS12，再闭合断路器 QF5，35 ～ 110kV 高压送入电力变压器 T2 的输入端。

⑥ 由电力变压器 T2 的输出端输出 6 ～ 10kV 的高压，送入 6 ～ 10kV 母线中。其电源分配方式与 1 号电源进线相同。

⑦ 6 ～ 10kV 高压经 QS22、高压断路器 QF13、电抗器 L2 后送入 6 ～ 10kV 子线。

⑧ 6 ～ 10kV 子线高压分为多路。一路直接为主水泵供电。一路作为备用电源。一路经电力变压器 T4 后变为 0.4kV（380V）低压，为井底车场低压动力设备供电。一路经高压断路器 QF19 和电力变压器 T5 后变为 0.69kV 低压，为开采区低压负荷设备供电。

4.3.7 楼宇变电所高压供配电电路的识读

楼宇变电所高压供配电电路是一种应用在高层住宅小区或办公楼中的变电柜，其内部采用多个高压开关设备对线路的通断进行控制，从而为高层的各个楼层进行供电。

图 4-35 为楼宇变电所高压供配电电路的识读。

【图解】▶▶▶

① 10kV 高压经电流互感器 TA1 送入，在进线处安装有电压互感器 TV1 和避雷器 F1。

② 合上高压断路器 QF1 和 QF3，10kV 高压经母线后送入电力变压器 T1 的输入端。

③ 电力变压器 T1 输出端输出 0.4kV 低压。

④ 合上低压断路器 QF5 后，0.4kV 低压为用电设备供电。

⑤ 10kV 高压经电流互感器 TA2 送入，在进线处安装有电压互感器 TV2 和避雷器 F2。

⑥ 合上高压断路器 QF2 和 QF4，10kV 高压经母线后送入电力变压器 T2 的输入端。

⑦ 电力变压器 T2 输出端输出 0.4kV 低压。

⑧ 合上低压断路器 QF6 后，0.4kV 低压为用电设备供电。

⑨ 若 1 号电源线路出现问题，可闭合 QF7，由 2 号电源线路进行供电。

⑩ 当 1 号电源线路中的电力变压器 T1 出现故障后，1 号电源线路停止工作。

⑪ 合上低压断路器 QF8，由 2 号电源线路输出的 0.4kV 电压便会经 QF8 为 1 号电源线路中的负载设备供电，可维持正常工作。

⑫ 在该线路中设有柴油发电机 G，在两路电源均出现故障后，可启动柴油发电机临时供电。

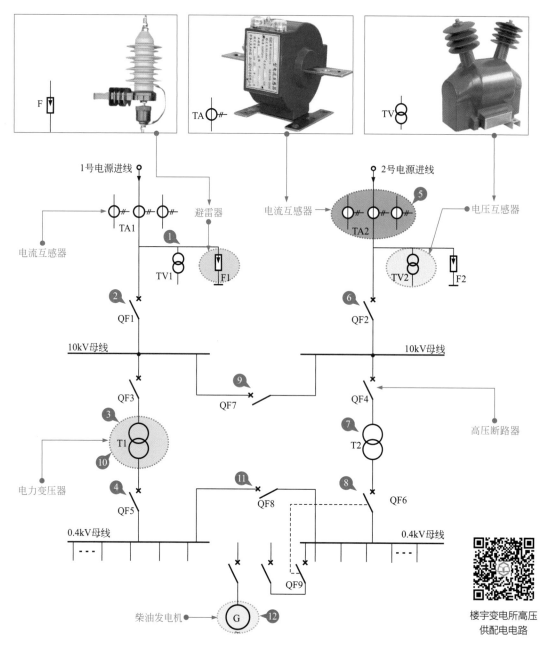

图 4-35 楼宇变电所高压供配电电路的识读

楼宇变电所高压
供配电电路

4.3.8 楼宇低压供配电电路的识读

楼宇低压供配电电路是一种典型的低压供配电电路，一般由高压供配电电路经变压器降压后引入，经小区中的配电柜进行初步分配后，送到各个住宅楼单元中为住户供电，同时为整个楼宇内的公共照明、电梯、水泵等设备供电。

图 4-36 所示为楼宇低压供配电电路的识读。

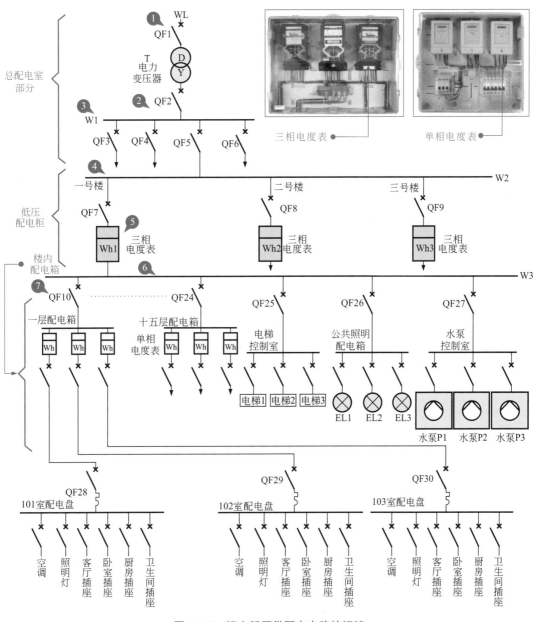

图 4-36　楼宇低压供配电电路的识读

【图解】▶▶▶

　　① 高压配电线路经电源进线口 WL 后，送入小区低压配电室的电力变压器 T 中。

② 变压器降压后输出 380/220V 电压，经小区内总断路器 QF2 后送到母线 W1 上。

③ 经母线 W1 后分为多个支路，每个支路可作为一个单独的低压供电线路使用。

④ 其中一条支路低压加到母线 W2 上，分为 3 路分别为小区中一号楼~三号楼供电。

⑤ 每一路上安装有一只三相电度表，用于计量每栋楼的用电总量。

⑥ 由于每栋楼有 15 层，除住户用电外，还包括电梯用电、公共照明用电及供水系统的水泵用电等。小区中的配电柜将供电线路送到楼内配电间后，分为 18 个支路。15 个支路分别为 15 个楼层的住户供电，另外 3 个支路分别为电梯控制室、公共照明配电箱和水泵控制室供电。

⑦ 每个支路首先经过一个支路总断路器后，再进行分配。以一层住户供电为例，低压电经支路总断路器 QF10 分为三路，分别经三只电度表后，由进户线送至三个住户室内。

4.3.9　低压配电柜供配电电路的识读

低压配电柜供配电电路主要用来对低电压进行传输和分配，为低压用电设备供电，如图 4-37 所示。在该电路中，一路作为常用电源，另一路则作为备用电源，当两路电源均正常时，黄色指示灯 HL1、HL2 均点亮，若指示灯 HL1 不能正常点亮，则说明常用电源出现故障或停电，此时需要使用备用电源进行供电，使该低压配电柜能够维持正常工作。

低压配电柜
供配电电路

【图解】▶▶▶

① HL1 亮，常用电源正常。合上断路器 QF1，接通三相电源。

② 接通开关 SB1，其常开触点闭合，交流接触器 KM1 线圈得电。

③ KM1 常开触点 KM1-1 接通，向母线供电；常闭触点 KM1-2 断开，防止备用电源接通，起联锁保护作用；常开触点 KM1-3 接通，红色指示灯 HL3 点亮。

④ 常用电源供电电路正常工作时，KM1 的常闭触点 KM1-2 处于断开状态，因此备用电源不能接入母线。

⑤ 当常用电源出现故障或停电时，交流接触器 KM1 线圈失电，常开、常闭触点复位。

⑥ 此时接通断路器 QF2、开关 SB2，交流接触器 KM2 线圈得电。

⑦ KM2 常开触点 KM2-1 接通，向母线供电；常闭触点 KM2-2 断开，防止常用电源接通，起联锁保护作用；常开触点 KM2-3 接通，红色指示灯 HL4 点亮。

当常用电源恢复正常后，由于交流接触器 KM2 的常闭触点 KM2-2 处于断开状态，因此交流接触器 KM1 不能得电，常开触点 KM1-1 不能自动接通，此时需要断开开关 SB2 使交流接触器 KM2 线圈失电，常开、常闭触点复位，为交流接触器 KM1 线圈再次工作提供条件，此时再操作 SB1 才起作用。

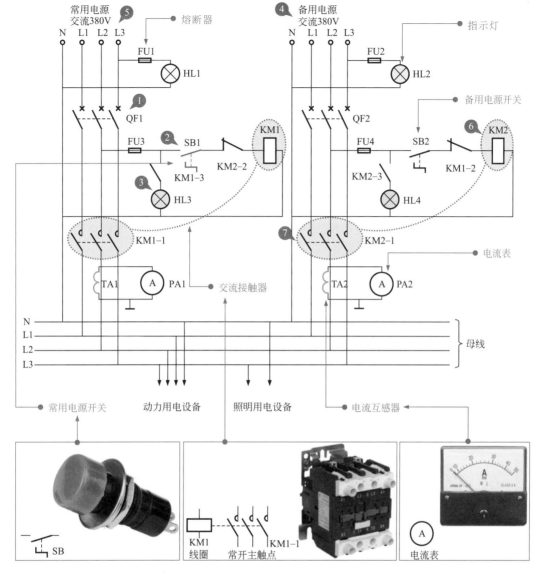

图 4-37 低压配电柜供配电电路的识读

4.3.10 室外配电箱引入室内配电盘电路的识读

室外配电箱引入室内配电盘电路见图 4-38。

【图解】▶▶▶

室外配电箱引入室内配电盘电路主要是由电度表、总断路器、带漏电保护的断路器、双进双出断路器和单进单出断路器等部件组成的。

① 交流 220V 进入室外配电箱接入电度表对其用电量进行计量，通过总断路器对主干供电电路上的电力进行控制，然后将其 220V 供电电压送入室内配电盘中，分成各支路经断路器后，传送到各个家用电器中。

② 进入室内后，供电电路根据所使用的电气设备的不同，可以分为小功率供电电路和大功率供电电路两大类。其中小功率供电电路和大功率供电电路没有明确的区分界限，通常情况下，将功率在 1000W 以上的电器所使用的电路称之为大功率供电电路，1000W 以下的电器所使用的电路称之为小功率供电电路。

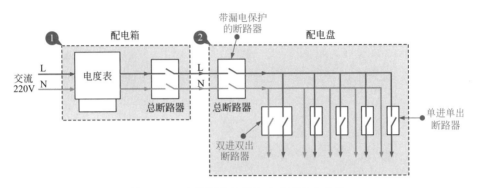

图 4-38　室外配电箱引入室内配电盘电路

4.3.11　农村蔬菜大棚照明控制电路的识读

农村蔬菜大棚照明控制电路见图 4-39。

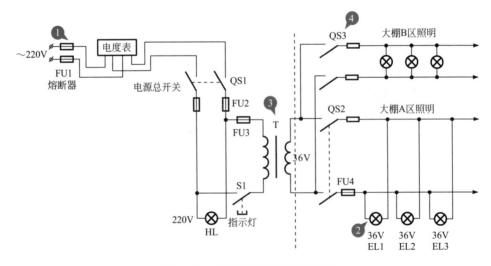

图 4-39　蔬菜大棚照明控制电路

【图解】▶▶▶

蔬菜大棚照明控制电路主要是由交流输入电路、降压变压器 T、照明灯电路等部分构成的。

① 交流 220V 电源经熔断器和电度表后送入大棚，首先送到电源总开关 QS1。

② 照明灯采用 36V 灯泡，根据大棚的面积选择灯泡的数量。

③ 36V 交流电源是由降压变压器 T 提供的。接通开关 S1，交流 220V 电压加到降压变压器 T 的初级绕组上，次级绕组输出交流 36V 电压。

④ 在降压变压器的次级输出电路中，设有两个开关 QS2、QS3 这两个开关可以分别控制两个区域照明灯的供电。

第5章 ▶▶▶
电动机控制电路识图

5.1 电动机控制电路的特点及用途

5.1.1 电动机控制电路的功能及应用

（1）电动机控制电路的功能

电动机控制电路依靠启停按钮、接触器、时间继电器等控制部件来控制电动机，进而实现对电动机的降压启动控制、联锁控制、点动控制、连续控制、正反转控制、间歇控制、调速控制、制动控制。

电动机连续控制电路见图5-1。这是简单的电动机连续控制电路，它通过启动按钮接通交流接触器KM线圈的供电，使其触点KM-1接通，锁定启动按钮，实现连续控制；KM-2接通，电动机连续启动运转。

电动机正、反转控制电路见图5-2。

可见，根据不同的需求，电动机控制电路的结构以及所选用的控制元件也会发生变化，正是通过对这些部件巧妙地连接和组合设计，使得电动机控制电路实现各种各样的功能。

（2）电动机控制电路的应用

电动机控制电路的功能就是可以实现对电动机的控制，因此，不论是在工业或农业生产中，电动机控制电路都是非常重要且使用率很高的实用电路。

尤其是随着技术的发展和人们生活需求不断提升，电动机控制电路所能实现的功能多种多样，几乎在农业、工业生产和建筑业中都可以看到电动机控制电路的应用。

电动机控制电路的应用见图5-3。

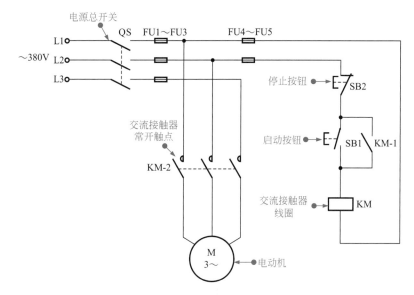

图 5-1 电动机连续控制电路

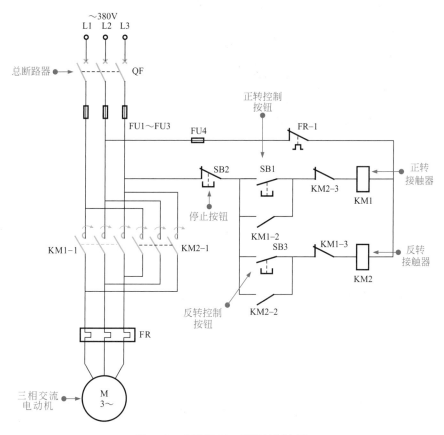

图 5-2 电动机正、反转控制电路

这是采用接触器互锁的三相交流电动机正、反转控制电路，电路中采用了两个接触器，即正转用的接触器 KM1 和反转用的接触器 KM2，通过控制电动机供电电路的相序进行正、反转控制。

电动机控制电路广泛应用于工业、农业及建筑等行业中，通过不同控制方式的电路连接，为其相关设备提供动力。如在工业机床设备中用于带动主轴旋转、钻头的上下移动及工作台的左右移动等；在农业排灌设备中用于带动泵工作，为排水泵提供动力源；在建筑高空吊篮中通过控制器件控制电动机的工作状态，从而使高空吊篮上下移动，达到所需的高度。

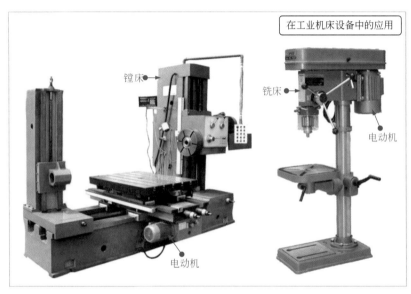

在工业机床设备中的应用

镗床　铣床　电动机　电动机

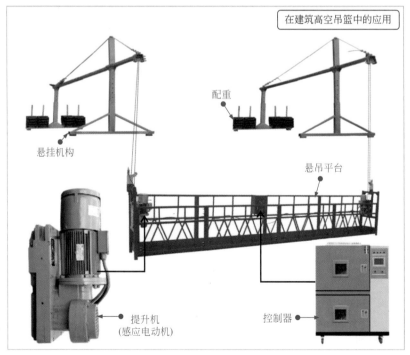

在建筑高空吊篮中的应用

配重　悬挂机构　悬吊平台　提升机（感应电动机）　控制器

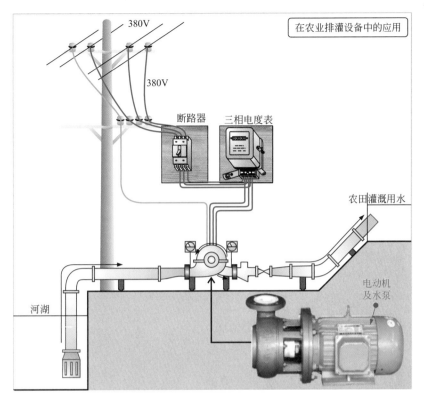

图 5-3　电动机控制电路的应用

5.1.2　电动机控制电路的组成

　　电动机控制电路主要是由电动机、电气控制部件和基本电子元件构成的。在学习识读电动机控制电路之前，首先要了解电动机控制电路的组成，明确电动机控制电路中各主要控制部件以及电动机的电路对应关系。

　　了解电动机控制电路的组成是识读电动机控制电路图的前提，只有熟悉电动机控制电路中包含的元件及连接关系才能识读出电动机控制电路的功能及工作过程。

　　典型电动机控制电路组成见图 5-4。

【图解】▶▶▶

　　电动机的控制电路主要由供电电路、控制电路、保护电路和电动机组成，电动机供电电路是由总电源开关 QS 构成的；保护电路是由熔断器 FU1 ～ FU5 构成的；控制电路是由交流接触器 KM、按钮开关 SB 构成的。

　　其中"＿／＿"表示电源总开关，在电路中用于接通三相电源；"━▭━"表示熔断器，在电路中用于保护电路；"＿一二＿"表示按钮开关，用于控制电动机的启动与停机；"▭"表示交流接触器，通过线圈的得电，触点动作，接通电动机的三相电源，启动电动机工作。

　　为了便于理解，可以将电动机控制电路以实物连接的形式体现。

　　典型电动机控制电路的实物连接示意图见图 5-5。

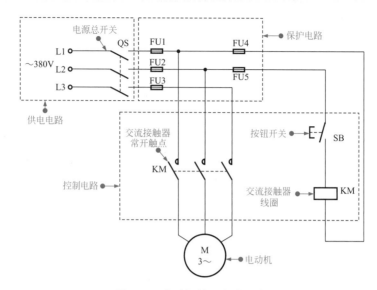

图 5-4　电动机控制电路组成

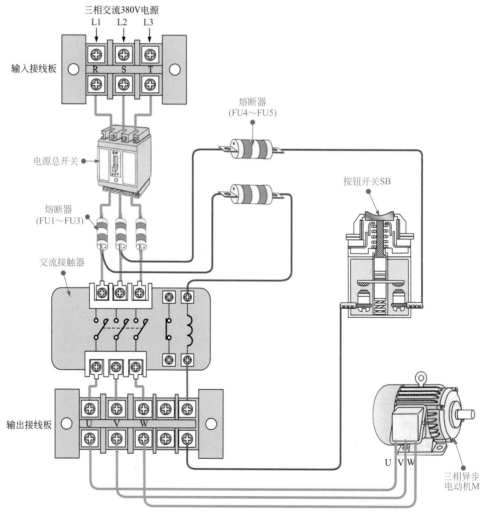

图 5-5　典型电动机控制电路的实物连接示意图

在供电电路中，通过电源总开关 QS 接通三相交流电压，为电动机和控制电路提供所需的工作电压。控制电路主要是由按钮开关 SB 控制交流接触器 KM 的通断，从而实现对电动机启停的控制。在保护电路中，熔断器 FU1 ~ FU5 起保护电路的作用，其中 FU1 ~ FU3 为主电路熔断器，FU4、FU5 为支路熔断器。在电动机点动运行过程中，若 L1、L2 两相中的任意一相熔断器熔断，接触器线圈就会因失电而被迫释放，从而使电动机切断电源停止运转。另外，若接触器的线圈出现短路等故障，支路熔断器 FU4、FU5 也会因过流熔断，从而切断电动机电源，起到保护电路的作用。

5.2 电动机控制电路的识读方法

5.2.1 电动机控制电路中的主要元器件

通过前面的章节，我们大体了解了电动机控制电路的基本组成，接下来将从电动机控制电路中的各主要组成元件、电气部件和电动机入手，掌握这些电路组成部件的种类和功能特点，为识读电动机控制电路打好基础。

（1）电动机

电动机主要可以分为两种：直流电动机和交流电动机。电动机应用比较广泛，常用于各种家用电器、工厂车床设备以及各种电力设备中。常见电动机图形符号见表 5-1。

表 5-1 常见电动机图形符号

名称	图形	名称	图形
电动机	* *可用M、G等字母代换	并励式电动机	
直流电动机	(M)	串励式电动机	
步进电动机	(M)	他励式电动机	
手摇发电机	(G)	复励式电动机	
单相异步电动机	(M)	三相异步电动机	(M 3~)

电动机是一种可以将电能转换为机械能的电气设备，在工矿企业中，产品的加工、组装、运输等大量的工作都是由电动机来提供动力的，下面以三相异步电动机为例进行介绍。

三相异步电动机的实物外形、简易电路连接及应用环境见图 5-6。

三相异步电动机是工农业中应用最为广泛的一种电动机，按照其转子绕组的不同又可以分为笼型和绕线型两类。笼型异步电动机的转子，它没有线圈，导电条采用嵌入式安装方式，所以结构上很结实。这种电动机结构比较简单，部件较少，且结实耐用，工作效率高，价格便宜，应用较为广泛。绕线型异步电动机由于转子电流可以通过滑环和电刷引到外部，通过外接可变电阻就可以很方便地实现速度调节，所以这种电动机广泛应用于卷扬机和起重机等大型设备中。

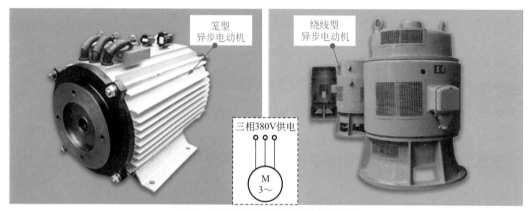

(a) 三相异步电动机的外形及简易电路连接

(b) 三相异步电动机的应用环境

图 5-6　三相异步电动机实物外形、简易电路连接及应用环境

（2）开关组件

开关组件是指对电动机控制电路发出操作指令的电气设备，它具有接通与断开电路的功能，利用这种功能，可以实现对生产机械的自动控制。电动机控制电路中的开关组件主要有电源总开关、转换开关、启动按钮、停止按钮、复合按钮、可闭锁的按钮开关等，常见开关图形符号见表 5-2 所列。

表 5-2　常见开关图形符号

名称	符号	图形	名称	符号	图形
电源总开关	QS		转换开关	SA、S	

名称	符号	图形	名称	符号	图形
启动按钮	SB		停止按钮	SB	
复合按钮	SA、QS、S	SB-1 SB-2	可闭锁的按钮开关	SB	

开关按钮的外形及内部结构见图 5-7 所示。

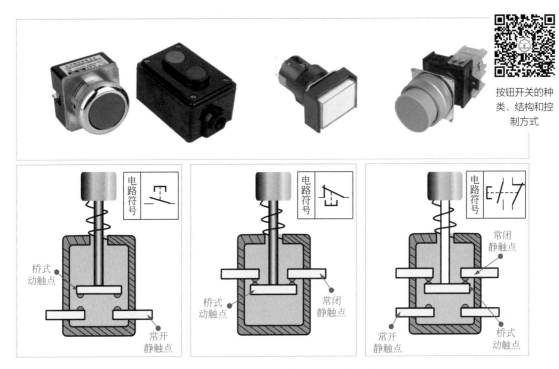

按钮开关的种类、结构和控制方式

图 5-7　开关按钮的外形及内部结构

【提示】▶▶▶

　　常开按钮在电动机控制电路中常用作启动按钮，操作前触点是断开的，手指按下时触点闭合，手指放松后，按钮自动复位。

　　常闭按钮在电动机控制电路中常用作停机按钮，操作前手指未按下时，触点是闭合的。当手指按下时，触点被断开，放松后，按钮自动复位。

　　复合按钮在电动机控制电路中常用作正反转控制按钮或高低速控制按钮，其内部设有常开和常闭组合按钮，它设有两组触点，操作前有一组触点是闭合的，另一组触点是断开的。当手指按下时，闭合的触点断开，而断开的触点闭合，手指放松后，两组触点全部自动复位。

　　组合开关的外形及内部结构见图 5-8。

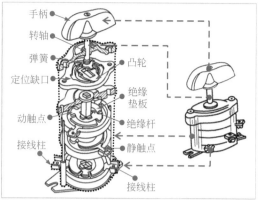

图 5-8 组合开关的外形及内部结构

【提示】▶▶▶

　　组合开关又称转换开关，是一种转动式的闸刀开关，主要用于接通或切断电路、换接电源或局部照明等。除了可以应用于电动机的启动外，还可应用于机床照明电路控制以及机床电源引入等，该开关具有体积小、寿命长、结构简单、操作方便、灭弧性能较好等优点。

　　组合开关内部有若干个动触片和静触片，分别装于数层绝缘件内，静触片固定在绝缘垫板上，动触片装在转轴上，随转轴旋转而变换通、断位置。在选用组合开关时，应根据电源种类、电压等级、所需触头数量及电动机的容量进行选择。

　　电源总开关的实物外形及简易电路连接见图 5-9。

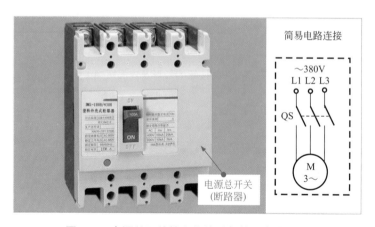

图 5-9 电源总开关的实物外形及简易电路连接

　　在电动机控制电路中，电源总开关通常采用断路器，主要用于接通或切断供电线路，这种开关具有过载、短路或欠压保护的功能。

（3）熔断器

　　熔断器是在电流超过规定值一段时间后，以其自身产生的热量使熔体熔化，从而使电路断开，起到短路、过载保护的作用。熔断器的电路符号为"—▭—"，通常采用文字符号"FU"进行标识。

熔断器实物外形见图 5-10。

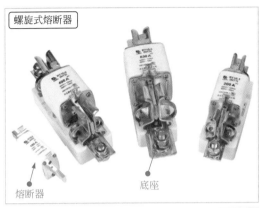

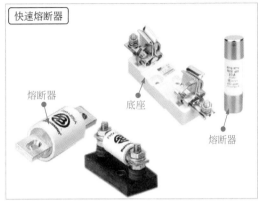

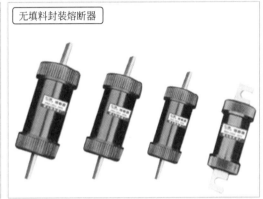

图 5-10　熔断器实物外形

【提示】▸▸▸

熔断器的种类有很多种，选用时应根据熔断器的额定电流和额定电压进行选用。熔断器在使用时是串联在被保护电路中，当被保护电路的电流超过规定值，并经过一定时间后，由熔体自身产生的热量熔断熔体，使电路断开，从而起到保护的作用。

当被保护电路过载电流小时，熔体熔断所需要的时间长；而过载电流大时，熔体熔断所需要的时间短。因这一特点，在一定过载电流范围内，至电流恢复正常时，熔断器不会熔断，可以继续使用。

（4）继电器和接触器

继电器和接触器都是根据信号（电压、电流、时间等）来接通或切断电流电路和电器的控制元件，该元器件在电工电子行业应用较为广泛，在许多机械控制及电子电路中都采用这种器件。常见的继电器和接触器图形符号见表 5-3 所示列。

表 5-3 常见继电器和接触器图形符号

名称	符号	图形	名称	符号	图形
交流接触器	KM	KM1 线圈 常开主触点 KM1-1 KM1-2 常开辅助触点 KM1-3 常闭辅助触点 KM1 线圈 常闭主触点 KM1-1 KM1-2 常开辅助触点 KM1-3 常闭辅助触点	时间继电器	KT	KT1 通电延时线圈 延时闭合的常开触点 KT1-1 延时断开的常闭触点 KT1-2 KT1 通电延时线圈 延时断开的常开触点 KT1-1 延时闭合的常闭触点 KT1-2
中间继电器	KA	KA 线圈 常开触点 KA-1 KA 线圈 常闭触点 KA-1	过热（温度）保护继电器	FR	FR 热元件 常闭触点 FR-1 FR 热元件 常闭触点 FR-1
过流继电器	KA	KA KA-1 常开触点 KA KA-1 常闭触点	欠流继电器	KA	KA KA-1 常开触点 KA KA-1 常闭触点
过压继电器	KV	KV KV-1 常开触点 KV KV-1 常闭触点	欠压继电器	KV	KV KV-1 常开触点 KV KV-1 常闭触点
速度继电器	KS	KS-1 常开触点 KS-1 常闭触点	压力继电器	KP	KP-1 常开触点 KP-2 常闭触点

接触器和继电器的实物外形见图 5-11。

(a) 交流接触器

(b) 时间继电器

(c) 中间继电器

(d) 过热保护继电器

(e) 电流继电器

(f) 电压继电器

(g) 速度继电器

(h) 压力继电器

(i) 温度继电器

图 5-11　接触器和继电器的实物外形

【提示】▶▶▶

　　① 交流接触器实际上是用于交流供电电路中的通断开关，可用于控制电动机的接通与断开，在选择交流接触器时，应根据接触器的类型、额定电流、额定电压等进行选择。

　　② 时间继电器是一种延时或周期性定时接通、切断某些控制电路的继电器，当线圈得电后，经一段时间延时后（预先设定时间），其常开、常闭触点才会动作。

③ 中间继电器通常用来控制各种电磁线圈使信号得到放大，将一个输入信号转变成一个或多个输出信号。

④ 过热保护继电器是一种电气保护元件，利用电流的热效应来推动动作机构，使触点闭合或断开的保护电器，主要用于电动机的过载保护、断相保护、电流不平衡保护以及其他电气设备发热状态时的控制。在选用过热保护继电器时，主要是根据电动机的额定电流来确定其型号和热元件的电流等级，而且过热保护继电器的额定电流通常与电动机的额定电流相等。

⑤ 电流继电器是指根据继电器线圈中电流大小而接通或断开电路的继电器。通常情况下，电流继电器分为过电流继电器、欠电流继电器等。过电流继电器是指线圈中的电流高于容许值时动作的继电器；欠电流继电器是指线圈中的电流低于容许值时动作的继电器。

⑥ 电压继电器又称零电压继电器，是一种按电压值动作的继电器，主要用于交流电路的欠电压或零电压保护。电压继电器与电流继电器在结构上的区别主要在于线圈的不同。电压继电器线圈与负载并联，反映的是负载电压，线圈匝数多，而且导线较细；电流继电器的线圈与负载串联，反映的是负载电流，线圈匝数少，而且导线较粗。

⑦ 速度继电器又称反接制动继电器，这种继电器主要与接触器配合使用，用来实现电动机的反接制动。

⑧ 压力继电器是将压力转换成电信号的液压器件，主要控制水、油、气体以及蒸汽的压力等。

⑨ 温度继电器是一种通过温度变化控制电路导通与切断的继电器，当温度达到温度继电器设定值时，温度继电器会断开电路，起温度控制和保护作用。

【相关资料】▶▶▶

电动机控制电路主要器件的应用环境见图 5-12。

5.2.2　电动机控制电路的识读

电动机控制电路的结构多样，电子元件、控制部件和功能器件连接组合方式的不同，使得电路的功能也千差万别。

因此，在对电动机控制电路进行识读时，通常先要了解电动机控制电路的结构特点，掌握电动机控制电路中的主要组成部件，并根据这些主要组成部件的功能特点和连接关系，对整个电动机控制电路进行单元电路的划分。

然后，进一步从控制部件入手，对电动机控制电路的工作流程进行细致的解析，搞清电动机控制电路的工作过程和控制细节，完成电动机控制电路的识读过程。

（1）电动机控制电路结构特点的识读

电动机控制电路结构特点的识读见图 5-13。

该电路的控制部件主要有停止按钮 SB1、启动按钮 SB2、交流接触器 KM1/KM △ / KMY、晶体三极管 VT1，电位器 RP1 和一些其他外围元器件；电源部件主要有电源总开关 QS、电源变压器 T、桥式整流堆 VD1 ～ VD4 等；保护器件主要有熔断器 FU1 ～ FU4、过热保护继电器 FR、过电流继电器 KA。

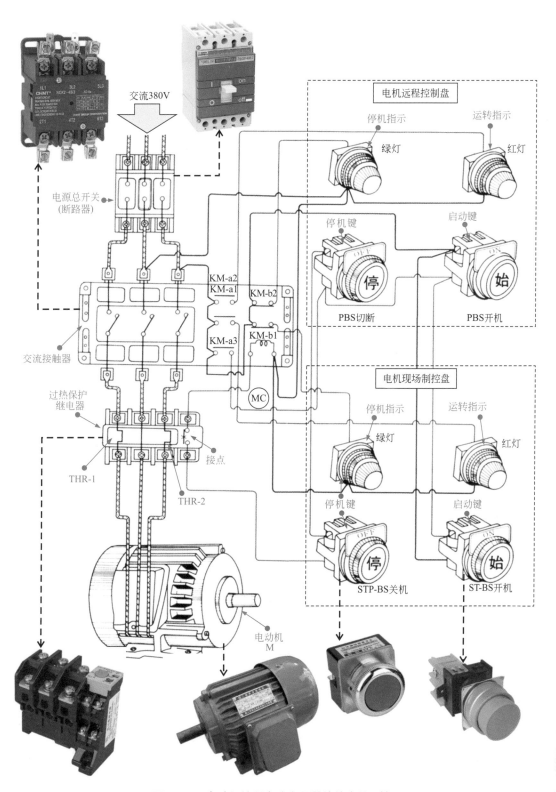

图 5-12　电动机控制电路主要器件的应用环境

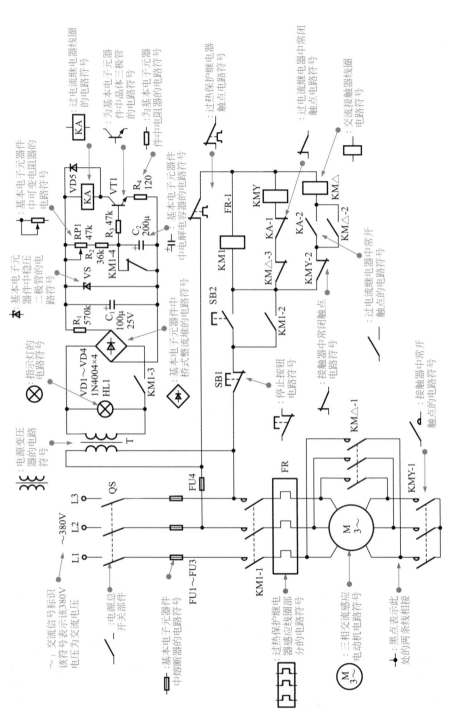

图5-13 电动机控制电路结构特点的识读

（2）根据主要组成部件的功能特点和连接关系划分单元电路

识读电动机控制电路的电路结构见图 5-14。

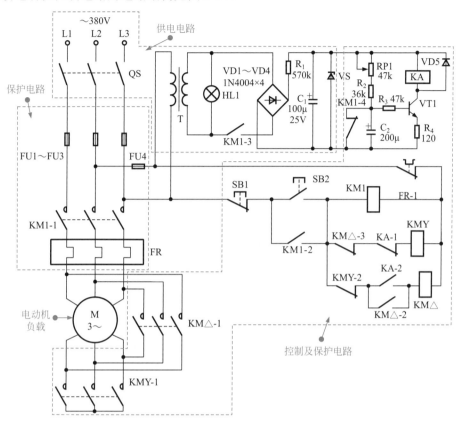

图 5-14　识读电动机控制电路的电路结构

在电动机控制电路中，首先根据电路符号和文字标识找到主要组成部件，并根据主要组成部件的功能特点和连接关系划分单元电路，该电路可划分为供电电路、保护电路和控制电路。其中供电电路用于为电动机提供工作电压的；保护电路是当电路及电动机出现过流、过载、过热时，自动切断电源，起到保护电路和电动机的作用；控制电路则用于控制电动机的启动与停机。

（3）从控制部件入手，理清电动机控制电路的工作过程

电动机控制电路的流程分析见图 5-15、图 5-16。

【图解】▶▶▶

　　① 合上电源总开关 QS，接通三相电源。

　　② 按下启动按钮 SB2。

　　③ 交流接触器 KM1 线圈得电，常开触点 KM1-1 接通，为降压启动做好准备；常开触点 KM1-2 接通实现自锁功能。

　　④ 同时交流接触器 KMY 线圈得电，常闭触点 KMY-2 断开，保证 KM△ 的线圈不会得电；常开触点 KMY-1 接通，此时电动机以 Y 形方式接通电路，电动机降压启动运转。

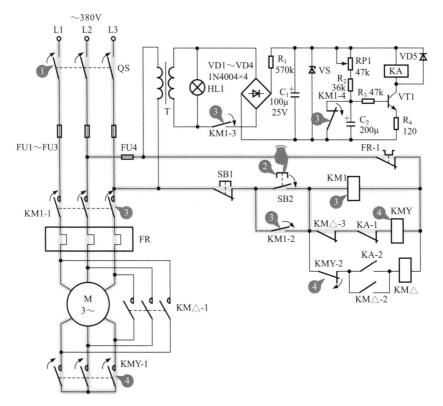

图 5-15　电动机的降压启动过程

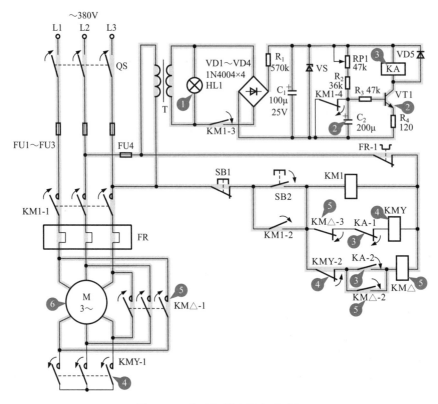

图 5-16　电动机的全压启动过程

【图解】▶▶▶

① 交流 380V 电压经电源变压器降压后输出低压交流电，指示灯 HL1 点亮。

② 在降压启动过程中，接触器 KM1 线圈得电，常开触点 KM1-3 接通，此时低压电经桥式整流堆整流后，再经电阻器 R_1 降压，电容器 C_1 滤波，稳压二极管 VS 稳压后，经电位器 RP1，电阻器 R_2 为电容器 C_2 进行充电，充电完成后，电容器 C_2 进行放电使晶体管 VT1 导通。

③ 晶体管 VT1 导通后，过电流继电器 KA 线圈得电，常闭触点 KA-1 断开，常开触点 KA-2 接通。

④ 过电流继电器 KA 常闭触点 KA-1 断开，接触器 KMY 线圈失电，常开触点 KMY-1 断开，常闭触点 KMY-2 接通。

⑤ 过电流继电器 KA 常开触点 KA-2 接通，接触器 KM△ 线圈得电，常开触点 KM△-2 接通，实现自锁功能，常闭触点 KM△-3 断开，保证 KMY 的线圈不会得电，常开触点 KM△-1 接通，此时电动机以△形方式接通电路，电动机在全压状态下开始运转。

当需要电动机停止时，按下停止按钮 SB1，接触器 KM1、KM△ 的线圈将同时失电，触点全部复位，电动机停止运转。

通过识读电动机控制电路的流程，了解电动机的控制过程，可方便维修人员判断故障部位，对于日常的维护与检修有很大的帮助。

5.3 电动机控制电路的识读案例

5.3.1 电动机电阻器降压启动控制电路的识读

电阻器降压启动控制电路是指在电动机定子电路中串入电阻器，使电动机在低压状态下启动后，再进入全压运行状态。掌握电动机的电阻器降压启动控制电路的识读，可对不能直接启动电动机的设备进行设计、安装、改造和维修。

（1）电动机电阻器降压启动控制电路结构组成的识读

识读电动机电阻器降压启动控制电路，首先要了解该电路的组成，明确电路中各主要部件与电路符号的对应关系。

三相交流感应电动机电阻器降压启动控制电路结构组成见图 5-17。

该电路主要由供电电路、保护电路、控制电路和三相交流感应电动机等构成。其中供电电路包括电源总开关 QS；保护电路包括熔断器 FU1 ～ FU5、过热保护继电器 FR；控制电路包括启动按钮 SB1、停止按钮 SB2、交流接触器 KM1/KM2、时间继电器 KT。该电路中采用时间继电器进行了延时控制，使其降压启动过程与全压启动过程间隔一定的时间，该时间为时间继电器预先设定的时间。

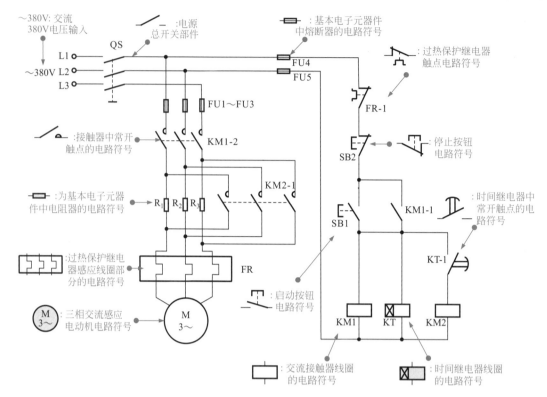

图 5-17　电动机电阻器降压启动控制电路结构组成

（2）电动机电阻器降压启动控制电路工作过程的识读

对电动机电阻器降压启动控制电路工作过程的识读，通常会从控制元件入手，通过对电路信号流程的分析，掌握电动机电阻器降压启动控制电路的工作过程及功能特点。

三相交流电动机
串电阻降压启动
控制电路

电动机的降压启动过程见图 5-18。

电动机的全压启动过程见图 5-19。

经过电路分析，该电路启动时利用串入的电阻器起到降压限流的作用，当电动机启动完毕后，再通过电路将串联的电阻器短接，从而使电动机进入全压正常运行状态。该启动方式可防止启动电流过大，损坏供电系统中的相关设备，适用于容量在 10kW 以上的电动机的启动。

5.3.2　电动机自耦变压器降压启动控制电路的识读

自耦变压器降压启动控制电路是指利用自耦变压器来降低电动机的启动电压，进行降压启动后，再进入全压运行状态。掌握电动机的自耦变压器降压启动控制电路的识读，可对不能直接启动电动机的设备进行设计、安装、改造和维修。

（1）电动机自耦变压器降压启动控制电路结构组成的识读

识读电动机自耦变压器降压启动控制电路，首先要了解该电路的组成，明确电路中各主要部件与电路符号的对应关系。

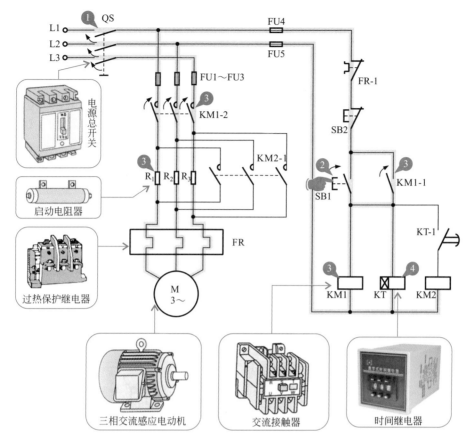

图 5-18 电动机的降压启动过程

【图解】▶▶▶

① 合上电源总开关 QS，接通三相电源。

② 按下启动按钮 SB1，交流接触器 KM1 线圈得电。

③ 交流接触器 KM1 线圈得电，常开触点 KM1-1 接通实现自锁功能；常开触点 KM1-2 接通，电源经串联电阻器 R_1、R_2、R_3 为电动机供电，电动机降压启动开始。

④ 同时时间继电器 KT 线圈得电。

三相交流感应电动机自耦变压器降压启动控制电路结构组成见图 5-20。

该电路主要由工作状态指示电路（T_1 和指示灯），自耦变压器 TA，时间继电器 KT，中间继电器 KA，交流接触器 KM1、KM2、KM3，三相交流感应电动机，启动按钮 SB1、SB2，停止按钮 SB3、SB4，过热保护继电器 FR 等构成。自耦变压器串接在电动机绕组端，起到降压启动的作用。

（2）电动机自耦变压器降压启动控制电路工作过程的识读

对电动机自耦变压器降压启动控制电路工作过程的识读，通常会从控制元件入手，通过对电路信号流程的分析，掌握电动机自耦变压器降压启动控制电路的工作过程及功能特点。

电动机的降压启动过程见图 5-21。

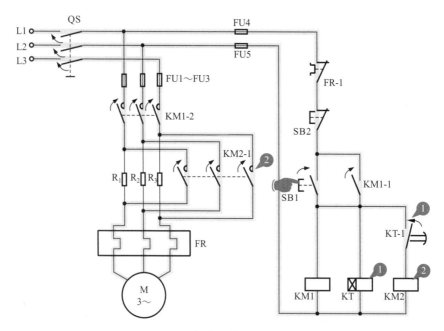

图 5-19　电动机的全压启动过程

【图解】▶▶▶

　　① 当时间继电器 KT 达到预定的延时时间后，其常开触点 KT-1 接通。

　　② 时间继电器 KT 的常开触点 KT-1 接通，接触器 KM2 线圈得电，常开触点 KM2-1 接通，短接启动电阻器 R_1、R_2、R_3，电动机在全压状态下开始运行。

　　当需要电动机停机时，按下停止按钮 SB2，断开接触器 KM1 和 KM2 线圈的供电，常开触点 KM1-2、KM2-1 断开，从而断开电动机的供电，电动机停止运转。

　　电动机的全压启动过程见图 5-22。

　　经过电路分析，该电路利用串入的自耦变压器来降低电动机的启动电压，限制启动电路而起到降压限流的作用，当电动机启动后，再断开自耦变压器，直接为电动机供电，从而使电动机进入全压启动运转状态。

5.3.3　电动机 Y-△ 降压启动控制电路的识读

　　电动机 Y-△ 降压启动控制电路是指电动机启动时，通过 Y 形连接进入降压启动运转，当转速达到一定值后，通过 △ 形连接进入全压启动运行。掌握电动机的 Y-△ 降压启动控制电路的识读，也可对不能直接启动电动机的设备进行设计、安装、改造和维修。

（1）电动机 Y-△ 降压启动控制电路结构组成的识读

　　识读电动机 Y-△ 降压启动控制电路，首先要了解该电路的组成，明确电路中各主要部件与电路符号的对应关系。

　　三相交流感应电动机 Y-△ 降压启动控制电路结构组成见图 5-23。

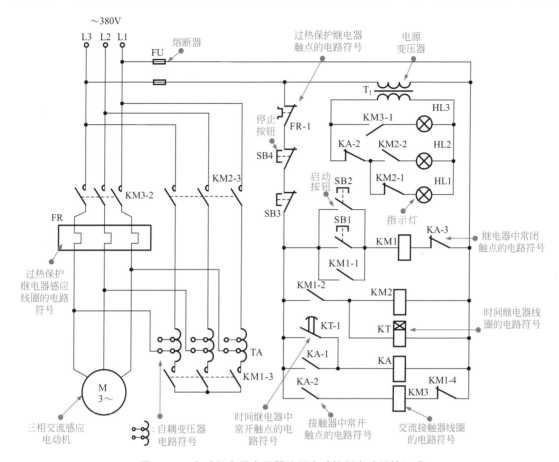

图 5-20　电动机自耦变压器降压启动控制电路结构组成

该电路主要由供电电路、保护电路、控制电路和三相交流感应电动机 M 构成。其中供电电路包括电源总开关 QS；保护电路包括熔断器 FU1 ～ FU5、过热保护继电器 FR；控制电路包括交流接触器 KM1/KM△/KMY、停止按钮 SB3、启动按钮 SB1、全压启动按钮 SB2。

（2）电动机 Y-△降压启动控制电路工作过程的识读

对电动机 Y-△降压启动控制电路工作过程的识读，通常会从控制元件入手，通过对电路信号流程的分析，掌握电动机 Y-△降压启动控制电路的工作过程及功能特点。

电动机 Y-△降压启动控制电路工作过程见图 5-24。

电动机的全压启动过程见图 5-25。

当需要电动机停止时，按下停止按钮 SB3，接触器 KM1、KM△的线圈将同时失电断开，接着接触器的常开触点 KM1-1、KM△-1 同时断开，电动机停止运转。

经过电路分析，电动机 Y-△降压启动控制电路启动电动机时，是由电路控制定子绕组先连接成 Y 形方式，待转速达到一定值后，再由电路控制定子绕组换接成△形，此后电动机进入全压正常运行状态。该启动方式适用于容量在 10kW 以上的电动机或由于其他原因不允许直接启动的电动机上。

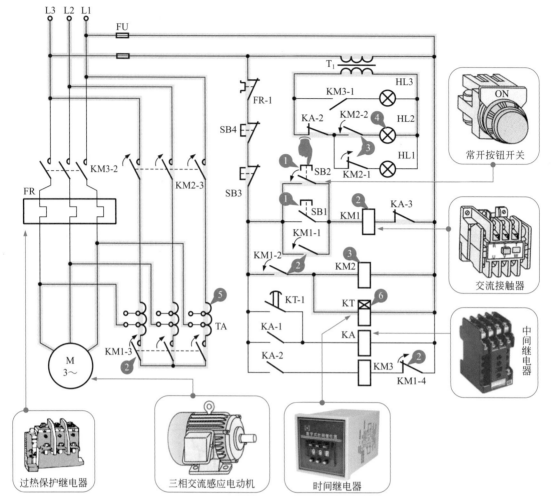

图 5-21　电动机的降压启动过程

【图解】▶▶▶

① 当需要启动电动机运转时，按下启动按钮 SB1 或 SB2。

② 接触器 KM1 线圈得电，常开触点 KM1-1 接通实现自锁功能；KM1-3 接通，准备串入自耦变压器进行降压启动；KM1-2 接通，使接触器 KM2 线圈得电；KM1-4 断开，防止接触器 KM3 线圈得电。

③ 接触器 KM2 线圈得电后，常闭触点 KM2-1 断开、KM2-2 接通，KM2-3 接通。

④ KM2-2 接通，使指示灯 HL2 点亮，指示工作状态。

⑤ KM2-3 接通，使自耦变压器 TA 线圈串接在电动机与三相电源之间，电动机开始降压启动。

⑥ 同时时间继电器 KT 线圈也得电。

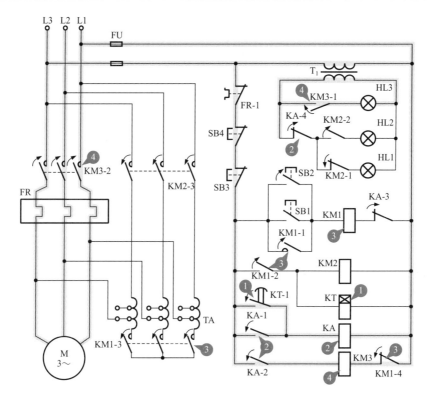

图 5-22　电动机的全压启动过程

【图解】▶▶▶

　　① 时间继电器 KT 线圈得电后，当达到预定的延时时间后，常开延时触点 KT-1 接通。

　　② 中间继电器 KA 线圈得电，常开触点 KA-1 接通实现自锁功能，常开触点 KA-2 接通，常闭触点 KA-3、KA-4 断开。

　　③ 常闭触点 KA-3 断开，接触器 KM1 线圈失电，其常闭、常开触点复位，断开接触器 KM2 和时间继电器 KT 线圈的供电，触点全部复位。

　　④ 常开触点 KA-2 接通，接触器 KM3 线圈得电，常开触点 KM3-1 接通，指示灯 HL3 点亮，指示工作状态，常开触点 KM3-2 接通，使电动机接通三相供电，电动机在全压状态下开始运行。

　　当需要电动机停止时，按下停止按钮 SB3 或 SB4，接触器线圈、时间继电器线圈、中间继电器线圈同时断开，触点全部复位，断开电动机供电，电动机停止运转。同时指示灯 HL1 点亮。

5.3.4　电动机联锁控制电路的识读

　　电动机的联锁控制电路是指对电路中的各个电动机的启动顺序进行控制，因此，也称为顺序控制电路。掌握电动机联锁控制电路的识读可对要求某一电动机先运行，另一电动机后运行的设备进行设计、安装、改造和维修。

（1）电动机联锁控制电路结构组成的识读

　　识读电动机联锁控制电路，首先要了解该电路的组成，明确电路中各主要部件与电路符号的对应关系。

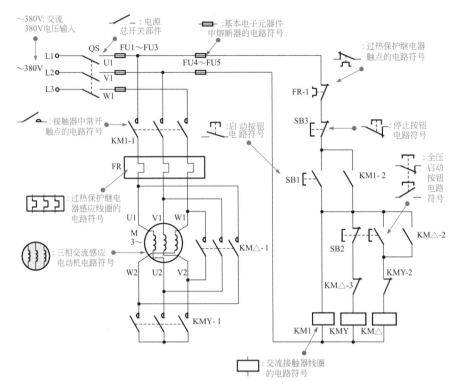

图 5-23　电动机 Y-△降压启动控制电路结构组成

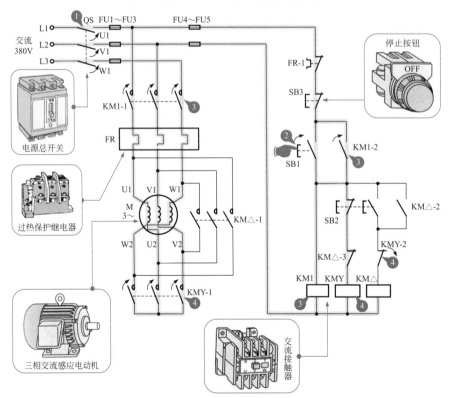

图 5-24　电动机 Y-△降压启动控制电路工作过程

　① 合上电源总开关 QS，接通三相电源。

　② 按下启动按钮 SB1，交流接触器 KM1 线圈得电。

　③ 交流接触器 KM1 线圈得电，常开触点 KM1-2 接通实现自锁功能；常开触点 KM1-1 接通，为降压启动做好准备。

　④ 同时，交流接触器 KMY 线圈也得电，常开触点 KMY-1 接通，常闭触点 KMY-2 断开，保证 KM△ 的线圈不会得电。此时电动机以 Y 形方式接通电路，电动机降压启动运转。

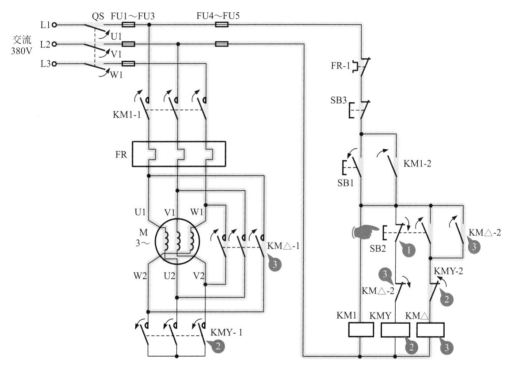

图 5-25　电动机的全压启动过程

【图解】▶▶▶

　① 当电动机转速接近额定转速时，按下全压启动按钮 SB2，其常闭触点断开，常开触点接通。

　② 全压启动按钮 SB2 常闭触点断开，接触器 KMY 线圈失电，常开触点 KMY-1 断开，常闭触点 KMY-2 接通。

　③ 全压启动按钮 SB2 常开触点接通，接触器 KM△ 的线圈得电，常闭触点 KM△-2 断开，保证 KMY 的线圈不会得电，常开触点 KM△-1 接通，此时电动机以 △ 形方式接通电路，电动机在全压状态下开始运转。

【提示】▶▶▶

　三相交流感应电动机的接线方式主要有 Y 形和 △ 形两种。对于三相 380V 交流感应电动机来说，当电动机采用 Y 形连接时，电动机每相绕组承受的电压均为 220V，当电动机采用 △ 形连接时，电动机每相绕组承受的电压为 380V。

三相交流感应电动机联锁控制电路结构组成见图 5-26。

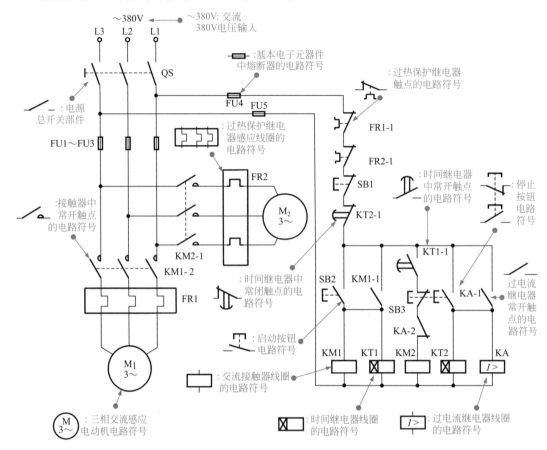

图 5-26　电动机联锁控制电路结构组成

该电路主要由供电电路、保护电路、控制电路和三相交流感应电动机 M₁、M₂ 构成。其中供电电路包括电源总开关 QS；保护电路包括熔断器 FU1 ～ FU5、热保护继电器 FR1/FR2；控制电路包括启动按钮 SB2、停止按钮 SB3、紧急停止按钮 SB1、时间继电器 KT1/KT2、交流接触器 KM1/KM2、过电流继电器 KA 构成。

（2）电动机联锁控制电路工作过程的识读

对电动机联锁控制电路工作过程的识读，通常会从控制元件入手，通过对电路信号流程的分析，掌握电动机联锁控制电路的工作过程及功能特点。

电动机的启动过程见图 5-27。

电动机的停机过程见图 5-28。

紧急停止按钮用于当电路出现故障，需要立即停止电动机时，按下紧急停止按钮 SB1，两台电动机立即停机。

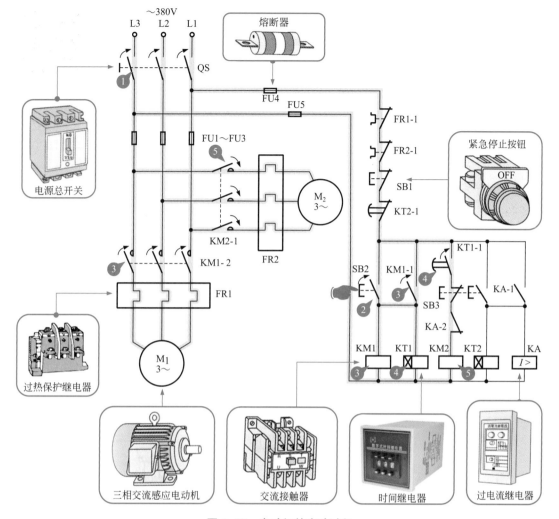

图 5-27　电动机的启动过程

【图解】 ▶▶▶

　　① 合上电源总开关 QS，接通三相电源。

　　② 按下启动按钮 SB2，交流接触器 KM1 线圈得电。

　　③ 交流接触器 KM1 线圈得电后，常开触点 KM1-1 接通实现自锁功能；KM1-2 接通，电动机 M1 启动运转。

　　④ 同时时间继电器 KT1 线圈得电，延时常开触点 KT1-1 延时接通。

　　⑤ 时间继电器 KT1 常开触点 KT1-1 延时接通后，接触器 KM2 线圈得电，常开触点 KM2-1 接通，电动机 M2 启动运转。

　　经过电路分析，该电动机联锁控制电路采用时间继电器进行控制，当按下启动按钮后，第一台电动机启动，然后由时间继电器控制第二台电动机自动启动。停机时，按动停机按钮，断开第二台电动机，然后由时间继电器控制第一台电动机停机。两台电动机的启动和停止时间间隔由时间继电器预设。

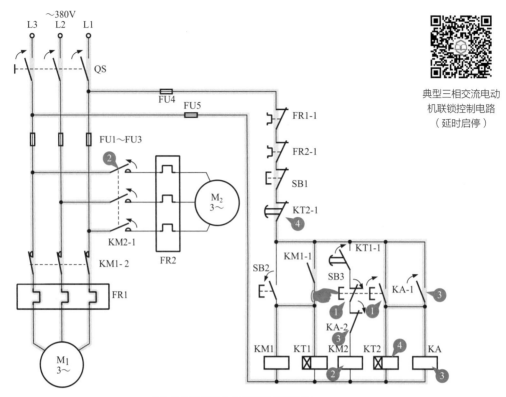

典型三相交流电动
机联锁控制电路
（延时启停）

（a）时间继电器 KT2 常闭触点未动作

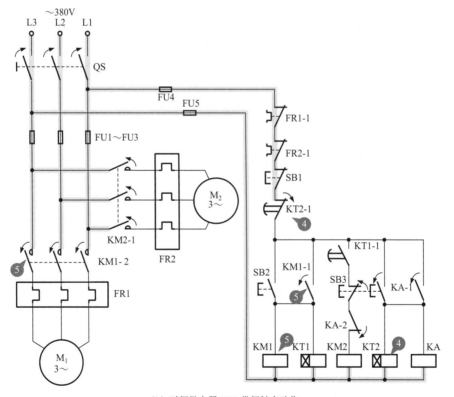

（b）时间继电器 KT2 常闭触点动作

图 5-28　电动机的停机过程

【图解】▶▶▶

① 当电动机需要停机时，按下停止按钮 SB3，常闭触点断开，常开触点接通。

② SB3 常闭触点断开，接触器 KM2 线圈失电，常开触点 KM2-1 断开，电动机 M_2 停止运转。

③ SB3 的常开触点接通，过电流继电器 KA 线圈得电，常开触点 KA-1 接通，锁定 KA 继电器，即使停止按钮复位，电动机仍处于停机状态，常闭触点 KA-2 断开，保证线圈 KM2 不会得电。

④ 同时时间继电器 KT2 线圈得电，经一段时间延时后（预先设定时间），常闭触点 KT2-1 断开。

⑤ KT2-1 断开后，接触器线圈 KM1 线圈失电，常开触点 KM1-2 断开，电动机 M1 停止运转。

5.3.5　电动机点动、连续控制电路的识读

电动机点动、连续控制电路是指该电路既能实现点动控制，也能实现连续控制。电动机点动控制是指按下按钮开关时电动机就转动，松开按钮时电动机就停止动作；电动机连续控制电路是指按下电动机启动按钮后再松开，控制电路仍保持接通状态，电动机能够继续正常运转，在运转状态按下停机键，电动机停止运转，松开停机键，复位后，电动机仍处于停机状态。掌握电动机的点动、连续控制电路的识读，可对既需要电动机短时间工作，又需要电动机长时间运行工作的设备进行设计、安装、改造和维修。

（1）电动机点动、连续控制电路结构组成的识读

识读电动机点动、连续控制电路，首先要了解该电路的组成，明确电路中各主要部件与电路符号的对应关系。

三相交流感应电动机点动、连续控制电路结构组成见图 5-29。

该电路主要由供电电路、保护电路、控制电路和三相交流感应电动机构成。其中供电电路包括电源总开关 QS；保护电路包括熔断器 FU1 ～ FU5、过热保护继电器 FR；控制电路包括连续控制按钮 SB1、点动控制按钮 SB2、交流接触器 KM1。

（2）电动机点动、连续控制电路工作过程的识读

对电动机点动、连续控制电路工作过程的识读，通常会从控制元件入手，通过对电路信号流程的分析，掌握电动机点动、连续控制电路的工作过程及功能特点。

电动机的点动启动过程见图 5-30。

当需要电动机停机时，松开点动控制按钮 SB2，常开触点 SB2-1、常闭触点 SB2-2 复位。交流接触器 KM1 线圈失电，常开触点 KM1-2 断开，电动机停止运转，常开触点 KM1-1 也断开。

电动机的连续启动过程见图 5-31。

当电动机需要停机时，按下停止按钮 SB3。交流接触器 KM1 线圈失电，常开触点 KM1-1 断开，解除自锁功能；KM1-2 断开，电动机停止运转。

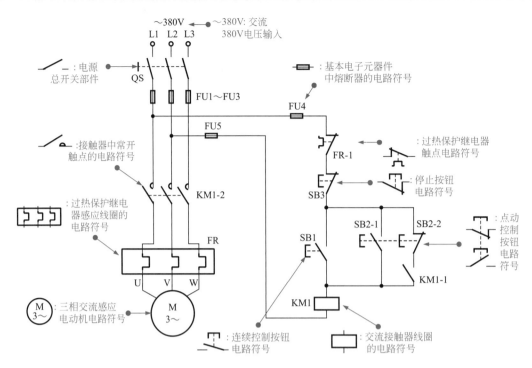

图 5-29　电动机点动、连续控制电路结构组成

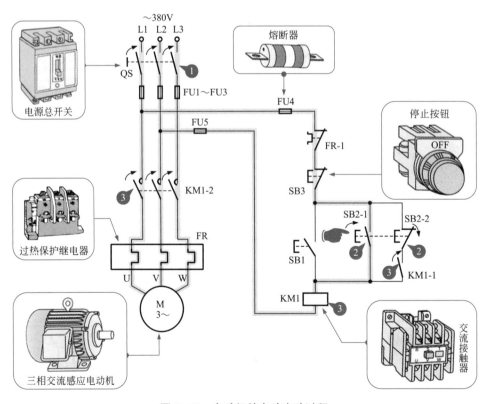

图 5-30　电动机的点动启动过程

【图解】▶▶▶

  ① 当电动机需要点动启动时，合上电源总开关 QS，接通三相电源。

  ② 按下点动控制按钮 SB2，常开触点 SB2-1 接通，常闭触点 SB2-2 断开。

  ③ 常开触点 SB2-1 接通后，交流接触器 KM1 线圈得电，常开触点 KM1-2 接通，电动机接通交流 380V 电压启动运转；常闭触点 SB2-2 断开后，防止交流接触器 KM1 线圈得电，常开触点 KM1-1 接通，对 SB2-1 进行锁定。

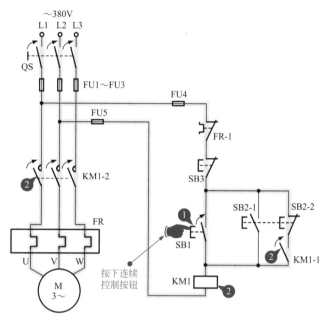

图 5-31　电动机的连续启动过程

【图解】▶▶▶

  ① 当电动机需要连续启动时，按下连续控制按钮 SB1。

  ② 交流接触器 KM1 线圈得电，常开触点 KM1-1 接通，对 SB1 进行锁定，即使连续控制按钮复位断开，交流电源仍能通过 KM1-1 为交流接触器 KM1 供电，维持交流接触器的持续工作，使电动机连续工作，而实现连续控制；KM1-2 接通，电动机接通交流 380V 电源启动运转。

  经过电路分析，可知该电路即可实现对电动机的短时控制也可实现连续控制，因此该电路既适用于短时且连续的工作环境，也适用于电动机长时间工作的环境。

5.3.6　电动机正、反转控制电路的识读

  电动机的正、反转控制电路是指能够使电动机实现正、反两个方向运转的电路，掌握电动机正、反转控制电路的识读，可对具有电动机双向运转功能的设备进行设计、安装、改造和维修。

（1）电动机正、反转控制电路结构组成的识读

识读电动机正、反转控制电路，首先要了解该电路的组成，明确电路中各主要部件与电路符号的对应关系。

三相交流感应电动机正、反转控制电路结构组成见图5-32。

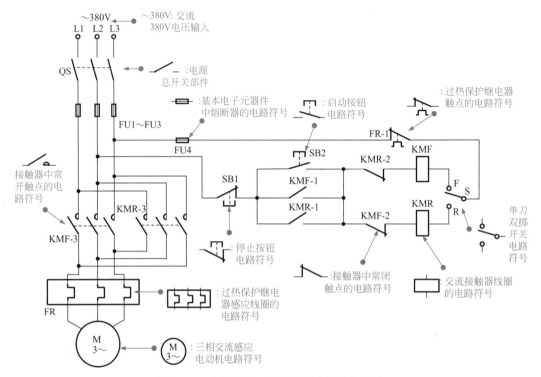

图5-32 电动机正、反转控制电路结构组成

该电路主要供电电路、保护电路、控制电路和三相交流感应电动机构成。其中供电电路包括电源总开关QS；保护电路包括熔断器FU1～FU4、过热保护继电器FR；控制电路包括停止按钮SB1、启动按钮SB2、单刀双掷开关S、正转交流接触器KMF、反转交流接触器KMR。

（2）电动机正、反转控制电路工作过程的识读

对电动机正、反转控制电路工作过程的识读，通常会从控制元件入手，通过对电路信号流程的分析，掌握电动机正、反转控制电路的工作过程及功能特点。

电动机的正转启动过程见图5-33。

电动机的反转启动过程见图5-34。

当电动机需要停机时，按下停止按钮SB1，不论电动机处于正转运行状态还是反转运行状态，接触器线圈均断电，电动机停止运行。

经过电路分析，该电路具有正反两个方向的运转功能，适用于需要运动部件进行正、反两个方向运动的环境中，如起重机悬吊重物时的上升与下降，机床工作台的前进与后退等。

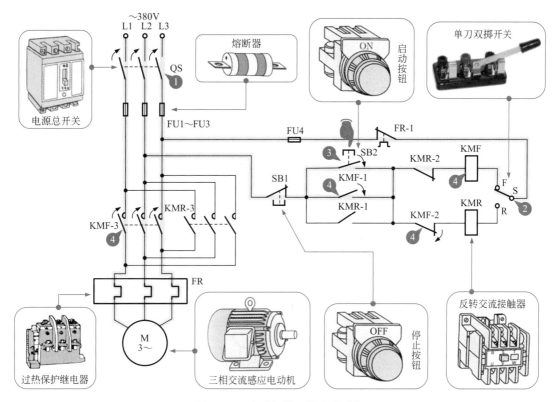

图 5-33　电动机的正转启动过程

【图解】▶▶▶

① 合上电源总开关，接通三相电源。

② 将单刀双掷开关 S 拨至 F 端（正转）。

③ 按下启动按钮 SB2。

④ 正转交流接触器 KMF 线圈得电，常开触点 KMF-1 接通，实现自锁功能；常闭触点 KMF-2 断开，防止反转交流接触器 KMR 得电；常开触点 KMF-3 接通，电动机接通相序 L1、L2、L3 正向运转。

【提示】▶▶▶

　　三相交流感应电动机的正、反转控制电路通常采用改变接入电动机绕组的电源相序来实现的，从图中可看出该电路中采用了两只交流接触器（KMF、KMR）来换接电动机三相电源的相序，同时为保证两个接触器不能同时吸合（否则将造成电源短路的事故），在控制电路中采用了按钮和接触器联锁方式，即在接触器 KMF 线圈支路中串入 KMR 的常闭触点，KMR 线圈支路中串入 KMF 常闭触点。

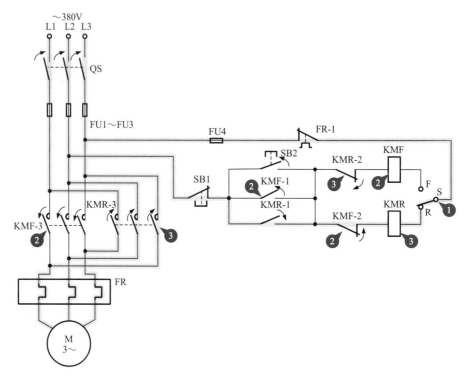

图 5-34　电动机的反转启动过程

【图解】▶▶▶

　　① 当电动机需要反转工作时，将单刀双掷开关 S 拨至 R 端（反转）。

　　② 正转交流接触器 KMF 线圈失电，常开触点 KMF-1 断开，解除自锁；KMF-3 断开，电动机停止运转；常闭触点 KMF-2 接通。

　　③ 同时反转交流接触器 KMR 线圈得电，常开触点 KMR-1 接通，实现自锁功能；常闭触点 KMR-2 断开，防止正转交流接触器 KMF 得电；常开触点 KMR-3 接通，电动机接通相序 L3、L2、L1 反向运转。

5.3.7　电动机间歇控制电路的识读

　　电动机间歇控制电路是指控制电动机运行一段时间，自动停止，然后再自动启动，这样反复控制，来实现电动机的间歇运行。

（1）电动机间歇控制电路结构组成的识读

　　识读电动机间歇控制电路，首先要了解该电路的组成，明确电路中各主要部件与电路符号的对应关系。

　　三相交流感应电动机间歇控制电路结构组成见图 5-35。

　　该电路主要由电源电路、保护电路、控制电路和三相交流感应电动机构成。其中电源电路包括电源总开关 QS；保护电路包括熔断器 FU1 ～ FU5、过热保护继电器 FR；控制电路包括停止按钮 SB1、启动按钮 SB2、交流接触器 KM1/KM2、中间继电器 KA、时间继电器 KT1/KT2。

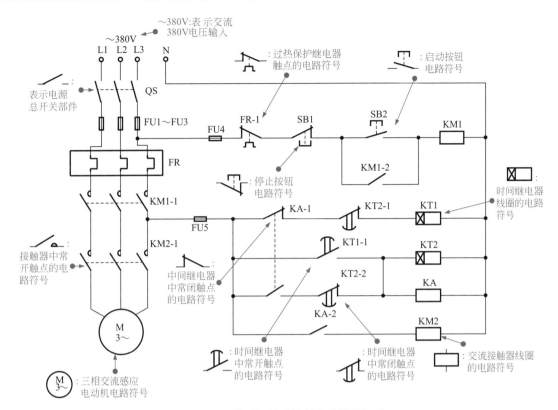

图 5-35　电动机间歇控制电路结构组成

（2）电动机间歇控制电路工作过程的识读

对电动机间歇控制电路工作过程的识读，通常会从控制元件入手，通过对电路信号流程的分析，掌握电动机间歇控制电路的工作过程及功能特点。

电动机的启动过程见图 5-36。

电动机的间歇暂停过程见图 5-37。

电动机再启动过程见图 5-38。

当电动机需要停机时，按下停机按钮 SB1。接触器 KM1 线圈失电，触点复位，电动机和控制电路均断电，系统停机。

经过电路分析，电动机的间歇控制电路是由时间继电器进行控制的，通过预先对时间继电器的延迟时间进行设定，从而实现对电动机启动时间和停机时间的控制。该控制方式适用于具有交替运转加工的设备。

5.3.8　电动机调速控制电路的识读

三相交流感应电动机调速控制电路是电动机控制系统中常用的一种电路形式，它可实现对电动机的速度控制。掌握电动机调速控制电路的识读，对设计、安装、改造和维修实际电路很有帮助。

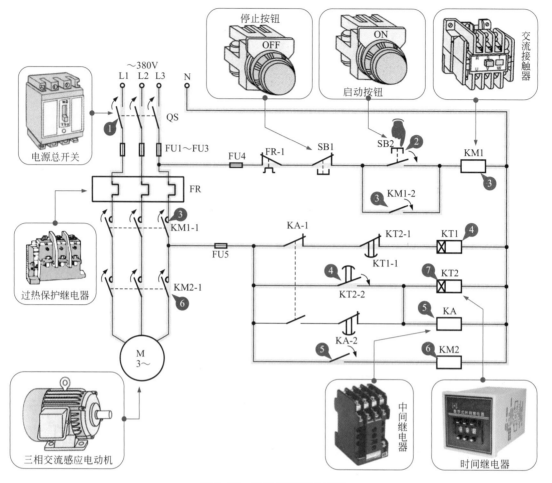

图 5-36　电动机的启动过程

【图解】▶▶▶

　　① 合上电源总开关 QS，接通三相电源。

　　② 按下启动按钮 SB2。

　　③ 交流接触器 KM1 线圈得电，常开触点 KM1-2 接通，实现自锁功能，常开触点 KM1-1 也接通。

　　④ 常开触点 KM1-1 接通，时间继电器 KT1 线圈得电，延时常开触点 KT1-1 接通。

　　⑤ 中间继电器 KA 线圈得电，KA 的常开触点 KA-2 接通。

　　⑥ 接触器 KM2 线圈得电，常开触点 KM2-1 接通，电动机接通交流 380 V 电源启动运转。

　　⑦ 同时时间继电器 KT2 线圈也得电。

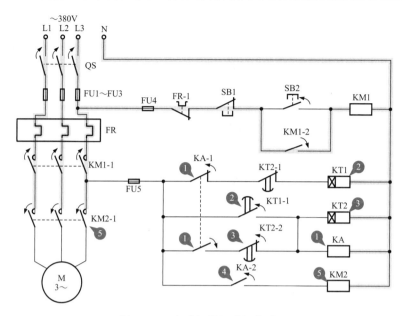

图 5-37　电动机的间歇暂停过程

【图解】▶▶▶

① 中间继电器 KA 线圈得电，联动触点 KA-1 的常闭触点断开，常开触点接通。

② 时间继电器 KT1 断电，延时常开触点 KT1-1 断开。

③ 同时时间继电器 KT2 线圈得电后，经过一段时间延时后（电动机启动运转时间），延时常闭触点 KT2-2 断开。

④ 中间继电器 KA 线圈断电，常开触点 KA-2 断开。

⑤ 接触器 KM2 线圈断电，常开触点 KM2-1 断开，电动机停止运转。

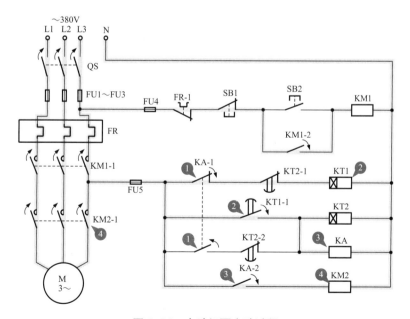

图 5-38　电动机再启动过程

【图解】▶▶▶

　　① 中间继电器 KA 断电后，联动触点 KM3-1 常闭触点接通，常开触点断开。

　　② 时间继电器 KT1 线圈再次得电，经延时后（电动机停机时间），延时常开触点 KT1-1 接通。

　　③ 中间继电器 KA 线圈再次得电，常开触点 KA-2 接通。

　　④ 接触器 KM2 线圈得电，常开触点 KM2-1 接通，电动机再次启动运转。如此反复动作，实现电动机的间歇运转控制。

（1）电动机调速控制电路结构组成的识读

　　识读电动机调速控制电路，首先要了解该电路的组成，明确电路中各主要部件与电路符号的对应关系。

　　三相交流感应电动机调速控制电路结构组成见图 5-39。

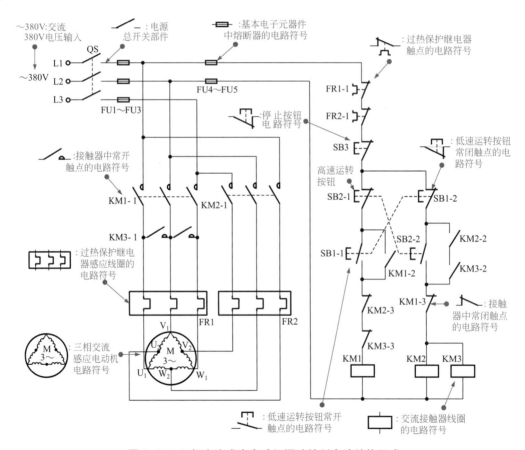

图 5-39　三相交流感应电动机调速控制电路结构组成

　　该电路主要由供电电路、保护电路、控制电路和三相交流感应电动机（双速电动机）等构成。其中供电电路包括电源总开关 QS；保护电路包括熔断器 FU1～FU5，过热保护继电器 FR1、FR2；控制电路包括停止按钮 SB3，高速运转按钮 SB2，低速运转按钮 SB1，交流接触器 KM1、KM2、KM3。该电路中的高速运转按钮和低速运转按钮采用的为复合开关，内部设有一对常开触点和一对常闭触点，可起到联锁保护作用。

（2）电动机调速控制电路工作过程的识读

对电动机调速控制电路工作过程的识读，通常会从控制元件入手，通过对电路信号流程的分析，掌握电动机调速控制电路的工作过程及功能特点。

电动机的低速运转过程见图5-40。

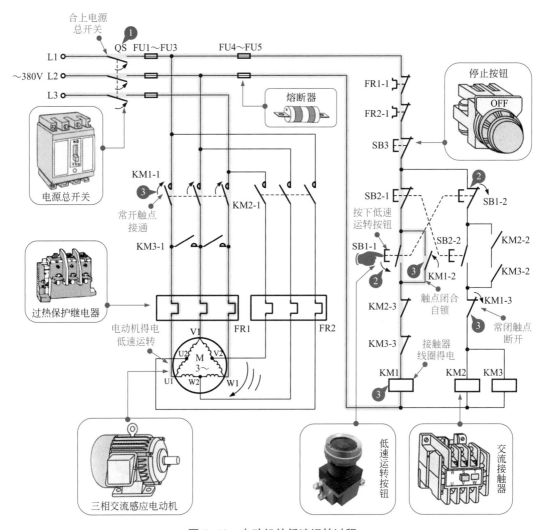

图5-40　电动机的低速运转过程

【图解】▶▶▶

　　① 合上电源总开关 QS，接通三相电源。

　　② 按下低速运行按钮 SB1，常开触点 SB1-1 接通，常闭触点 SB1-2 断开。

　　③ 常开触点 SB1-1 接通，交流接触器 KM1 线圈得电，常开触点 KM1-1 接通，电动机定子绕组成△形，电动机开始低速运转，常开触点 KM1-2 接通，实现自锁功能，常闭触点 KM1-3 断开，防止接触器 KM2、KM3 线圈得电，起联锁保护作用。

电动机的高速运转过程见图5-41。

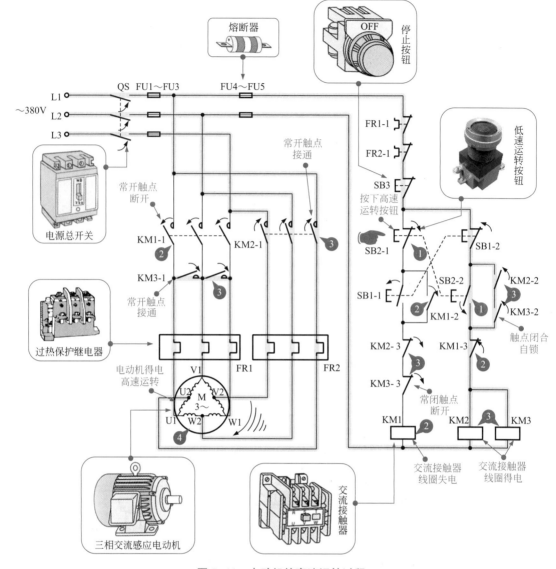

图 5-41 电动机的高速运转过程

【图解】 ▶▶▶

① 当电动机需要高速运转时，按下高速运转按钮 SB2，常闭触点 SB2-1 断开，常开触点 SB2-2 接通。

② 常闭触点 SB2-1 断开，接触器 KM1 线圈断电，其常开、常闭触点均复位，电动机断电低速惯性运转。

③ 常开触点 SB2-2 接通，交流接触器 KM2、KM3 线圈得电，常开触点 KM2-2、KM3-2 接通，实现自锁功能；常闭触点 KM2-3、KM3-3 断开，防止接触器 KM1 线圈得电；常开触点 KM2-1、KM3-1 接通。

④ KM2-1 和 KM3-1 接通后，电动机定子绕组成 YY 形连接，电动机开始高速运转。

当电动机需要停机时，按下停止按钮 SB3，无论电动机处于何种运行状态，交流接触器线圈均断电，常开、常闭触点全部复位，电动机停止运转。

经过电路分析，该电路是一个调速电路，根据电动机的工作需要，使用高速或低速运转按钮对电动机的运转速度进行控制。此种控制电路广泛应用于工业、农业生产中，如机床、轧钢机、运输设备中，需要在不同的环境下用不同的速度进行工作，以保证产品的生产效率和质量。

【提示】▶▶▶

三相交流感应电动机的调速方法有很多种，如变极调速、变频调速和变转差率调速等。通常，双速电动机控制是目前最常用的一种变极调速形式。图 5-42 所示为双速电动机定子绕组的连接方法。

从图 5-42 中可看出，低速运行时电动机定子的绕组接成△形，三相电源线 L1、L2、L3 分别连接在定子绕组三个出线端 U1、V1、W1 上，且每相绕组的中点接出的接线端 U2、V2、W2 悬空不接，此时电动机三相绕组构成了△形连接，每相绕组的①、②线圈相互串联，电路中电流方向如图中的箭头所示，若此时电动机磁极为 4 极，则同步转速为 1500r/min。而高速运行时电动机定子的绕组接成 YY 形，将三相电源 L1、L2、L3 连接在定子绕组的出线端 U2、V2、W2 上，且将接线端 U1、V1、W1 连接在一起，此时电动机每相绕组的①、②线圈相互并联，电流方向如图中箭头所示，此时电动机磁极为 2 极，同步转速为 3000r/min。

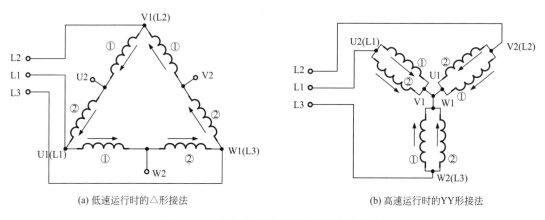

(a) 低速运行时的△形接法　　　　　　　(b) 高速运行时的YY形接法

图 5-42　双速电动机定子绕组的连接方法

5.3.9　电动机抱闸制动控制电路的识读

电动机抱闸制动是指将电磁抱闸与电动机及控制线路相连，控制电动机迅速停机的电路。掌握电动机抱闸制动控制电路的识读，可对要求电动机能迅速停车和准确定位的设备进行设计、安装、改造和维修。

（1）电动机抱闸制动控制电路的结构组成的识读

识读电动机抱闸制动控制电路，首先要了解该电路的组成，明确电路中各主要部件与电路符号的对应关系。

三相交流感应电动机抱闸制动控制电路结构组成见图 5-43。

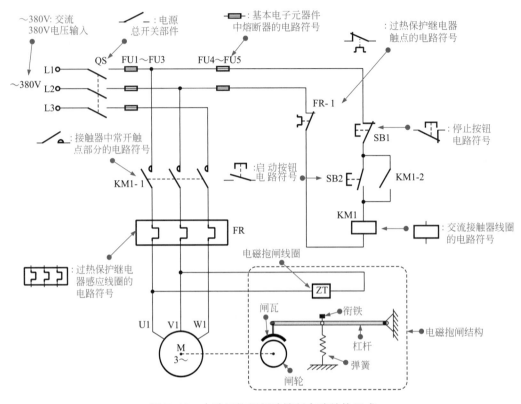

图 5-43　电动机抱闸制动控制电路结构组成

该电路主要由电动机供电电路、保护电路、控制电路、制动系统和三相交流感应电动机构成。其中供电电路包括电源总开关 QS；保护电路包括熔断器 FU1 ～ FU5、过热保护继电器 FR；控制电路包括交流接触器 KM1、停止按钮 SB1、启动按钮 SB2；制动系统包括电磁抱闸 ZT。

（2）电动机抱闸制动控制电路工作过程的识读

对电动机抱闸制动控制电路工作过程的识读，通常会从控制元件入手，通过对电路信号流程的分析，掌握电动机抱闸制动控制电路的工作过程及功能特点。

电动机的启动过程见图 5-44。

电动机的制动及停机过程见图 5-45。

经过电路分析，电磁抱闸的闸轮与电动机装在同一根转轴上，当闸轮停止转动时，电动机也同时迅速停转，该电路适用于需要电动机立即停机的机床设备中，以提高加工精度。

【提示】 ▶▶▶

电动机在切断电源后，由于惯性作用，还要继续旋转一段时间后才能完全停止。但在实际生产过程中有时候要求电动机能迅速停车和准确定位，因此需要采用电动机制动控制方式。电磁抱闸制动控制电路是电动机制动的一种，电磁抱闸主要由铁芯、衔铁、线圈、闸轮、闸瓦、杠杆和弹簧等构成，如图 5-46 所示。

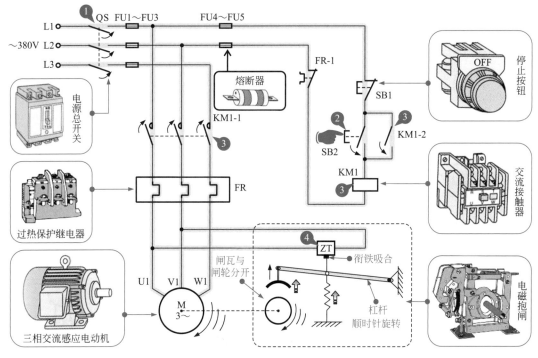

图 5-44　电动机的启动过程

【图解】▶▶▶

① 合上电源总开关，接通三相电源。

② 按下启动按钮 SB2。

③ 交流接触器 KM1 线圈得电，常开触点 KM1-2 接通，实现自锁功能；KM1-1 接通，电动机接通交流 380V 电源启动运转。

④ 同时电磁抱闸线圈 ZT 得电，吸引衔铁，从而带动杠杆抬起，使闸瓦与闸轮分开，电动机正常运行。

5.3.10　电动机反接制动控制电路的识读

电动机的反接制动是指通过改变转动中的电动机定子绕组的电源相序，使定子绕组产生反向的旋转磁场，使转子受到与原旋转方向相反的制动力矩而迅速停转。掌握电动机反接制动控制电路的识读，可对要求电动机能迅速停车和准确定位的设备进行设计、安装、改造和维修。

（1）电动机反接制动控制电路结构组成的识读

识读电动机反接制动控制电路，首先要了解该电路的组成，明确电路中各主要部件与电路符号的对应关系。

三相交流感应电动机反接制动控制电路结构组成见图 5-47。

该电路主要由供电电路、保护电路、控制电路和三相交流感应电动机构成。其中供电电路包括电源总开关 QS；保护电路包括熔断器 FU1 ～ FU4、过热保护继电器 FR；控制电路包括启动按钮 SB1、停止按钮 SB2、交流接触器 KM1/KM2/KM3、中间继电器 KA、速度继电器 KS、启动电阻器 R_1 ～ R_3。

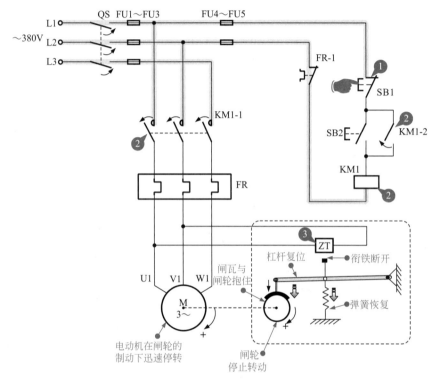

图 5-45　电动机的制动及停机过程

（2）电动机反接制动控制电路工作过程的识读

对电动机反接制动控制电路工作过程的识读，通常会从控制元件入手，通过对电路信号流程的分析，掌握电动机反接制动控制电路的工作过程及功能特点。

电动机的降压启动过程见图 5-48。

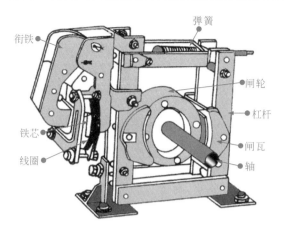

图 5-46　电磁抱闸结构示意图

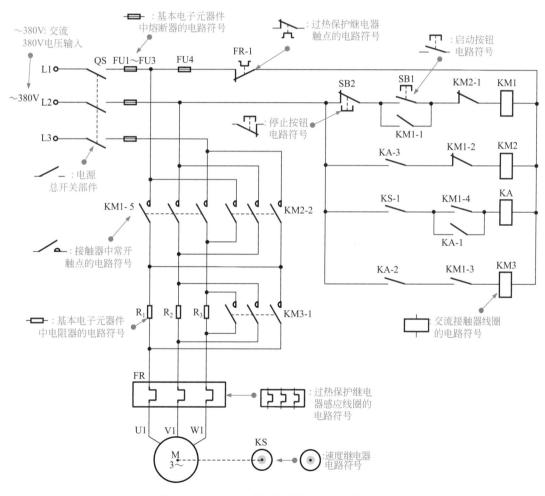

图 5-47　电动机反接制动控制电路结构组成

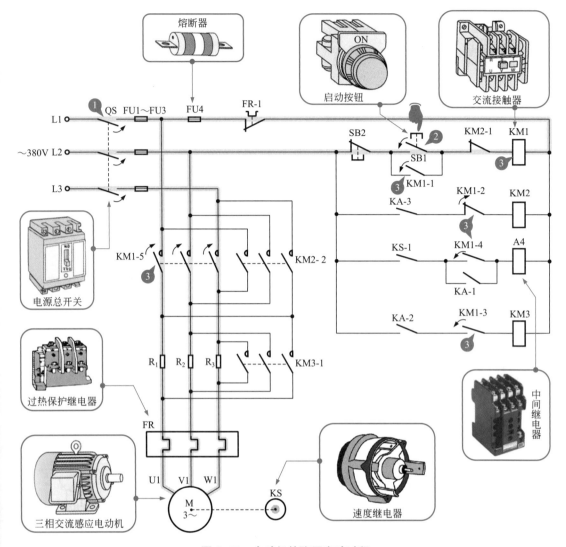

图 5-48　电动机的降压启动过程

【图解】▶▶▶

　　① 合上电源总开关 QS，接通三相电源。

　　② 按下启动按钮 SB1。

　　③ 交流接触器 KM1 线圈得电，常开触点 KM1-1 接通实现自锁功能；常闭触点 KM1-2 断开，实现联锁功能；常开触点 KM1-5 接通，电动机串联电阻器 R_1、R_2、R_3 线路接通，电动机降压启动开始，同时常开触点 KM1-3、KM1-4 也接通。

　　电动机的全压启动过程见图 5-49。

　　电动机的制动及停机过程见图 5-50。

　　经过电路分析，可知该制动电路具有制动迅速、设备简单等优点，但其制动冲击较大，制动能耗大，不宜频繁制动。

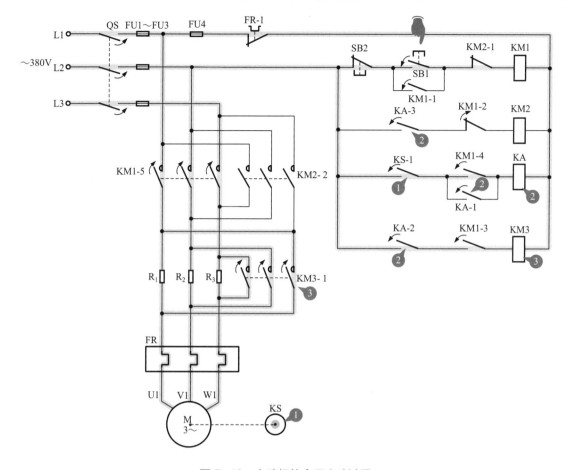

图 5-49　电动机的全压启动过程

【图解】▶▶▶

① 当电动机转速接近额定转速时，速度继电器 KS 与电动机连轴同速度运转，KS-1 接通。

② 中间继电器 KA 线圈得电，常开触点 KA-1 接通，实现自锁功能；KA-2 接通，接触器 KM3 线圈得电；同时，常开触点 KA-3 也接通。

③ 接触器 KM3 线圈得电后，常开触点 KM3-1 接通，短接启动电阻器 R_1、R_2、R_3，电动机在全压状态下开始运行。

【提示】▶▶▶

图 5-51 所示为典型速度继电器的实物外形及其结构。速度继电器又称反接制动继电器，这种继电器主要与接触器配合使用，用来实现电动机的反接制动。在实际应用中，速度继电器的转轴与电动机装在同一根转轴上，当速度继电器停转时，电动机也同时迅速停转。

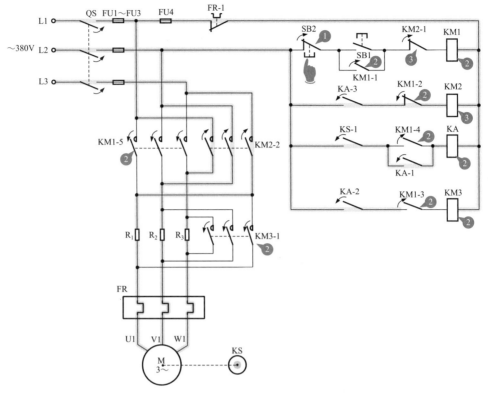

（a）电动机制动过程

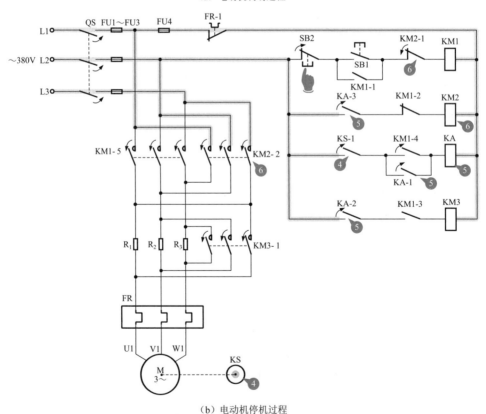

（b）电动机停机过程

图5-50 电动机的制动及停机过程

【图解】▶▶▶

　　① 当电动机需要停机时，按下停止按钮 SB2。

　　② 接触器 KM1、KM3 线圈失电，触点复位，切断电源，电动机断电作惯性运转。

　　③ 此时，交流接触器 KM2 线圈得电，常闭触点 KM2-1 断开，实现联锁功能；常开触点 KM2-2 接通，电动机反接制动。

　　④ 在制动作用下电动机和速度继电器 KS 转速减小到零时，速度继电器 KS 常开触点 KS-1 断开。

　　⑤ 中间继电器 KA 线圈失电，常开、常闭触点复位。

　　⑥ 接触器 KM2 线圈失电，常开、常闭触点复位，常开触点 KM2-2 断开，切断电源，完成反转制动，电动机停止运转。

速度继电器实物

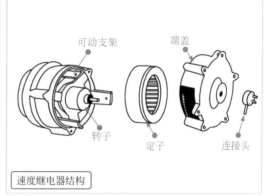

可动支架　　端盖

转子　　定子　　连接头

速度继电器结构

图 5-51　速度继电器的实物外形及其结构

5.3.11　电动机电磁制动控制电路的识读

　　电磁制动是指电动机产生一个电磁制动力矩，使电动机能够迅速停机，该电磁制动力矩是指与电动机旋转方向相反的电磁力矩。掌握电动机电磁制动控制电路的识读，可对要求电动机能迅速停车和准确定位的设备进行设计、安装、改造和维修。

（1）电动机电磁制动控制电路结构组成的识读

　　识读电动机电磁制动控制电路，首先要了解该电路的组成，明确电路中各主要部件与电路符号的对应关系。

　　三相交流感应电动机电磁制动控制电路的结构组成见图 5-52。

　　该电路主要由供电电路、保护电路、控制电路和三相交流感应电动机构成。其中供电电路包括电源总开关 QS；保护电路包括熔断器 FU1 ~ FU5；控制电路包括启动按钮 SB1、停止按钮 SB2、交流接触器 KM1。

（2）电动机电磁制动控制电路工作过程的识读

　　对电动机电磁制动控制电路工作过程的识读，通常会从控制元件入手，通过对电路信号流程的分析，掌握电动机电磁制动控制电路的工作过程及功能特点。

电动机的启动过程见图 5-53。

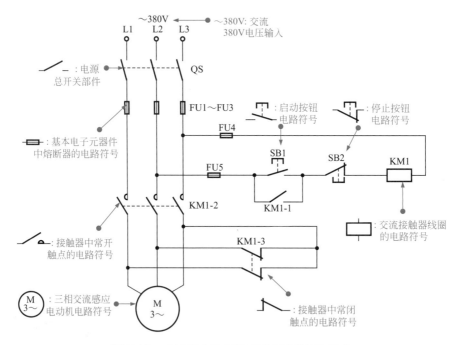

图 5-52　电动机电磁制动控制电路的结构组成

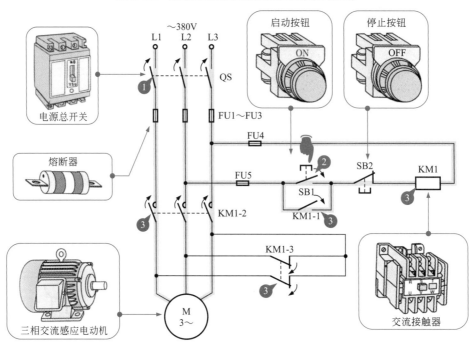

图 5-53　电动机的启动过程

【图解】▶▶▶

① 合上电源总开关 QS，接通三相电源。

② 按下启动按钮 SB1。

③接触器KM1线圈得电，常开触点KM1-1接通，实现自锁功能；KM1-2接通，电动机接通交流380V电源启动运转；常闭触点KM1-3断开，断开制动短接点。

当电动机需要停机时，按下停止按钮SB2。接触器KM1线圈失电，常开触点KM1-1断开，解除自锁功能；KM1-2断开，切断交流380V供电；常闭触点KM1-3接通，短接电动机定子线圈，产生制动力矩，对电动机进行制动，电动机立即停机。

经过电路分析，可知该电路采用交流接触器KM1的常开、常闭触点控制电动机的启动与停止，当电动机运转时，常开触点接通电源，常闭触点断开制动电路；当进行制动时，接触器线圈断电，常开触点断开电动机的供电，常闭触点反接电动机绕组进行制动。该电路的连接较简单，也可用于不同机床设备中的电动机制动控制。

5.3.12 电动机能耗制动控制电路的识读

能耗制动控制电路是指切断运行中电动机的三相交流电源，并在任意两相定子绕组上立即接通直流电源，来产生一个恒定的直流磁场，从而产生与电动机原旋转方向相反的电磁转矩来实现制动，使电动机立即停机。掌握电动机能耗制动控制电路的识读，也可对要求电动机能迅速停车和准确定位的设备进行设计、安装、改造和维修。

（1）电动机能耗制动控制电路结构组成的识读

识读电动机能耗制动控制电路，首先要了解该电路的组成，明确电路中各主要部件与电路符号的对应关系。

三相交流感应电动机能耗制动控制电路结构组成见图5-54。

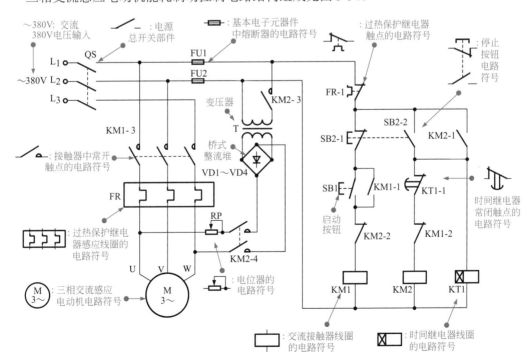

图5-54 电动机能耗制动控制电路结构组成

该电路主要由供电电路、保护电路、控制电路和三相交流感应电动机构成。其中供电电路包括电源总开关 QS、变压器 T、桥式整流堆 VD1 ～ VD4；保护电路包括熔断器 FU1/FU2、过热保护继电器 FR；控制电路包括启动按钮 SB1、停止按钮 SB2、交流接触器 KM1/KM2，时间继电器 KT、电位器 RP。

（2）电动机能耗制动控制电路工作过程的识读

对电动机能耗制动控制电路工作过程的识读，通常会从控制元件入手，通过对电路信号流程的分析，掌握电动机能耗制动控制电路的工作过程及功能特点。

电动机的启动过程见图 5-55。

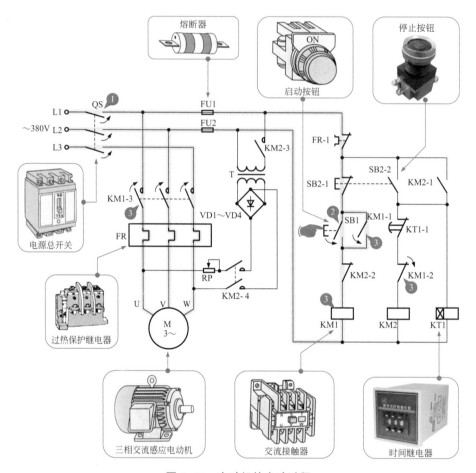

图 5-55　电动机的启动过程

【图解】▶▶▶

　① 合上电源总开关 QS，接通三相电源。

　② 按下启动按钮 SB1。

　③ 接触器 KM1 线圈得电，常开触点 KM1-1 接通实现自锁功能；常闭触点 KM1-2 断开，防止接触器 KM2 线圈得电，实现联锁功能；KM1-3 接通，电动机启动运转。

电动机的制动及停机过程见图 5-56。

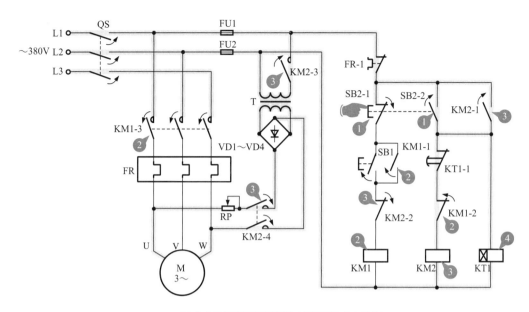

(a) 电动机制动过程(时间继电器KT1触点未动作)

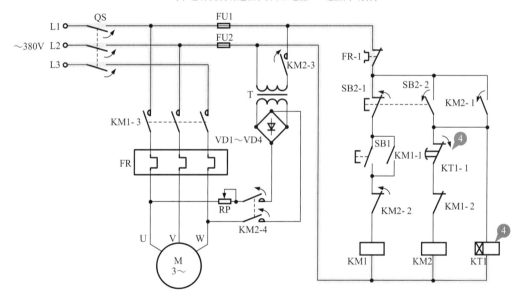

(b) 电动机停机过程(时间继电器KT1触点动作)

图 5-56　电动机的制动及停机过程

【图解】▶▶▶

①当电动机需要停机时，按下停止按钮 SB2，常闭触点 SB2-1 断开，常开触点 SB2-2 接通。

②常闭触点 SB2-1 断开后，接触器 KM1 线圈失电，触点复位，电动机断电，作惯性运转。

③常开触点 SB2-2 接通后，接触器 KM2 线圈得电，常开触点 KM2-1 接通，

实现自锁功能，常闭触点 KM2-2 断开，防止接触器 KM1 线圈得电，实现联锁功能。常开触点 KM2-3、KM2-4 接通，交流电压经变压器 T 降压、桥式整流堆 VD1～VD4 整流后输出直流电压，输出的直流电压再经限流电阻器 RP 后加到电动机定子绕组上，直流电流在定子绕组中产生一个静止的直流磁场，转子在该直流磁场中旋转产生感应电动势。转子电流与恒定磁场相互作用产生制动力矩，使电动机立即停止转动。

④ 同时时间继电器 KT1 线圈也得电，经延时后，常闭触点 KT1-1 断开，接触器 KM2 线圈失电，触点复位，电动机制动结束。

经过电路分析，可知该电路通过变压器，桥式整流堆整流后输出直流电压加到电动机绕组上，产生与电动机原旋转方向相反的电磁转矩来实现制动，使电动机立即停机。该制动方式也可用于不同机床设备中的电动机制动控制。

第6章 ▸▸▸
常用机电设备控制电路识图

6.1 常用机电设备控制电路的特点及用途

6.1.1 常用机电设备控制电路的功能及应用

（1）常用机电设备控制电路的功能

机电设备控制电路是依靠启停按钮、行程开关、转换开关、接触器、时间继电器、过流继电器、过压继电器等控制部件来控制电动机的工作，由电动机带动机电设备中的机械部件运作，进而实现对机电设备的控制。

图 6-1 为典型卧式车床控制电路。这是简单的车床控制电路，它通过启动按钮 SB2 接通交流接触器 KM 线圈的供电，使其触点 KM-1 接通，实现自锁控制；KM-2 接通，主轴电动机 M_1 启动运转。而冷却泵电动机 M_2 则是通过转换开关 SA 单独控制，但只有在主轴电动机 M_1 启动后，才可启动运转。而照明开关则用于控制照明灯的点亮与熄灭。当按下停止按钮 SB1 时，两台电动机均停止运转。

不同机电设备的功能不同，其控制电路也不相同，因此控制电路的结构以及所选用的控制元件也会发生变化，正是通过对这些部件巧妙地连接和组合设计，使得机电设备控制电路实现各种各样的功能。

（2）常用机电设备控制电路的应用

机电设备的功能就是完成不同工件的加工，因此在工业生产中，机电设备控制电路是非常重要且使用率很高的实用电路。

机电设备控制电路的应用见图 6-2。随着技术的发展和人们生活水平的提升，机电设备所能实现的功能更多，生活中的许多产品都是通过机电设备加工而成的，而机电设备都是通过对控制电路进行控制，来完成工件的加工的。

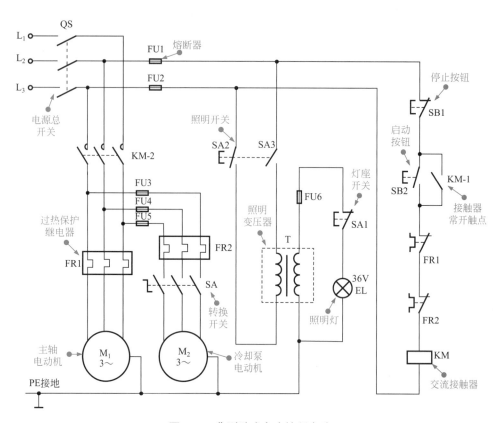

图 6-1 典型卧式车床控制电路

图 6-2 机床控制部件

机电设备的应用环境见图 6-3。

图 6-3　机电设备的应用环境

6.1.2　常用机电设备控制电路的组成

　　机电设备控制电路主要是由电动机、电气控制部件和基本电子元件构成的。在学习识读机电设备控制电路之前，首先要了解机电设备控制电路的组成，明确机电设备控制电路中各主要控制部件以及电动机的电路对应关系。

　　了解机电设备控制电路的组成是识读机电设备控制电路的前提，只有熟悉机电设备控制电路中包含的元件及连接关系才能识读出电动机控制电路的功能及工作过程。

　　典型机电设备控制电路（M7120 型平面磨床控制电路）结构组成见图 6-4。

　　机电设备控制电路主要由供电电路、控制电路、保护电路和电动机组成，电动机供电电路是由总电源开关 QS 构成的；保护电路是由熔断器 FU1 ～ FU7、过热保护继电器 FR1 ～ FR3 构成；控制电路是由交流接触器 KM1 ～ KM6、按钮开关 SB1 ～ SB9 构成；电磁吸盘电路是由变压器 T_1、桥式整流堆 VD1 ～ VD4、欠压继电器 KV、电磁吸盘 YH 等构成；指示电路是由指示灯 HL1 ～ HL6、开关 SA 等构成。

　　机电设备控制电路各单元电路的关系示意图见图 6-5 所示。

　　在供电电路中通过电源总开关接通三相交流电源，为控制电路、电磁吸盘电路、指示电路提供所需的工作电压。

　　控制电路通过控制按钮接通与断开继电器的供电，使其触点动作，从而控制电动机、电磁吸盘电路、指示灯电路工作。

　　保护电路中熔断器用于实现对整个电路的保护，当电路中出现短路或过流等故障时，熔断器就会自动熔断，断开机床的电源，起到保护的作用。

　　电磁吸盘电路用于对加工工件进行吸合与释放，当对加工工件进行加工操作时，应先启动电磁吸盘电路吸合加工工件，当加工完成后，再对加工工件进行释放。而电流 / 电压继电器则用于检测该电路输出的电流、电压是否正常。

　　指示灯电路通过不同继电器的控制，指示机电设备当前的工作状态及为机电设备提供照明。

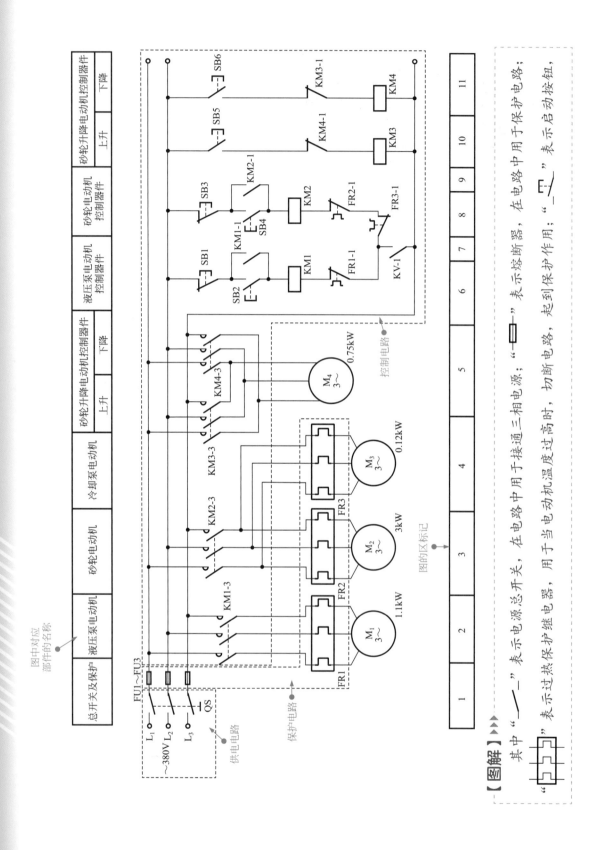

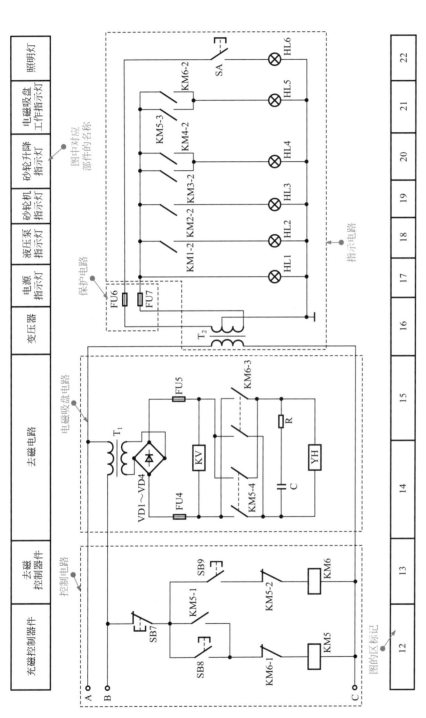

图 6-4 典型机电设备控制电路（M7120 型平面磨床控制电路）结构组成

用于控制电动机或电磁吸盘启动工作；"⊥" 表示停止按钮，用于控制电动机或电磁吸盘停止工作；"□" 表示交流接触器，通过线圈的得电，触点动作，接通相关设备的电源；"KV" 表示电压继电器，用于检测电压是否可靠，若直流电压不正常，常开触点 KV-1 不能动作；"YH" 表示电磁吸盘，当线圈通电时，可吸牢加工件；"⊗" 表示指示灯，用于指示机床当前的工作状态。

为了便于理解，可以将机电设备控制电路以各单元电路的关系的形式体现。

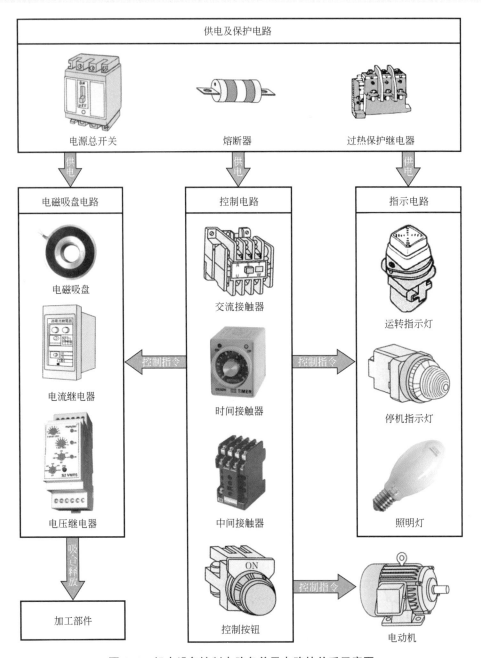

图 6-5　机电设备控制电路各单元电路的关系示意图

6.2.1　常用机电设备控制电路中的主要元器件

在前面的章节中，我们大体了解机电设备控制电路的基本组成。接下来，我们会从机电设备控制电路中的各主要组成元件、电气部件和电动机入手，掌握这些电路组成部件的种类和功能特点，为识读机电设备控制电路打好基础。

机电设备控制电路实际上是电动机的驱动及控制电路，因此电路的构成就是将不同电动机的控制电路组合在一起对机电设备中的机械部件进行控制，从而实现对工件的加工。对于电动机控制电路中的主要元器件，这里不再赘述，可见"5.2 电动机控制电路的识读方法"中的详细叙述。下面只对机电控制电路中比较重要的元器件进行介绍，以便读懂机电设备的控制电路。

（1）操作面板

典型机电设备的操作面板见图6-6。

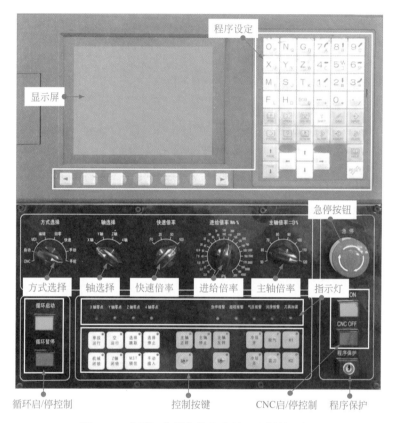

图6-6　典型机电设备的程序输入和操控面板

机电设备控制电路与电动机控制电路不同的是机电设备控制电路的大部分控制器件都集成到控制面板上，通过操作控制面板上的按键，对机电设备进行控制。

【提示】▶▶▶

"CNC"含义：计算机数字控制机床，全称"Computer Numerical Control"，它是一种由程序控制的自动化机床。

（2）电磁吸盘

电磁吸盘实物外形见图6-7。

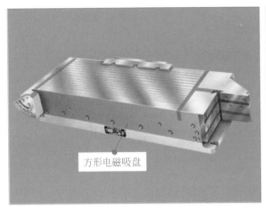

方形电磁吸盘

圆形电磁吸盘

图6-7 电磁吸盘实物外形

电磁吸盘就是一个电磁铁，其线圈通电后产生电磁吸力，吸引铁磁材料的工件进行加工，当加工完成后，线圈断电，释放铁磁材料的工件。

6.2.2 常用机电设备控制电路的识读

机电设备控制电路的结构多样，电子元件、控制部件和功能器件连接组合方式的不同，使得电路的功能也千差万别。

因此，在对机电设备控制电路进行识读时，通常先要了解机电设备控制电路的结构特点，掌握机电设备控制电路中的主要组成部件，并根据这些主要组成部件的功能特点和连接关系，对整个机电设备控制电路进行单元电路的划分。

然后，进一步从控制部件入手，对机电设备控制电路的工作流程进行细致的解析，搞清机电设备控制电路的工作过程和控制细节，完成机电设备控制电路的识读过程。

（1）机电设备控制电路结构特点的识读

机电设备控制电路结构特点的识读见图6-8。

该电路的控制部件主要有停止按钮 SB1/SB2、启动按钮 SB3/SB4、交流接触器 KM1/KM2/KM3；电源部件主要有电源总开关 QS、电源变压器 T；保护器件主要有熔断器 FU1 ～ FU9、过热保护继电器 FR1/FR2；指示电路主要有指示灯 HL1/HL2/HL3、开关 SA 等构成。

（2）根据主要组成部件的功能特点和连接关系划分单元电路

识读机电设备控制电路的电路结构见图6-9。

在机电设备控制电路中，首先根据电路符号和文字标识找到主要组成部件，并根据主要组成部件的功能特点和连接关系划分单元电路，该电路可划分为供电电路、保护电路、控制电路和指示电路。其中供电电路用于为电动机提供工作电压；保护电路是当电路及电动机出现过流、过载、过热时，自动切断电源，起到保护电路和电动机的作用；控制电路则用于控制电动机的启动与停机；指示电路用于指示机电设备当前的工作状态。

（3）从控制部件入手，理清电动机控制电路的工作过程

机电设备控制电路的流程分析见图6-10、图6-11。

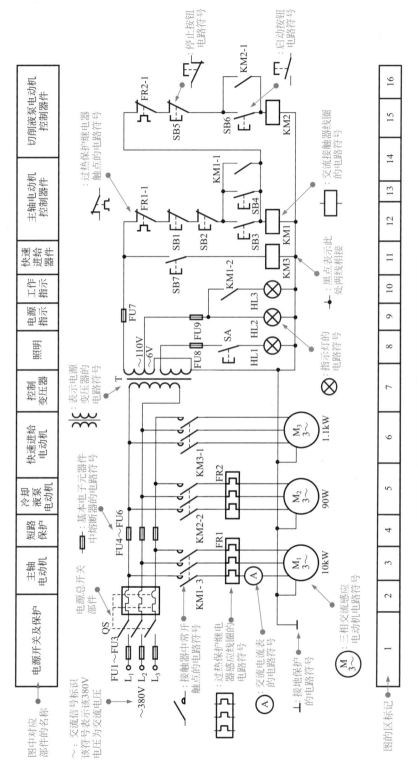

图 6-8 识读车床控制电路及各个符号表示的含义

典型车床控制电路

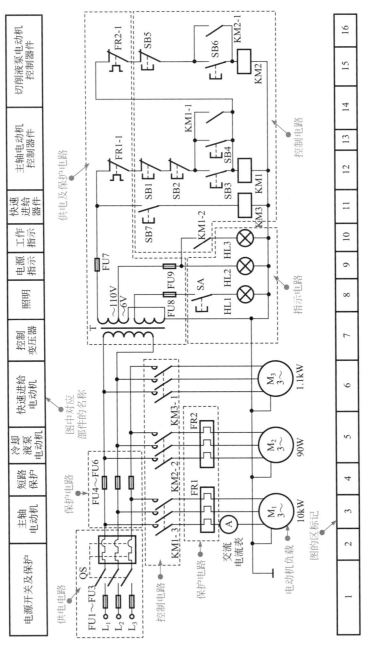

图6-9 识读机电设备控制电路的电路结构

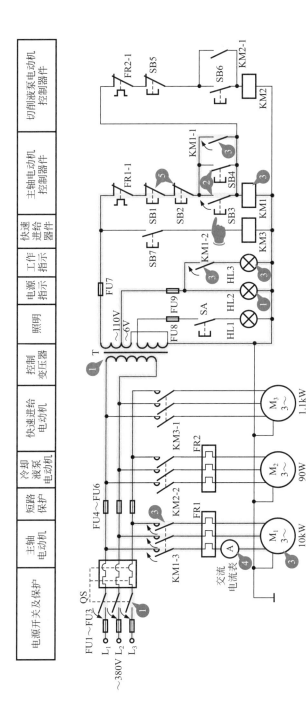

图 6-10　主轴电动机 M₁ 的控制过程

1	2	3	4	5	6	7	8	9	10	11	12	13	14	15	16

【图解】▶▶▶

① 合上电源总开关 QS（2 区），交流 380V 电压经变压器 T（7 区）降压后，输出交流 110V 电压，电源指示灯 HL2（9 区）点亮。

② 按下启动按钮 SB3（12 区）或 SB4（13 区）。

③ 接触器 KM1（12 区）线圈得电，常开触点 KM1-1（14 区）接通，实现自锁功能；KM1-2（10 区）接通，指示灯 HL3（10 区）点亮，指示主轴工作状态；KM1-3（3 区）接通，主轴电动机 M₁（3 区）接通三相交流电源启动运转。

④ 同时交流电流表 A（3 区）监测主轴电动机 M₁ 工作时的负载。

⑤ 当需要主轴电动机 M₁ 停止时，按下停止按钮 SB1 或 SB2（12 区），接触器 KM1 线圈失电，触点复位，电动机停止运转。

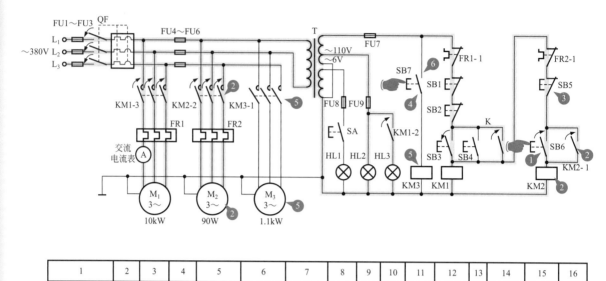

图 6-11　冷却液泵电动机 M₂ 的控制过程

【图解】▶▶▶

　　① 主轴电动机 M₁ 启动完成后，按下启动按钮 SB6（15 区）。

　　② 接触器 KM2（15 区）线圈得电，常开触点 KM2-1（16 区）接通，实现自锁功能；KM2-2（5 区）接通，冷却液泵电动机 M₂ 接通三相交流电源启动运转。

　　③ 当需要切削泵电动机 M₂ 停机时，按下停止按钮 SB5（15 区），接触器 KM2 线圈失电，触点复位，电动机停止运转。

　　启动切削泵电动机 M₂（5 区）前，需先启动主轴电动机 M₁，才能接通切削泵电动机 M₂ 的供电电源，当主轴电动机 M₁ 停机时，切削泵电动机 M₂ 也随即停机。

　　④ 快速进给电动机 M₃（6 区）是通过点动进行控制的。当需要启动时，按下启动按钮 SB7（11 区）。

　　⑤ 接触器 KM3（11 区）线圈得电，常开触点 KM3-1（6 区）接通，快速进给电动机 M₃ 启动运转。

　　⑥ 当需要快速进给电动机 M₃ 停机时，松开启动按钮 SB7，接触器 KM3 线圈断电，触点复位，电动机停止运转。

　　通过识读车床控制电路的流程，可知该车床共配置了 3 台电动机，分别通过交流接触器进行控制。了解了车床的控制过程后，可方便维修人员判断故障部位，对于机床日常的维护与检修有很大的帮助。

【提示】▶▶▶

　　当电动机温度过高时，过热保护继电器（FR1 或 FR2）就会动作，使接在交流接触器供电电路中的常闭触点（FR1-1 或 FR2-1）断开，交流接触器（KM1 或 KM2）失电，电动机（M₁ 或 M₂）停止运转。

6.3 常用机电设备控制电路的识读案例

6.3.1 车床控制电路的识读

典型车床控制电路中液压泵电动机 M_3 的控制过程见图 6-12。

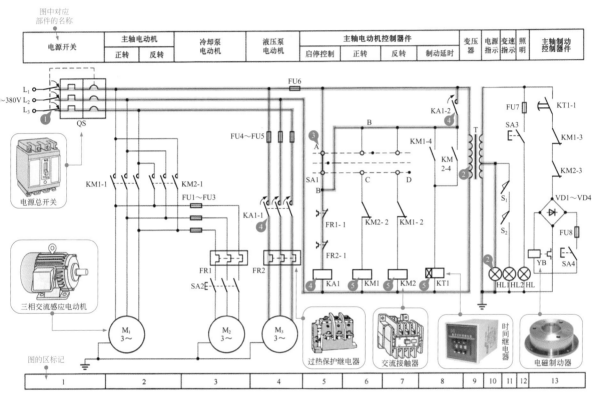

图6-12　液压泵电动机 M_3 的控制过程

【图解】▶▶▶

①合上电源总开关 QS（1 区），接通三相电源。

②三相交流电压经变压器 T（9 区）降压后，为电源指示灯 HL1（10 区）供电，指示灯 HL1 点亮。

③将转换开关 SA1（5～7 区）拨至中间位置，触点 A、B（5 区）接通。

④中间继电器 KA1（5 区）线圈得电，常开触点 KA1-1（4 区）接通，液压泵电动机 M_3 接通交流 380V 电源启动运转；常开触点 KA1-2（8 区）也接通。

⑤ KA1-2（8 区）接通后如操作正转开关，则接触器 KM1（6 区）得电，如操作反转开关，则 KM2（7 区）得电，KM1、KM2 任意一个接触器得电都会使时间继电器 KT1（8 区）线圈得电。

主轴电动机 M_1 的正向启动及冷却泵电动机 M_2 的控制过程见图6-13。

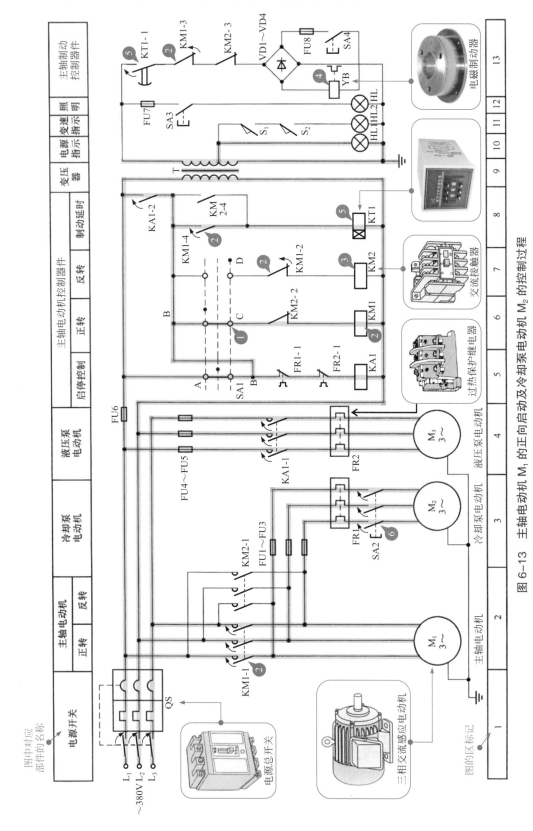

图6-13 主轴电动机 M_1 的正向启动及冷却泵电动机 M_2 的控制过程

【图解】▶▶▶

①将转接开关 SA1（5～7 区）拨至向上位置，触点 B、C（6 区）接通。

②接触器 KM1（6 区）线圈得电，常开触点 KM1-1（2 区）接通，主轴电动机 M₁ 正向启动运转；常闭触点 KM1-2（7 区）、KM1-3（13 区）断开，常开触点 KM1-4（8 区）接通。

③常闭触点 KM1-2（7 区）断开，防止接触器 KM2（7 区）线圈得电，起联锁保护作用。

④常闭触点 KM1-3（13 区）断开，断开电磁制动器 YB（13 区）的供电。

⑤常开触点 KM1-4（8 区）接通，时间继电器 KT1（8 区）线圈得电，延时常开触点 KT1-1（13 区）接通，为电磁制动器 YB（13 区）的供电做好准备。

⑥当需要启动冷却泵电动机 M₂（3 区）供给冷却液时，应先将主轴电动机 M₁ 启动运转，然后操作转换开关 SA2（3 区），冷却泵电动机 M₂ 接通三相交流电源启动运转。

主轴电动机 M_1 的反向启动及变速控制过程见图6-14。

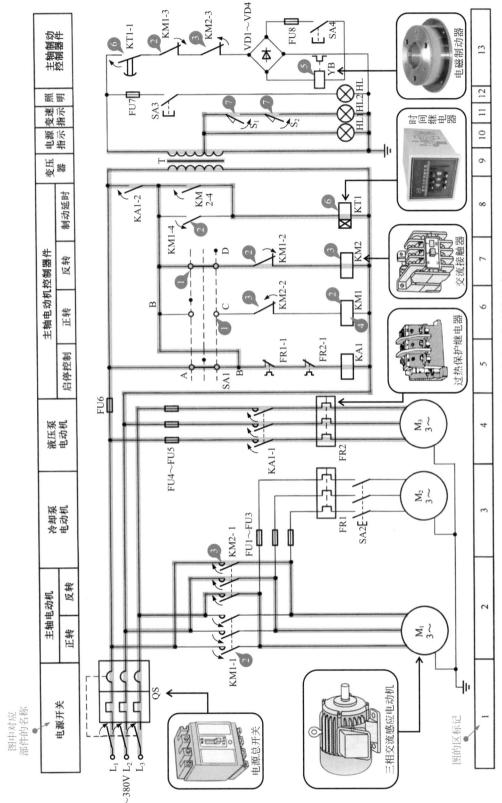

图6—14 主轴电动机 M_1 的反向启动及变速控制过程

【图解】▶▶▶

① 将转转换开关 SA1（5～7 区）拨至向下位置，触点 B、C（6 区）断开，B、D（7 区）接通。

② 触点 B、C（6 区）断开，接触器 KM1（6 区）线圈失电，触点复位，主轴电动机 M₁ 正向运转停止。

③ 触点 B、D(7 区）接通，接触器 KM2(7 区）线圈得电，常开触点 KM2-1(2 区）接通，主轴电动机 M₁ 反向启动运转；常闭触点 KM2-2（6 区）、KM2-3（13 区）断开；常开触点 KM2-4（8 区）接通。

④ 常闭触点 KM2-2（6 区）断开，防止接触器 KM1 线圈得电，起联锁保护作用。

⑤ 常闭触点 KM2-3（13 区）断开，断开电磁制动器 YB 的供电。

⑥ 常开触点 KM2-4（8 区）接通，时间继电器 KT1 线圈得电，延时常开触点 KT1-1 接通，为电磁制动器 YB 的供电做好准备。

⑦ 主轴变速是通过液压机构操纵两组拨叉实现的。当需要变速时，转动变速手柄，液压变速阀推手柄，液压变速阀合，指示变速工作状态完成。组拨叉又全部移动到相应位置进行定位，同时微动开关 S₁、S₂（11 区）被压合，指示灯 HL2（11 区）点亮，指示变速工作状态完成。

【提示】▶▶▶

若转动变速手柄后，指示灯 HL2 未点亮，则说明滑动齿轮未啮合好。此时，需再次将位置开关 SA1 拨至向上或向下的位置，电动机正转或反转，使主轴转动一点，使齿轮啮合正常。

主轴电动机 M₁ 的停机控制过程见图 6-15。

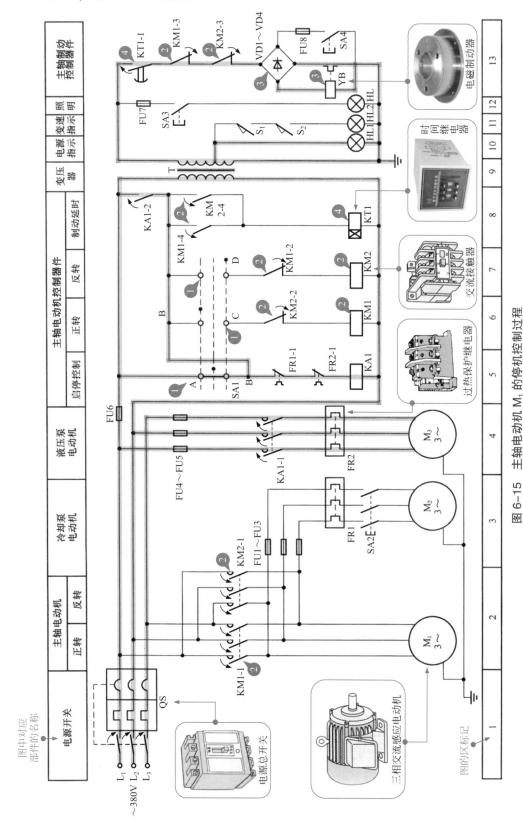

图 6-15 主轴电动机 M₁ 的停机控制过程

【图解】▶▶▶

① 当主轴电动机 M_1 需要停机时，将位置开关 SA1 拨回中间位置，A、B 点接通，B、C 点断开，B、D 点也断开。

② 接触器 KM1、KM2 线圈均断电，主轴电动机 M_1 做惯性运转。

③ 同时接通电磁制动器 YB 的供电（时间继电器 KT1 也失电，但延时常开触点 KT1-1 仍处于接通状态），交流电压经桥式整流堆整流 VD1～VD4（13 区）整流后，电磁制动器 YB 得电，对主轴电动机 M_1 进行制动。

④ 当时间继电器 KT1 延时常开触点 KT1-1 经延时断开后，电磁制动器 YB 失电，电动机停止运转。

经电路分析，该车床共配置了 3 台电动机，分别通过交流接触器、中间继电器和时间继电器等进行控制。主轴电动机 M_1（2 区）具有正、反转运行功能，当液压泵电动机 M_3（4 区）启动后，方可启动该电动机。而冷却泵电动机 M_2 应在主轴电动机 M_1 启动后才可启动。该车床用于车削精密零件，加工公制、英制、模数、径节螺纹等。

铣头电动机 M_2 的低速正转控制过程见图 6-16。

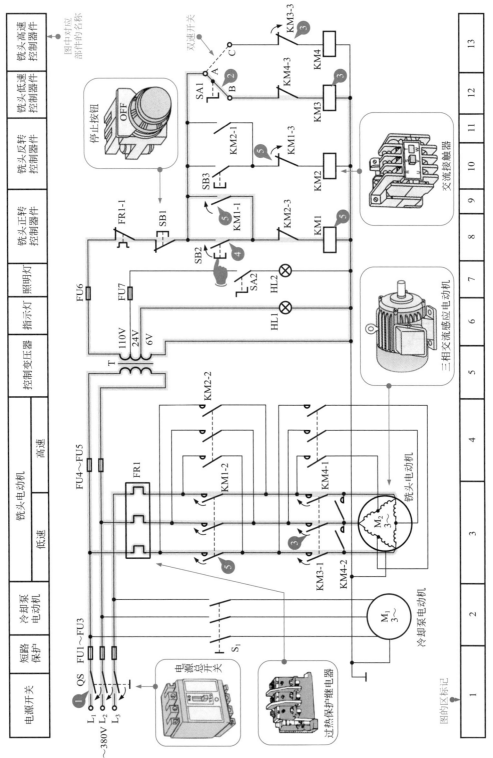

图 6-16　铣头电动机 M_2 的低速正转控制过程

【图解】▶▶▶

① 铣头电动机 M_2（3 区）用于对加工工件进行铣削加工，当需要启动机床进行加工时，需先合上电源总开关 QS（1 区），接通总电源。

② 将双速开关 SA1（12、13 区）拨至低速运转位置，A、B（12 区）点接通。

③ 接触器 KM3（12 区）线圈得电，常开触点 KM3-1（3 区）接通，为铣头电动机 M_2 低速运转做好准备；常闭触点 KM3-3（13 区）断开，防止接触器 KM4（13 区）线圈得电，起联锁保护作用。

④ 按下正转启动按钮 SB2（8 区）。

⑤ 接触器 KM1（8 区）线圈得电，常开触点 KM1-1（9 区）接通，实现自锁功能；KM1-2（3 区）接通，铣头电动机 M_2 绕组呈△形低速运转启动运转；常闭触点 KM1-3（10 区）断开，防止接触器 KM2（10 区）线圈得电，实现联锁功能。

铣头电动机 M_2 的低速反转控制过程见图 6-17。

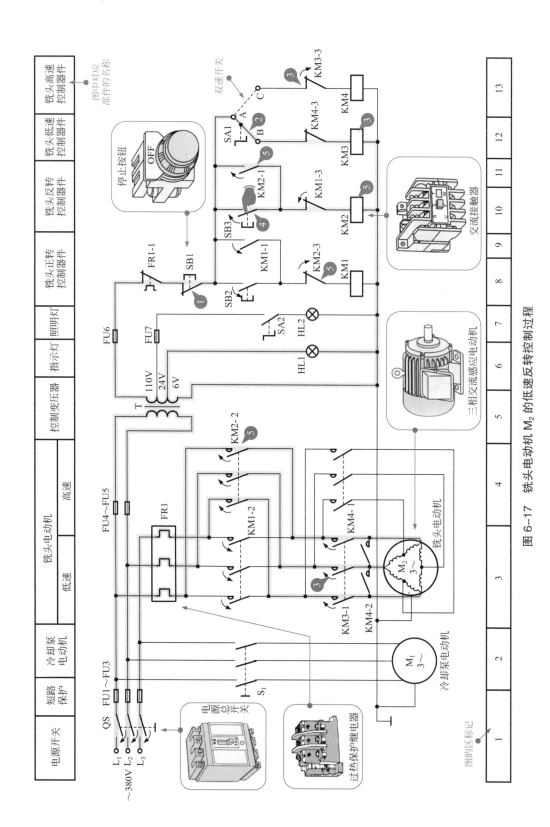

图 6-17 铣头电动机 M_2 的低速反转控制过程

【图解】▶▶▶

① 当铣头电动机 M₂ 需要低速反转加工工件时，若电动机正处于低速正转时，需先按下停止按钮 SB1（8 区），断开正转运行。

② 松开 SB1 后，双速开关 SA1 的 A、B（12 区）点接通。

③ 接触器 KM3（12 区）线圈得电，触点动作，为铣头电动机 M₂ 低速运转做好准备。

④ 按下反转启动按钮 SB3（10 区）。

⑤ 接触器 KM2（10 区）线圈得电，常开触点 KM2-1（11 区）接通，实现自锁功能；KM2-2（4 区）接通，铣头电动机 M₂ 绕组呈△形低速反向启动运转；常闭触点 KM2-3（8 区）断开，防止接触器 KM1（8 区）线圈得电，实现联锁功能。

铣头电动机 M_2 的高速正转控制过程见图 6-18。

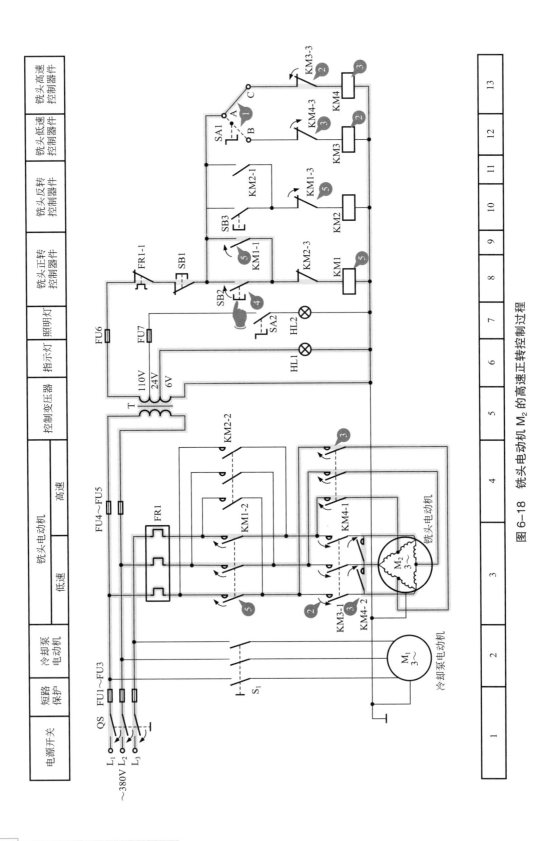

图 6-18 铣头电动机 M_2 的高速正转控制过程

【图解】▶▶▶

① 当铣头电动机 M_2 需要高速正转加工工件时，将双速开关 SA1（12、13 区）拨至高速转位置，A、C（13 区）点接通，A、B 点断开。

② 接触器 KM3 线圈失电，触点复位，电动机低速运转停止。

③ 接触器 KM4（13 区）线圈得电，常开触点 KM4-1（4 区）、KM4-2（3 区）接通，为铣头电动机 M_2 高速运转做好准备；常闭触点 KM4-3（12 区）断开，防止接触器 KM3 线圈得电，起联锁保护作用。

④ 此时按下正转启动按钮 SB2（8 区）。

⑤ 接触器 KM1 线圈得电，常开触点 KM1-1（9 区）接通，实现自锁功能；KM1-2（3 区）接通，铣头电动机 M_2 绕组呈 YY 形高速正向启动运转；常闭触点 KM1-3（10 区）断开，防止接触器 KM2（10 区）线圈得电，实现联锁功能。

铣头电动机 M₂ 的高速反转控制及冷却泵电动机 M₁ 的控制过程见图 6-19。

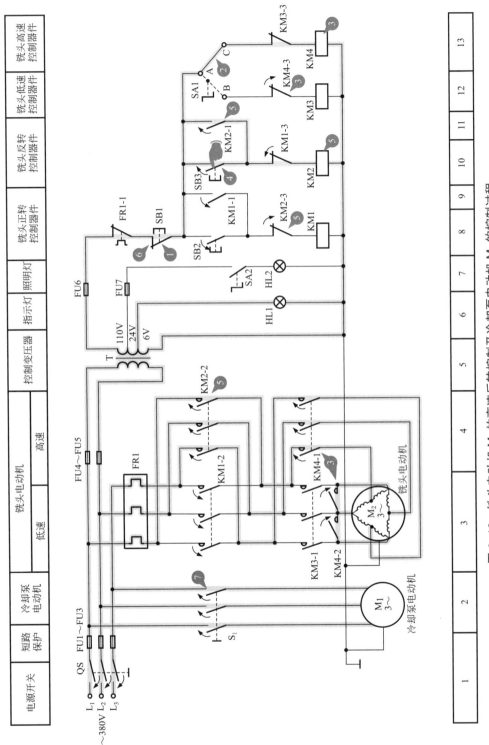

图 6-19　铣头电动机 M₂ 的高速反转控制及冷却泵电动机 M₁ 的控制过程

【图解】▶▶▶

① 当铣头电动机 M_2 需要高速反转加工工件时，若电动机正处于高速正转时，需先按下停止按钮 SB1(8 区)，接触器 KM1 线圈断电，触点复位，断开正转运行。

② 松开 SB1 后，双速开关 SA1 的 A、C (13 区) 点接通。

③ 接触器 KM4 (12 区) 线圈得电，触点动作，为铣头电动机 M_2 高速运转做好准备。

④ 按下反转启动按钮 SB3 (10 区)。

⑤ 接触器 KM2 (10 区) 线圈得电，常开触点 KM2-1 (11 区) 接通，实现自锁功能；KM2-2 (4 区) 接通，铣头电动机 M_2 绕组呈 YY 形高速反向启动运行，接触器 KM1(8 区) 线圈得电，防止接触器 KM2-3(8 区) 断开，实现联锁功能。

⑥ 当铣削加工完成后，按下停止按钮 SB1 (8 区)，无论电动机处于任何方向或速度运转，接触器 KM1(8 区) 线圈均失电，铣头电动机 M_2 停止运转。

⑦ 冷却泵电动机 M_1 (2 区) 通过转换开关 S_1 (2 区) 直接进行启停的控制，在机床工作过程中，当需要为铣床提供冷却液时，可合上转换开关 S_1，冷却泵电动机 M_1 接通供电电压，电动机 M_1 启动运转。若机床工作过程中不需要开启冷却泵电动机时，将转换开关 S_1 断开，切断供电电源，冷却泵电动机 M_1 停止运转。

经过电路分析，该万能铣床控制电路共配置了 2 台电动机，分别为冷却泵电动机 M_1 和铣头电动机 M_2。其中铣头电动机 M_2 采用调速和正反转控制，可根据加工工作对其运转方向及旋转速度进行设置，冷却泵电动机则根据需要开关直接进行控制。

6.3.3 钻床控制电路的识读

主轴电动机 M_1 的正转控制过程见图 6-20。

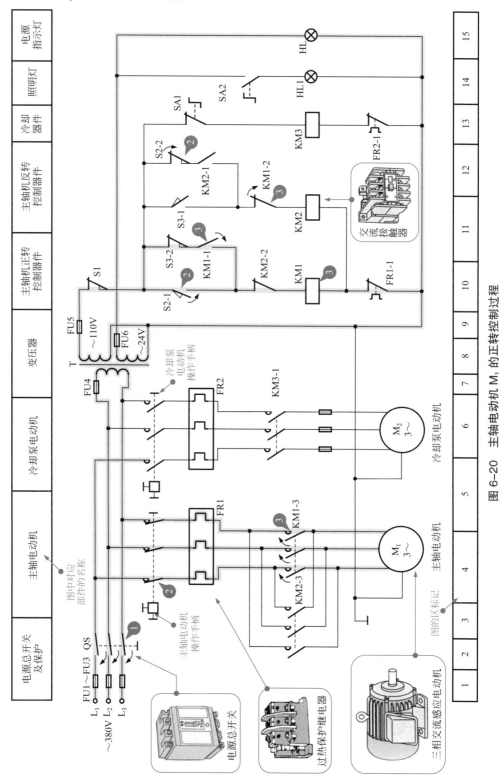

图 6-20 主轴电动机 M_1 的正转控制过程

【图解】▸▸▸

① 合上电源总开关 QS，接通三相电源。

② 将操作手柄扳至正转位置，行程开关 S2(10、12 区）被压合，常开触点 S2-1(10 区）接通，常闭触点 S2-2（12 区）断开，起联锁保护作用。

③ 接触器 KM1(10 区）线圈得电，常开触点 KM1-1(11 区）接通，实现自锁功能；常闭触点 KM1-2(11 区）断开，防止反转接触器 KM2（11 区）线圈得电，起联锁保护作用；常开触点 KM1-3（4 区）接通，主轴电动机 M₁ 接通电源正向启动运转。

主轴电动机 M₁ 的反转控制及冷却泵电动机 M₂ 的控制过程见图 6-21。

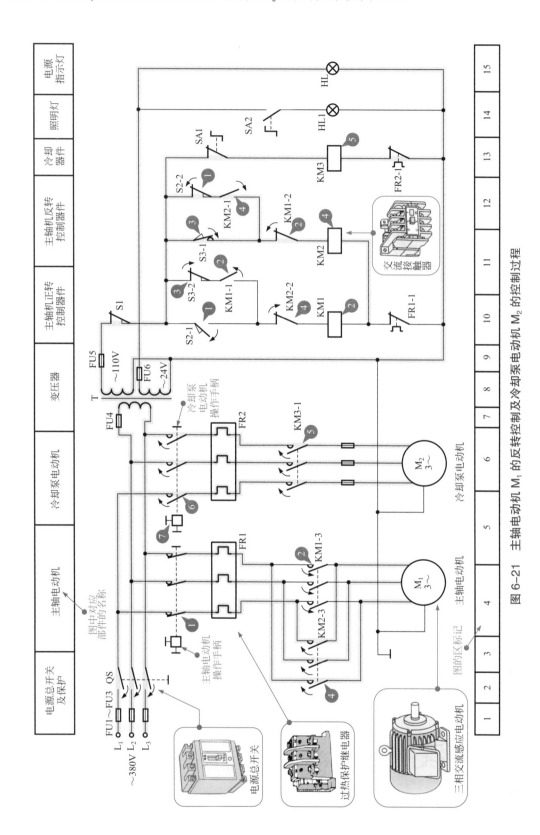

图 6-21　主轴电动机 M₁ 的反转控制及冷却泵电动机 M₂ 的控制过程

【图解】▶▶▶

① 当电动机需要反转运行时，将操作手柄扳至反转位置，释放行程开关 S2（10、12 区），触点复位。

② 接触器 KM1 线圈失电，触点复位，主轴电动机 M₁ 停止正向运转。

③ 同时压合行程开关 S3（11 区），常开触点 S3-1（11 区）接通，常闭触点 S3-2（11 区）断开，起联锁保护作用。

④ 接触器 KM2（11 区）线圈得电，常开触点 KM2-1（12 区）接通，常开触点 KM2-2（10 区）断开，实现自锁功能；常闭触点 KM2-3（3 区）接通，主轴电动机 M₁ 接通电源，防止正转接触器 KM1（10 区）线圈得电，起联锁保护作用；常开触点 KM3-1（6 区）接通，为冷却泵的随时启动做好准备。

⑤ 主轴电动机 M₁ 运转过程中，接触器 KM3（13 区）线圈得电，常开触点 KM3-1（6 区）接通，为冷却泵电动机操作手柄拨至冷却位置，接通电源，冷却泵电动机 M₂（6 区）反向启动运转。

⑥ 当需为机床提供冷却液时，将冷却泵电动机操作手柄拨至冷却位置，接通电源，冷却泵电动机 M₂（6 区）启动运转。

⑦ 当需要冷却泵电动机停机时，再将冷却泵电动机操作手柄拨至停止位置，触点复位，接触器 KM3 线圈失电，冷却泵电动机 M₂ 停止运转。

主轴电动机 M₁ 的停机过程见图 6-22。

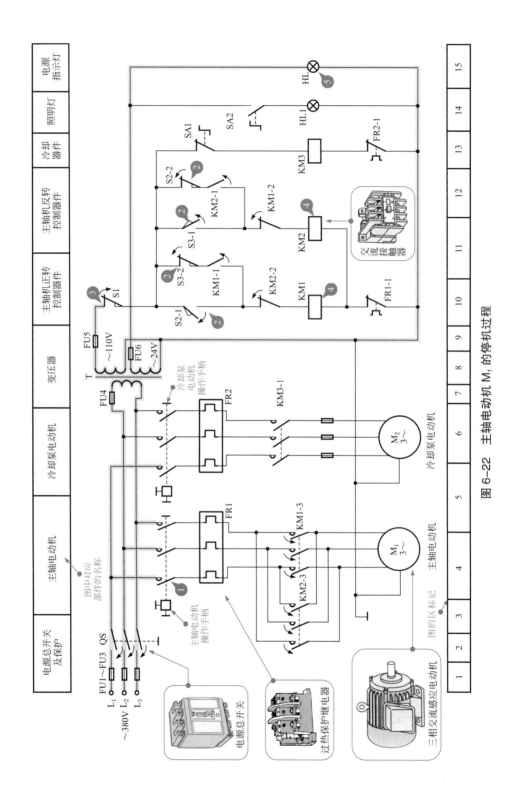

图 6-22　主轴电动机 M₁ 的停机过程

【图解】▶▶▶

① 当需要主轴电动机停止运转时,将操作手柄扳至停止位置。

② 无论电动机处于何种运行状态,行程开关 S2、S3 被释放。

③ S1(10 区)被压合。

④ 接触器 KM1、KM2 线圈失电,触点复位,主轴电动机 M₁ 停止运转。

⑤ 指示灯 HL 仍点亮,处于待机状态。

经过电路分析,该钻床控制电路共配置了两台电动机,分别为主轴电动机 M₁ 和冷却泵电动机 M₂。其中主轴电动机 M₁ 具有正反转运行功能,通过操作手柄控制控制继电器进行控制,而冷却泵电动机 M₂ 只有在机床需要冷却液时,才启动动工作,通过操作手柄直接进行控制。该钻床适用于对加工工件进行钻孔、扩孔、钻沉头孔、铰孔、镗孔等,若采用保险卡头,还可利用电动机的反转进行攻螺纹。

电磁吸盘 YH 的充磁控制过程见图 6-23。

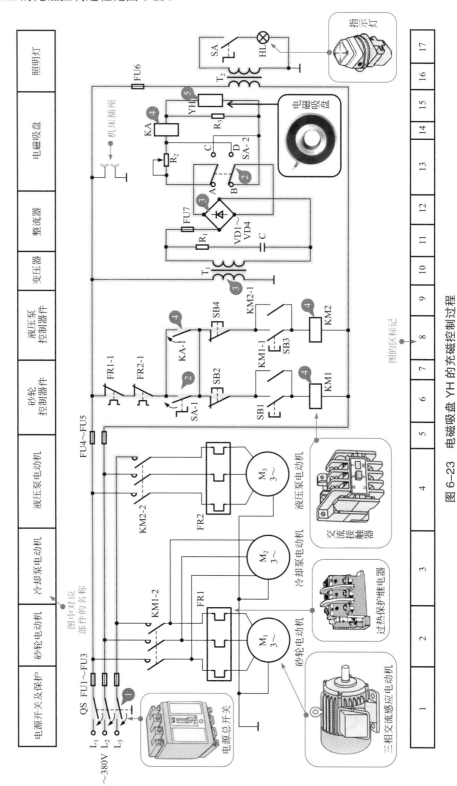

图 6-23 电磁吸盘 YH 的充磁控制过程

[图解] ▶▶▶

① 合上电源总开关 QS（1 区），接通三相电源。

② 将电磁吸盘转换开关 SA（6、13 区）拨至吸合位置，常开触点 SA-1（6 区）接通，SA-2（13 区）接通 A 点，B 点。

③ 交流电压经变压器 T₁（10 区）降压后，再经桥式整流堆 VD1～VD4（12 区）整流后输出 110V 直流电压。

④ 110V 直流电压加到欠电流继电器 KA（14 区）线圈的两端，常开触点 KA-1（8 区）接通，为接触器 KM1（6 区）、KM2（8 区）得电做好准备，即为砂轮电动机 M₁、冷却泵电动机 M₂ 和液压泵电动机 M₃ 的启动做好准备。

⑤ 经欠电流继电器 KA 检测正常后，110V 直流电压加到电磁吸盘 YH 的两端，将工件吸牢。

[提示] ▶▶▶

电磁吸盘 YH（15 区）是用于安装工件的一种夹具，其夹紧程度不可调整，但可同时吸牢若干个工件，具有工作效率高、加工精度高等特点。由于电磁吸盘只能用于加工铁磁性材料的工件，因此也称为电磁工作台。电动机启动工作前，需先启动电磁吸盘 YH 进行工作，将工件夹紧。

砂轮电动机 M_1、冷却泵电动机 M_2 和液压泵电动机 M_3 的控制过程见图6-24。

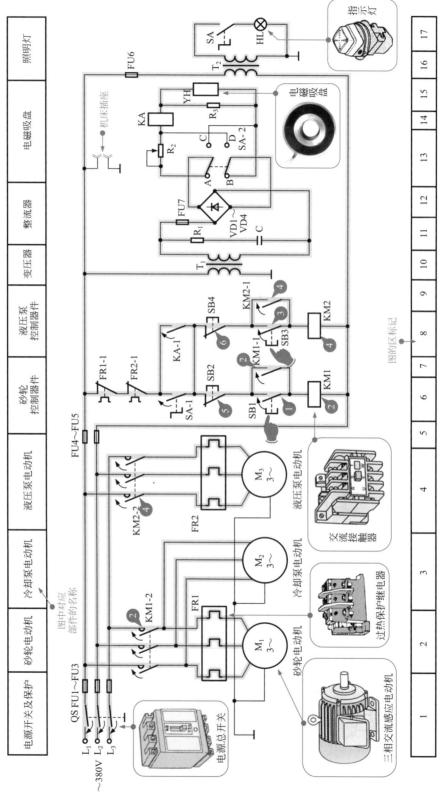

图6-24 砂轮电动机 M_1、冷却泵电动机 M_2 和液压泵电动机 M_3 的控制过程

① 当需要启动砂轮电动机 M_1（2 区）和冷却泵电动机 M_2（3 区）时，按下启动按钮 SB1（6 区）。

② 接触器 KM1（6 区）线圈得电，常开触点 KM1-1（7 区）接通，实现自锁功能；KM1-2（2 区）接通，砂轮电动机 M_1 和冷却泵电动机 M_2 同时启动运转。

③ 当需要启动液压泵电动机 M_3（4 区）时，按下启动按钮 SB3（8 区）。

④ 接触器 KM2（8 区）线圈得电，常开触点 KM2-1（9 区）接通，实现自锁功能；KM2-2（4 区）接通，液压泵电动机 M_3 接通三相电源，启动运转。

⑤ 当需要砂轮电动机 M_1 和冷却泵电动机 M_2 停止时，按下停止按钮 SB2(6 区)，接触器 KM1 线圈失电，触点复位，砂轮电动机 M_1 和冷却泵电动机 M_2 停止运转。

⑥ 当需要液压泵电动机 M_3 停机时，按下停止按钮 SB4（8 区），接触器 KM2 线圈失电，触点复位，液压泵电动机 M_3 停止运转。

⑦ 磨削完成后，需要释放工件，将电磁吸盘转接开关 SA 拨至放松位置，常开触点 SA-1、SA-2 断开。

⑧ 电磁吸盘 YH 线圈失电，但由于吸盘和工件都有剩磁，因此还需对电磁吸盘进行去磁操作。

⑨ 将 SA 拨至去磁位置，常开触点 SA-2 接通 C 点、D 点，电磁吸盘 YH 线圈接通一个反向去磁电流，进行去磁操作。

⑩ 当去磁操作需要停止时，再将电磁吸盘转接开关 SA 拨至放松位置，触点断开，电磁吸盘线圈 YH 失电，停止去磁。

图 6-24 中的电阻器 R_3 用于吸收电磁吸盘瞬间断电释放的电磁能量，防止线圈及其他元件损坏。而电阻器 R_1 和电容器 C 则用于吸收由变压器 T_1 输出的冲击电压或干扰脉冲。

经过电路分析，该平面磨床控制电路共配置了 3 台电动机，通过两个接触器进行控制，其中砂轮电动机 M_1（2 区）和冷却泵电动机 M_2（3 区）都是由接触器 KM1（6 区）进行控制，因此，两台电动机需同时启动工作，而液压泵电动机 M_3（4 区）则由接触器 KM2（8 区）单独进行控制。该磨床适用于磨削加工零件平面。

6.3.5　传输机控制电路的识读

图 6-25 是一种双层皮带式传输机控制电路。双层皮带转动方式是由上层传送带和下层传送带组成的，分别由各自的电动机为动力源，从料斗出来的料先经上层传送带传送后，送到下层传动带，再经下层传送带继续传送，这样可实现传送距离的延长。

为了防止在启动和停机过程中出现传送料在皮带上堆积情况，启动时，应先启动 M_1，再启动 M_2，而在停机时，需先停下 M_2，再使 M_1 停止。电路设有两个接触器 KM1、KM2，分别控制电动机 M_1、M_2 的启停。

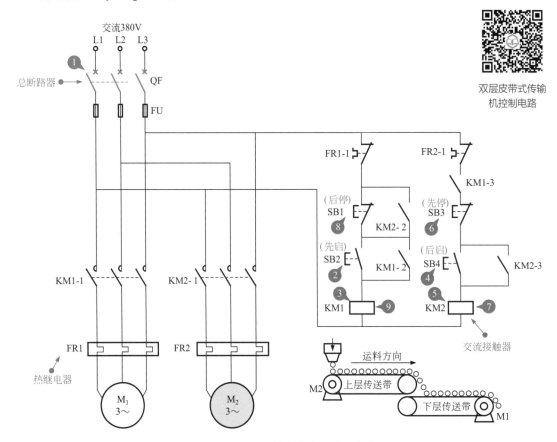

双层皮带式传输机控制电路

图 6-25　双层皮带式传输机控制电路

【图解】▶▶▶

① 闭合总断路器 QF，三相交流电源接入电路。

② 启动时，按下先启控制按钮 SB2，其触点闭合。

③ 交流接触器 KM1 的线圈得电，其相应触点动作。

常开主触点 KM1-1 闭合，接通电动机 M₁ 电源，电动机启动运转，下层传送带运转。

常开辅助触点 KM1-2 闭合实现自锁，维持 KM1 的供电。

常开辅助触点 KM1-3 闭合，为 KM2 得电做好准备。

④ 再操作后启控制按钮 SB4，其常开触点闭合。

⑤ 交流接触器 KM2 的线圈得电，其相应触点动作。

常开主触点 KM2-1 闭合，电动机 M₂ 启动，上层传送带启动。

常开辅助触点 KM2-2 闭合，防止误操作按下后停控制按钮 SB1，导致工序错误。

常开辅助触点 KM2-3 闭合实现自锁，维持 KM2 得电。传送带处于正常工作状态。

⑥ 当需要停止工作时，要先操作先停控制按钮 SB3，其常闭触点断开。

⑦ 交流接触器 KM2 的线圈失电，其相应触点全部复位。

常开主触点 KM2-1 复位断开，电动机 M₂ 停止，上层传送带停止运转。

常开辅助触点 KM2-2 复位断开。

常开辅助触点 KM2-3 复位断开，解除自锁。

⑧ 然后再操作后停控制按钮 SB1，其常闭触点断开。

⑨ 交流接触器 KM1 线圈立即断电，其所有触点复位。

常开主触点 KM1-1 复位断开，M₁ 停机，下层传送带也停止运行。

常开辅助触点 KM1-2 复位断开，解除自锁。

常开辅助触点 KM1-3 复位断开。

因此，4 个操作键必须标清楚，即先启、后启、先停、后停等字符。

第7章 ▶▶▶
PLC 及变频器控制电路识图

7.1 PLC 及变频器控制电路的特点及用途

7.1.1 PLC 及变频器控制电路的功能及应用

（1）PLC 控制电路的功能

传统的工业控制领域是以继电器（接触器）控制占主导地位，具有结构简单、价格低廉、容易操作等优点。但同时具有适应性差的缺点，也就是说一旦工艺发生变化，就必须重新设计电路，并改变硬件结构。而且整个控制系统的体积庞大、生产周期长、接线复杂、故障率高，可靠性及灵活性也比较差，只适用于工作模式固定，控制逻辑简单的场合。

为了避免上述控制系统中的不足，提高产品质量，增强竞争力，在控制系统中开发了先进的自动控制装置——PLC（可编程逻辑控制器）。

工业控制领域中继电器（接触器）控制和 PLC 控制系统的比较图见图 7-1。

PLC 是 Programmable Logic Controller 的英文缩写，其含义为可编程逻辑控制器，是一种数字运算操作的电子系统，专为在工业环境中应用而设计的。用于控制机械的生产过程，代替继电器实现逻辑控制。由此可知，PLC 的主要功能即实现自动化控制，简化控制系统，而且在改变控制方式和效果时不需要改动电气部件的物理连接线路，只需要重新编写 PLC 内部的程序即可。

例如，采用交流接触器进行控制的三相交流感应电动机控制电路见图 7-2。

如果需要改变电动机的启动和运行方式，就必须将控制电路中的接线重新连接，再根据需要进行设计、连接和测试，由此引起的操作过程繁杂、耗时。而对于 PLC 控制的系统来说，仅仅需要改变 PLC 中的应用程序即可。

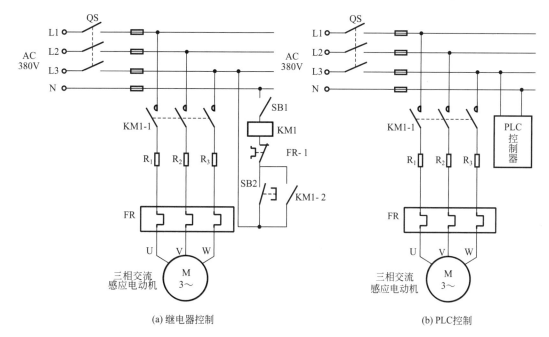

(a) 继电器控制 (b) PLC控制

图 7-1 生产型企业中采用不同控制方式的控制系统

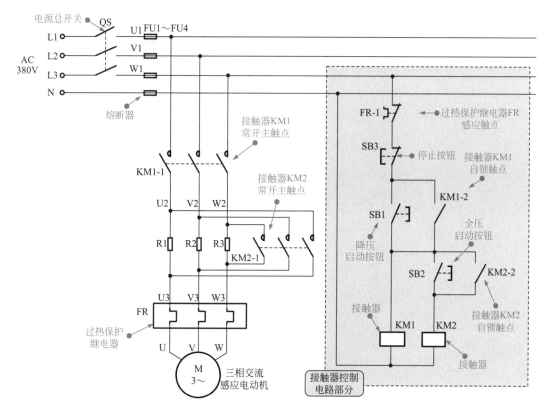

图 7-2 采用交流接触器控制的三相交流感应电动机控制电路（电阻器式降压启动）

图 7-2 中虚线部分即为控制电路部分，合上电源总开关，按下启动按钮 SB1，交流接触器 KM1 线圈得电，其常开触点 KM1-2 接通实现自锁功能；同时常开触点 KM1-1 接通，电源经串联电阻器 R_1、R_2、R_3 为电动机供电，电动机降压启动开始。

当电动机转速接近额定转速时，按下全压启动按钮 SB2，交流接触器 KM2 的线圈得电，常开触点 KM2-2 接通实现自锁功能；同时常开触点 KM2-1 接通，短接启动电阻器 R_1、R_2、R_3，电动机在全压状态下开始运行。

当需要电动机停止工作时，按下停机按钮 SB3，接触器 KM1、KM2 的线圈将同时失电断开，接着接触器的常开触点 KM1-1、KM2-1 同时断开，电动机停止运转。

例如，采用 PLC 进行控制的三相交流感应电动机控制系统见图 7-3。

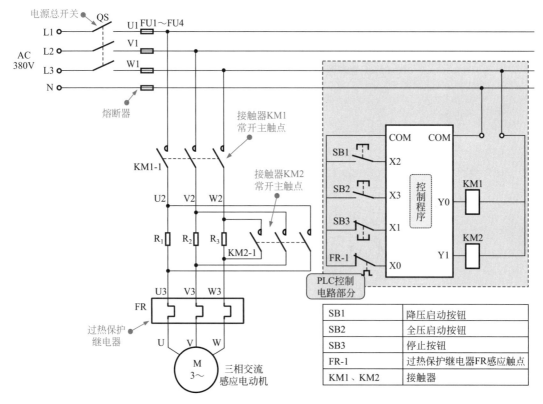

SB1	降压启动按钮
SB2	全压启动按钮
SB3	停止按钮
FR-1	过热保护继电器FR感应触点
KM1、KM2	接触器

图 7-3 采用 PLC 进行控制的三相交流感应电动机控制系统

在该电路中，若需要对电动机的控制方式进行调整，无需将电路中交流接触器、启动 / 停止开关以及接触器线圈等改变物理连接方式，只需要将 PLC 内部的控制程序重新编写，改变对其外部物理器件的控制和启动顺序即可。

根据不同的需求，PLC 控制电路的连接以及所选用的控制部件也会发生变化，正是通过对这些部件巧妙地连接和组合设计，使得 PLC 控制电路可以实现各种各样的功能。

（2）变频器控制电路的功能

在工业日益发展的今天，节能生产已经成为企业越来越关注的焦点，而在工业生产当中，最常见的就是电动机的驱动控制。采用变频控制技术可以实现对电动机的转速控制，变频器的开发为电动机的驱动控制提供了极大的便利。

传统的电动机驱动方式是恒频的，即 50Hz 供电电源直接驱动电动机，由于电源频率恒定，电动机的转速是不变的。如果需要满足变速的要求，就需要增加附加的减速或升速设备（变速齿轮箱等），这样会增加设备成本，还会增加能源消耗，其功能还受限制。而具有调速和软启动功能的变频器驱动电动机，可以实现宽范围的转速控制，大大降低了能耗，已经成为改造传统产业、改善工艺流程，提高生产自动化水平、产品质量，推动技术进步的重要手段，广泛应用于工业自动化的各个领域。

电动机传统驱动方式和变频器驱动方式的比较见图 7-4。

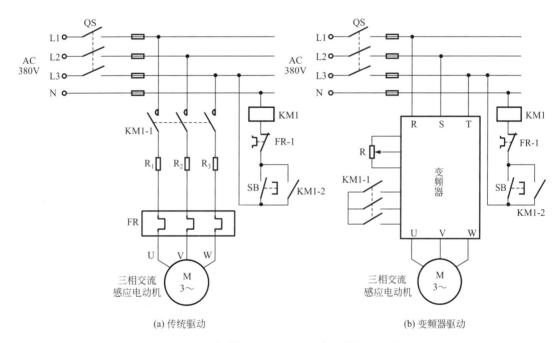

(a) 传统驱动   (b) 变频器驱动

图 7-4　电动机采用不同驱动方式的控制系统

变频器是采用改变驱动信号频率（含幅度）的方式控制电动机的转速，它通常包括逻辑控制电路、功率驱动电路，电流检测电路以及控制指令输入电路等部分。

变频器的作用是改变电动机驱动电流的频率和幅值，进而改变其旋转磁场的周期，达到平滑控制电动机转速的目的。变频器的出现，使得复杂的调速控制简单化，用"变频器 + 交流笼式感应电动机"的组合，替代了大部分原先只能用直流电动机完成的工作，缩小了体积，降低了故障发生的概率，使传动技术发展到新阶段。

例如，采用传统驱动的三相交流感应电动机控制电路见图 7-5。

采用时间继电器、交流接触器等主令器件构成的调速电路的结构比较复杂，而且局限性比较强，当需要改变调速时间等条件时，需要重新设定硬件参数，如遇到不合理的地方，则需要重新设定电路，并进行物理连接。如果采用变频驱动方式，不但简化电路结构，而且对于参数的设定、更改，只需对变频器进行人机交互操作即可完成。

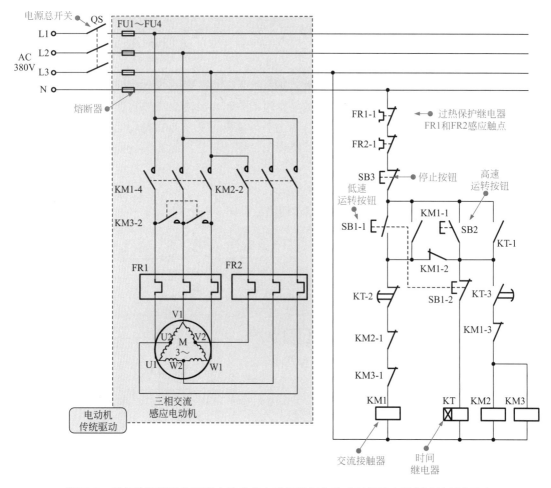

图 7-5　采用传统驱动的三相交流感应电动机控制电路（时间继电器调速控制电路）

【图解】 ▸▸▸

　　这是采用时间继电器对电动机进行调速控制的电路，主要由电源总开关 QS，熔断器 FU1～FU4，停机按钮 SB3，低速运转按钮 SB1，高速运转按钮 SB2，交流接触器 KM1、KM2、KM3，过热保护继电器 FR1、FR2，时间继电器 KT，三相交流感应电动机（双速电动机）等构成。

　　① 低速运转过程　合上电源总开关 QS，接通三相电源，按下低速运转按钮 SB1，常开触点 SB1-1 接通，交流接触器 KM1 线圈得电，常开触点 KM1-1 接通，实现自锁功能，常闭触点 KM1-2、KM1-3 断开，防止接触器 KM2、KM3 线圈及时间继电器 KT 得电，起联锁保护作用。常开触点 KM1-4 接通，电动机定子绕组成△形，电动机开始低速运转。按下低速运转按钮 SB1 的同时，常闭触点 SB1-2 断开，同样起到联锁保护作用。

　　② 高速运转过程　当电动机需要高速运转时，按下高速运转按钮 SB2，时间

继电器 KT 线圈得电，常开触点 KT-1 瞬间接通实现自锁功能。延时常闭触点 KT-2 首先断开，接触器 KM1 线圈失电，其常开、常闭触点均复位，电动机断电低速惯性运转。随后延时常开触点 KT-3 闭合，接触器 KM2、KM3 线圈得电，常闭触点 KM2-1、KM3-1 断开，防止接触器 KM1 线圈得电，起联锁保护作用。常开触点 KM2-2、KM3-2 接通，电动机定子绕组成 YY 形连接，电动机开始高速运转。

③ 停机过程　当电动机需要停机时，按下停止按钮 SB3，交流接触器线圈均断电，常开、常闭触点全部复位，电动机停止运转。

例如，采用变频器驱动的三相交流感应电动机控制系统（见图 7-6）。该图采用变频器替换时间继电器、接触器等部件构成的复杂电路，由变频器直接控制电动机的速度，减少了继电器、接触器的个数，简化了电路的连接。

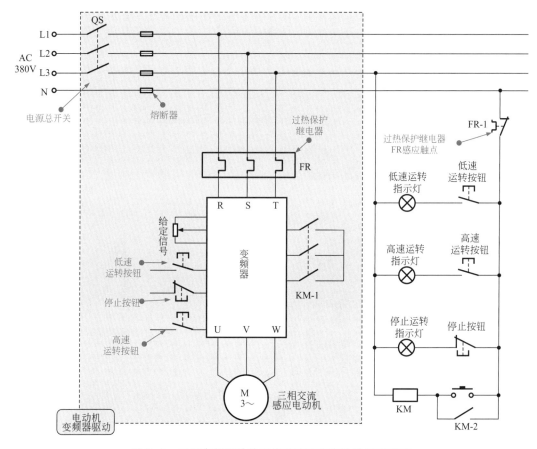

图 7-6　采用变频驱动的三相交流感应电动机控制系统

（3）PLC 及变频器控制电路的应用

PLC 和变频器最基本的功能就是实现对电动机的控制，因此在工业领域，PLC 和变频器广泛应用于自动化生产，实现多种多样的功能。

PLC 及变频器控制电路的应用见图 7-7。PLC 可实现控制电路自动化，而变频器用来改善工业电动机驱动方式。PLC 与变频器结合使用，可实现环保节能和自动化两者结合的工业生产。

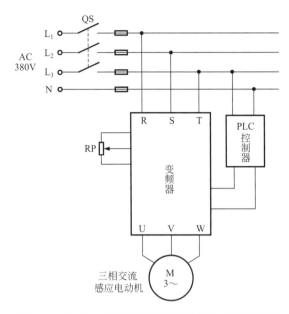

图 7-7　PLC 与变频器控制的三相交流感应电动机

【相关资料】▶▶▶

工业控制领域中继电器控制和 PLC 及变频器控制系统的比较见图 7-8。

(a) 继电器控制　　　　　　　　(b) PLC 及变频器控制

图 7-8　典型生产型企业中采用不同控制方式的控制系统

继电器控制与
PLC 控制

7.1.2 PLC 及变频器控制电路的组成

（1）PLC 控制电路的组成

PLC 的组成可分为硬件组成模块和软件组成模块两部分。

① PLC 的硬件组成模块　PLC 硬件组成部分见图 7-9。PLC 硬件系统主要是由输入部分、运算控制部分、输出部分等构成的。其中输入部分和输出部分实现了人机对话。

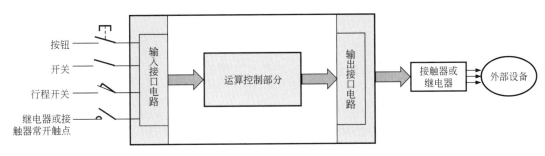

图 7-9　PLC 硬件组成部分

【提示】▶▶▶

① 输入部分：是将被控对象的各种控制信息及操作命令转换成 PLC 输入信号，然后送给运算控制部分。

② 运算控制部分：由 PLC 内部 CPU 按照用户设定的程序对输入信息进行处理，然后输送给输出部分，这个过程实现算术、逻辑运算等多种操作功能。

③ 输出部分：由 PLC 输出接口和外部被控负载构成，CPU 完成的运算结果由 PLC 输出接口提供给被控负载。

【相关资料】▶▶▶

PLC 的硬件系统是由 CPU 模块、存储器、编程接口、电源模块、基本 I/O 接口电路等五大部分组成的，如图 7-10 所示。

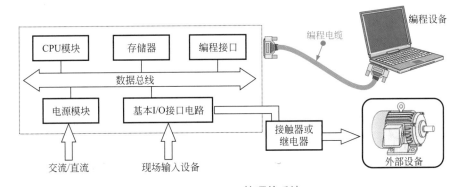

图 7-10　PLC 的硬件系统

【图解】▶▶▶

① CPU 模块：是 PLC 的核心，PLC 的主要功能和性能（如速度、规模）是由

　　② PLC 的软件系统　　PLC 软件系统和硬件电路共同构成 PLC 整体的系统。PLC 软件系统又可分为系统程序和用户程序两大类。

　　系统程序是由 PLC 制造厂商设计编写的，用户不能直接写入和更改，包括系统诊断程序、输入处理程序、编译程序、信息传送程序、监控程序等。

　　用户程序是用户根据控制要求，按系统程序允许的编程规则，用厂家提供的编程语言编写的程序。

（2）变频器控制电路的组成

　　变频器控制电路的组成见图 7-11。变频器控制电路根据变频的方式不同，可分为交—

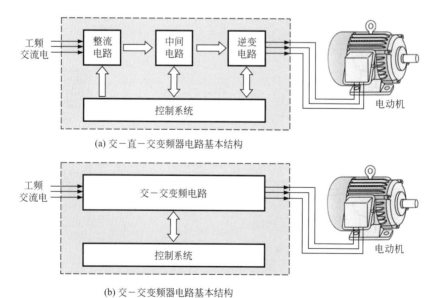

(a) 交－直－交变频器电路基本结构

(b) 交－交变频器电路基本结构

图 7-11　变频器控制电路的组成

直 - 交变频器和交 - 交变频器两种，由于交 - 交变频器只能输出频率较低的交流电，调速范围很窄，因此应用的范围并不如交 - 直 - 交变频器广。

7.2 PLC 及变频器控制电路的识读方法

PLC 及变频器控制电路主要应用在工业生产硬件设备的组装或是传统工业的改造，因此 PLC 及变频器控制电路在应用过程中，更多的是与各种控制器件、加工设备的连接。

PLC 及变频器控制电路实际上就是电动机的驱动及控制电路，因此电路的构成就是在传统电动机控制电路的基础上进行改进。

7.2.1 PLC 及变频器控制电路中的主要元器件

（1）PLC

PLC 是在继电器、接触器控制和计算机技术的基础上，逐渐发展起来的以微处理器为核心，集微电子技术、自动化技术、计算机技术、通信技术为一体，以工业自动化控制为目标的新型控制装置。

PLC 的实物外形、电路符号见图 7-12。

图 7-12　PLC 的实物外形、电路符号

（2）变频器

变频器的英文简称为 VFD 或 VVVF，采用改变驱动信号频率（含幅度）的方式控制电动机的转速，能实现对交流异步电动机的软启动、变频调速、提高运转精度、改变功率因数、过流 / 过压 / 过载保护等功能。

变频器的实物外形、电路符号见图 7-13。变频器控制对象是电动机，由于电动机的功率或应用场合不同，因而驱动控制用变频器的性能、尺寸、安装环境也会有很大的差别。

图 7-13　变频器的实物外形、电路符号

（3）电动机

PLC 及变频器控制电路中应用的电动机主要是三相异步电动机，也是工农业中应用最为广泛的一种电动机。

三相异步电动机的实物外形、电路符号见图 7-14。这种电动机结构比较简单，部件较少，且结实耐用，工作效率也高，适用于复杂的工作环境中，是一种价格低廉的电动机，也是目前应用较为广泛的电动机。

图 7-14　三相异步电动机实物外形、电路符号

（4）继电器和接触器

即便采用 PLC 或变频器控制电路取代了大多数继电器或接触器对电动机进行控制，但并不是说电路中就不会出现继电器或接触器，只是从控制方面减少了继电器或接触器的数量，而对于需要增加人工干预或是简单的操作电路，还是会使用继电器或接触器的。

（5）开关组件

即便是集成化很强的工业生产，仍然离不开开关组件实现人机交互功能，不论是点动式开关组件、连续式开关组件还是复合式开关组件都是必不可少的元器件。

值得注意的是，PLC 控制器连接的开关组件，应是常开式，如图 7-15 所示，不能使用常闭式，而变频器连接的开关组件则应根据电路功能需要进行安装。

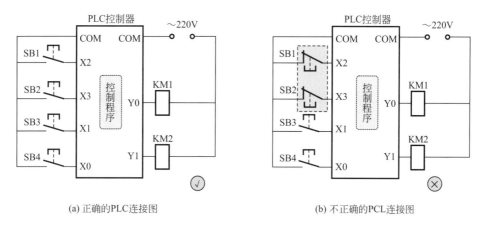

(a) 正确的PLC连接图   (b) 不正确的PCL连接图

图 7-15　PLC 控制器连接的开关组件

7.2.2　PLC 及变频器控制电路的识读

PLC 及变频器控制电路的结构多样，电子元件、控制部件和功能器件连接组合方式的不同，使得控制电路的功能也千差万别。因此在对 PLC 及变频器控制电路进行识读时，通常要了解电动机控制电路的结构特点，掌握 PLC 及变频器控制电路中主要组成部件，并根据这些主要组成部件的功能特点和连接关系，对整个 PLC 及变频器控制电路进行单元电路的划分。

然后，进一步从控制部件入手，对 PLC 及变频器控制电路的工作流程进行细致的解析，搞清 PLC 及变频器控制电路工作的过程和控制细节，完成 PLC 及变频器控制电路的识读过程。

（1）电动葫芦中的 PLC 控制电路识读

电动葫芦是起重运输机械的一种，主要用来提升或下降重物，并可以在水平方向平移重物。电动葫芦具有结构简单、操作方便等特点，但一般只有一个恒定的运行速度，大多应用于工矿企业的小型设备的安装、吊动和维修中。图 7-16 所示为电动葫芦在电镀流水线中的应用。

电动葫芦传统电气控制结构采用的是交流继电器、接触器的控制方式，这种控制方式人工干预的部分较多，存在可靠性低、线路维护困难等缺点，将直接影响企业的生产效率。因此，很多生产型企业采用 PLC 控制方式对其进行控制。

电动葫芦的 PLC 控制电路结构组成见图 7-17。

图 7-17 中，通过 PLC 的 I/O 接口与外部电气部件进行连接，提高了系统的可靠性，并能够有效地降低故障率，维护方便。当使用编程软件向 PLC 中写入控制程序，便可以实现外接电气部件及负载电动机等设备的自动控制了。想要改动控制方式时，只需要修改 PLC 中的控制程序即可，大大提高调试和改装效率。电动葫芦的 PLC 控制梯形图如图 7-18。

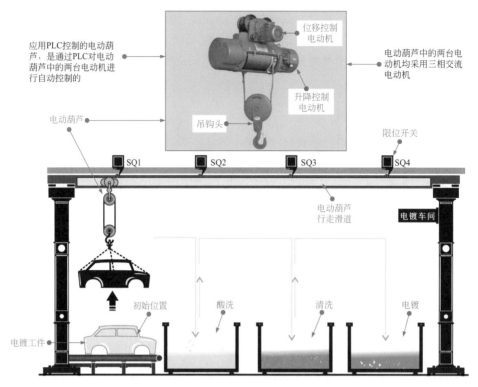

应用PLC控制的电动葫芦，是通过PLC对电动葫芦中的两台电动机进行自动控制的

电动葫芦中的两台电动机均采用三相交流电动机

位移控制电动机

升降控制电动机

吊钩头

电动葫芦

限位开关

SQ1　SQ2　SQ3　SQ4

电动葫芦行走滑道

电镀车间

初始位置　　酸洗　　清洗　　电镀

电镀工件

图 7-16　电动葫芦在电镀流水线中的应用

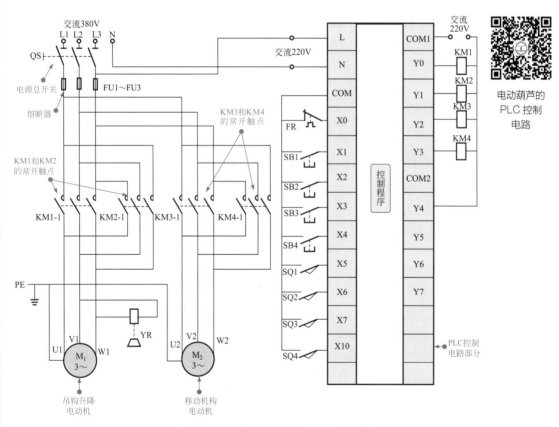

电动葫芦的PLC控制电路

图 7-17　电动葫芦的 PLC 控制电路结构组成

　　该电路的控制部件主要由电动葫芦、PLC 控制器、行程开关（SQ1 ~ SQ4）、继电器（KM1 ~ KM4）等构成。

　　起重部件电动葫芦有两个电动机，电动机 M1 为吊钩升降电动机，用来在上下位置上提升工件，电动机 M_2 为移位机构电动机，用来在水平位置上移动工件。

　　控制部件由 PLC 控制器、继电器（KM1 ~ KM4）等构成，用来控制电动葫芦的运行。

　　保护部件由行程开关（SQ1 ~ SQ4）构成，主要用来进行上、下限和前、后限的保护，使工件不超过行程。

　　该控制电路中的 PLC 控制器采用三菱 FX_{2N} 系列 PLC，其 I/O 分配见表 7-1。

表 7-1　电动葫芦 I/O 分配表

输入信号及地址编号			输出信号及地址编号		
名称	代号	输入点地址编号	名称	代号	输出点地址编号
电动葫芦上升点动按钮	SB1	X1	电动葫芦上升接触器	KM1	Y0
电动葫芦下降点动按钮	SB2	X2	电动葫芦下降接触器	KM2	Y1
电动葫芦左移点动按钮	SB3	X3	电动葫芦左移接触器	KM3	Y2
电动葫芦右移点动按钮	SB4	X4	电动葫芦右移接触器	KM4	Y3
电动葫芦上升行程开关	SQ1	X5			
电动葫芦下降行程开关	SQ2	X6			
电动葫芦左移行程开关	SQ3	X7			
电动葫芦右移行程开关	SQ4	X10			

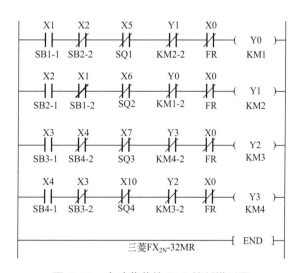

图 7-18　电动葫芦的 PLC 控制梯形图

图 7-19 为 PLC 控制下电动葫芦提升重物至指定位置的控制过程的识读。

图 7-20 为 PLC 控制下电动葫芦水平移位到指定位置下降重物控制过程的识读。

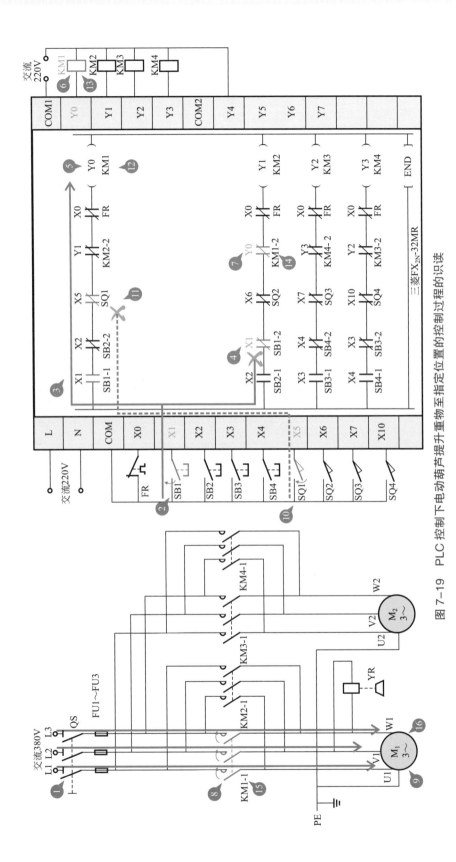

图 7-19 PLC 控制下电动葫芦提升重物至指定位置的控制过程的识读

【图解】▸▸▸

① 合上总开关 QS，接通三相电源。

② 按下上升点动按钮 SB1。

③ 控制 Y0 的常开触点 X1 闭合。

④ 控制 Y1 的常闭触点 X1 断开，实现互锁。

⑤ 输出继电器 Y0 得电。

⑥ 交流接触器 KM1 的线圈得电。

⑦ 常闭触点 Y0 断开实现互锁。

⑧ 主电路中的主触点 KM1-1 闭合。

⑨ 升降电动机接通电源正向运转，提升重物。

⑩ 当电动机上升到行程开关 SQ1 位置时，SQ1 动作。

⑪ 输入继电器常闭触点 X5 断开。

⑫ 输出继电器 Y0 失电。

⑬ 交流接触器 KM1 的线圈失电。

⑭ 常闭触点 Y0 复位闭合。

⑮ 主电路中主触点 KM1-1 复位断开。

⑯ 升降电动机停止正向运转。

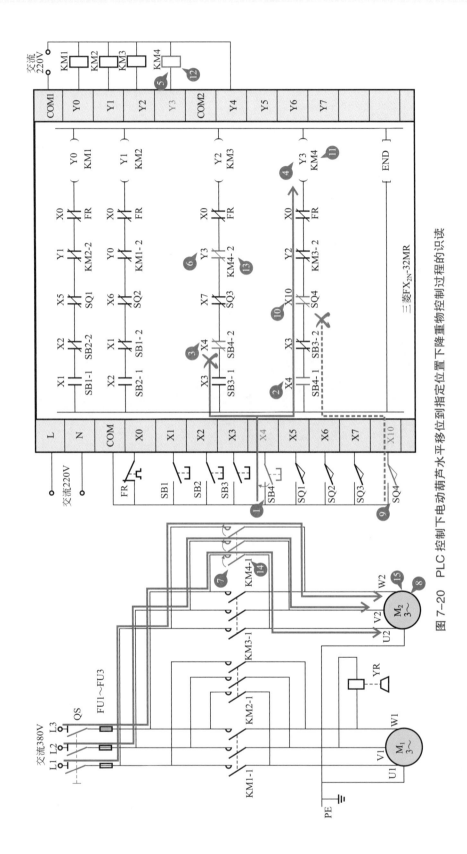

图 7-20　PLC 控制下电动葫芦水平移位到指定位置下降重物控制过程的识读

【图解】▶▶▶

① 按下右移点动按钮 SB4。

② 输入继电器常开点触点 X4 闭合。

③ 输入继电器常闭触点 X4 断开。

④ 输出继电器 Y3 得电。

⑤ 交流接触器 KM4 的线圈得电。

⑥ 常闭触点 Y3 断开实现互锁。

⑦ 主电路中的主触点 KM4-1 闭合。

⑧ 位移电动机接通电源正向运转，向右平移重物。

⑨ 当电动机右移到行程开关 SQ4 位置时，SQ4 动作。

⑩ 输入继电器常闭触点 X10 断开。

⑪ 输出继电器 Y3 失电。

⑫ 交流接触器 KM4 的线圈失电。

⑬ 常闭触点 Y3 复位闭合。

⑭ 主电路中主触点 KM4-1 复位断开。

⑮ 位移电动机停止正向运转。

（2）机床中的 PLC 控制电路识读

机床是生产企业中最常见的机械加工设备，其种类多样，下面以 C620-1 型车床为例，讲解 PLC 在机床中的应用电路的识读。

C620-1 型卧式车床是一种典型的机床设备，其主要是由变换齿、主轴变速箱、刀架、尾座、丝杆、光杆等部分组成，如图 7-21 所示。

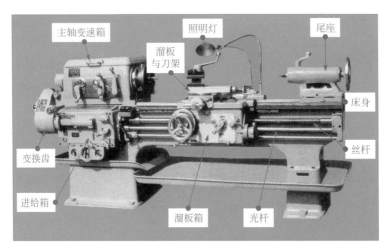

图 7-21　C620-1 型卧式车床的基本外形结构

刀架的纵向或横向直线运动是车床的进给运动，其传动线路是由主轴电动机经过主轴变速箱输出轴、挂轮箱传动到进给箱，进给箱通过丝杆将运动传入溜板箱，再通过溜板箱的齿轮与床身上的齿条或通过刀架下面的光杆分别获得纵横两个方向的进给运动。主运动和进给运动都是由主电动机带动的。

主电动机一般选用三相异步电动机，通常不采用电气调速而是通过变速箱进行机械调速。其启动、停止采用按钮操作，并采用直接启动方式。

车削加工时，需要冷却液冷却工件，因此必须有冷却泵和驱动电动机。当主电动机停止时，冷却泵电动机也停止工作。主轴电动机和冷却泵电动机的驱动控制电路中设有短路和过载保护部分。当任何一台电动机发生过载故障时，两台电动机都不能工作。

图 7-22 为典型车床的 PLC 控制电路。

（3）机床中的 PLC 及变频器控制电路识读

机床中除了可以使用 PLC 进行控制，还可以使用变频器实现调速功能。如图 7-23 所示为刨床拖动系统中的变频调速和 PLC 控制关系图。

主拖动系统需要一台三相异步电动机，调速系统由专用接近开关得到的信号，接至 PLC 控制器的输入端，通过 PLC 的输出端控制变频器，以调整刨床在各时间段的转速。

刨床的变频器控制电路见图 7-24。

刨床的 PLC 及变频器控制电路见图 7-25。

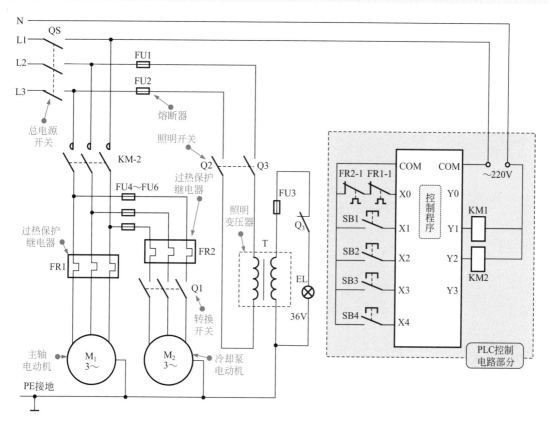

图 7-22 典型车床的 PLC 控制电路

【图解】▶▶▶

　　该电路的控制部分主要由电动机、PLC 控制器、保护电器、照明电路等构成。功能部件为两个电动机，一个是主轴电动机，另一个是冷却泵电动机。保护电路由过热保护继电器和熔断器构成。照明电路由照明变压器 T、照明灯 EL 构成。该控制电路中的 PLC 控制器采用三菱 FX_{2N} 系列 PLC，其 I/O 分配见表 7-2。

表 7-2　车床 I/O 分配表

输入信号及地址编号			输出信号及地址编号		
名称	代号	输入点地址编号	名称	代号	输出点地址编号
热继电器	FR1、FR2	X0	主轴电动机接触器	KM1	Y1
主轴电动机启动按钮	SB1	X1	冷却泵电动机接触器	KM2	Y2
主轴电动机停止按钮	SB2	X2			
冷却泵电动机启动按钮	SB3	X3			
冷却泵电动机停止按钮	SB4	X4			

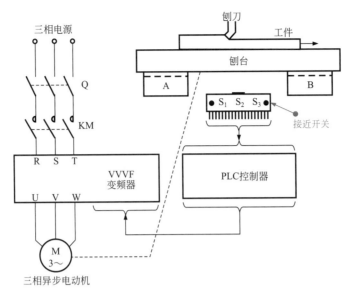

图 7-23 刨床拖动系统中的变频调速和 PLC 控制关系

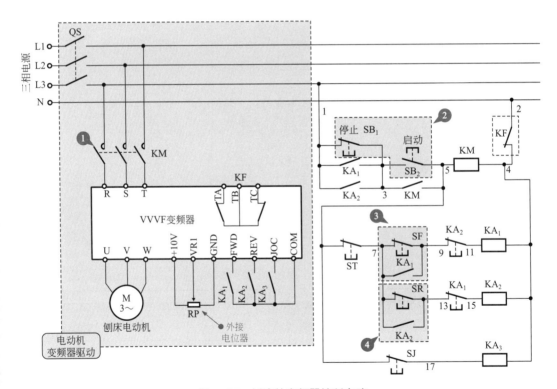

图 7-24 刨床的变频器控制电路

【图解】▶▶▶

该控制电路是采用外接电位器的电动机的变频驱动和控制电路。

① 接触器 KM 用于接通变频器的电源。

② SB_1 和 SB_2 控制启停。

③ 继电器 KA_1 用于正转，由 SF 和 ST 控制。

④ 继电器 KA_2 用于反转，由 SR 和 ST 控制。

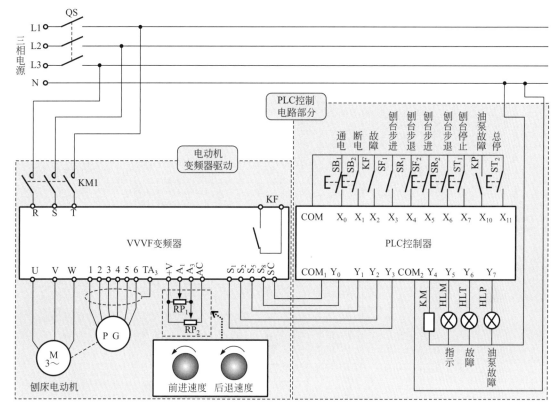

图 7-25　刨床的 PLC 变频调速系统

【图解】▶▶▶

① 变频器通电。当空气断路器合闸后，由按钮 SB1 和 SB2 控制接触器 KM，进而控制变频器的通电与断电，并由指示灯 HLM 进行指示。

② 速度调节。刨床的刨削速度和返回速度分别通过电位器 RP1 和 RP2 来调节。刨床步进和步退的转速由变频器预置的点动频率决定。

③ 往复运动的启动。通过按钮 SF_2 和 SR_2 来控制，具体按哪个按钮，需根据刨床的初始位置来决定。

④ 故障处理。一旦变频器发生故障，触点 KF 闭合，切断变频器的电源，同时指示灯 HLT 亮，进行报警。

⑤ 油泵故障处理。一旦变频器发生故障，继电器 KM 闭合，PLC 将使刨床在往复周期结束之后，停止刨床的继续运行。同时指示灯 HLP 亮，进行报警。

⑥ 停机处理。正常情况下按 ST_2，刨床应在一个往复周期结束之后才切断变频器的电源。如遇紧急情况，则按 ST_1，使整台刨床停止运行。

7.3.1　电泵变频控制电路的识读

电泵变频器控制电路见图 7-26。高压三相电（1140V，50Hz）输入整流电路，变成直流高压为变频驱动功率电路提供工作电压，其中变频电路中的 IGBT 由变频驱动系统控制，为三相电动机提供变频电流。

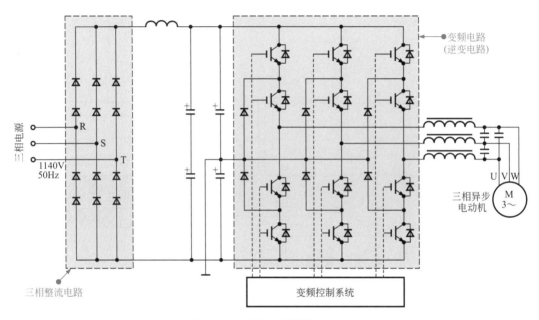

图 7-26　电泵变频器控制电路

7.3.2　提升机变频器控制电路的识读

提升机变频器控制电路见图 7-27。提升机采用变频电路驱动电动机，三相电源经过三相整流电路、滤波电路、制动电路、逆变电路驱动电动机，回馈逆变电路用于检测变频电路。

7.3.3　高压电动机变频器控制电路的识读

高压系统变频器控制电路见图 7-28。在高压系统中采用变频控制电路，由晶闸管构成逆变电路，触发信号由变频控制器提供，可实现高压大功率电动机变频驱动。

7.3.4　鼓风机变频器控制电路的识读

燃煤炉鼓风机变频电路中采用康沃 CVF-P2-4T0055 型风机、水泵专用变频器，控制对象为 5.5kW 的三相交流电动机（鼓风机电动机）。变频器可对三相交流电动机的转速进行控制，从而调节风量、风速大小（要求由司炉工操作）。由于炉温较高，故要求变频器放在较远处的配电柜内。

图7-29为鼓风机变频驱动控制电路。

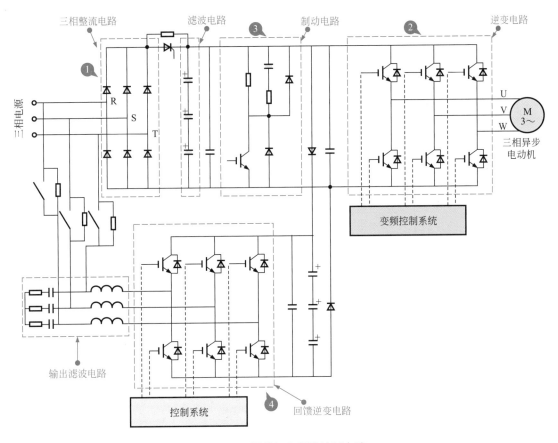

图7-27　提升机变频器控制电路

【图解】▶▶▶

　　① 三相电源经过三相桥式整流电路、滤波电路为逆变电路提供直流电压。

　　② 逆变电路在变频控制系统的作用下输出变频电流驱动电动机旋转。

　　③ 制动电路用于吸收制动过程中电动机产生的电能，回馈逆变器电路用于将制动时电动机产生的电能回馈到电源供电系统中。

　　④ 回馈逆变电路用于检测变频电路。

【提示】▶▶▶

　　在鼓风机变频电路中，交流接触器 KM 和中间继电器 KA 之间具有联锁关系。例如，当交流接触器 KM 未得电之前，由于其常开触点 KM-3 串联在 KA 电路中，KA 无法通电。

　　当中间继电器 KA 得电工作后，由于其常开触点 KA-2 并联在停机按钮 SB1 两端，使其不起作用。因此，在 KA-2 闭合状态下，交流接触器 KM 也不能断电。

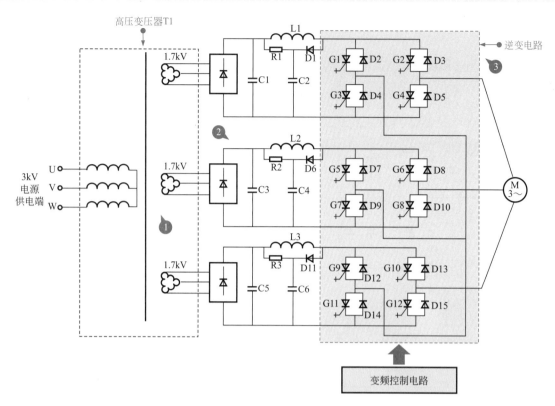

图 7-28　高压系统变频器控制电路

【图解】▶▶▶

　　① 3kV 高压电源经高压变压器 T1 降压后，输出三相 1.7kV 的三相交流电压。

　　② 1.7kV 的三相交流电压经桥式整流电路变成三路直流高压。

　　③ 三路直流高压逆变器为三相交流电动机提供变频驱动过电流。逆变器是由晶闸管构成的。

7.3.5　卷纸系统变频器控制电路的识读

　　图 7-30 所示为变频器控制电路在卷纸系统中的应用实例，该实例中有三台三相异步电动机，每一台电动机都由变频器控制，三台变频器统一受主控制器 EC20 控制。

　　卷纸系统中变频器控制电路见图 7-31。

　　该系统采用的是 MD320 变频器，该变频器被制成标准化的电路单元。两组操作控制电路分别控制变频器 2 和变频器 3，为收卷电动机 M2 和 M3 调速，而变频器 1 则是为主动轴电动机调速的。

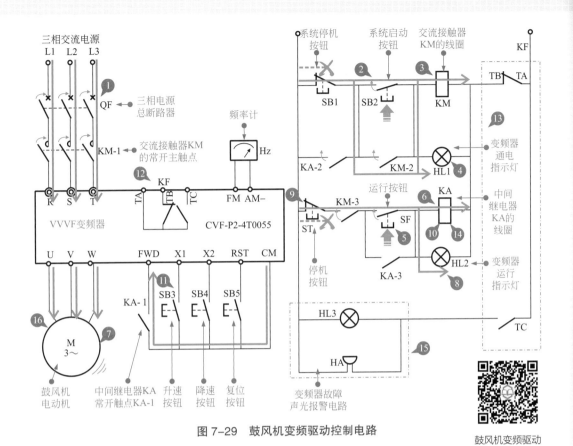

图 7-29 鼓风机变频驱动控制电路

鼓风机变频驱动
控制电路

【图解】▶▶▶

① 合上总断路器 QF，接通三相电源。

② 按下启动按钮 SB2，其触点闭合。

③ 交流接触器 KM 线圈得电。

KM 常开主触点 KM-1 闭合，接通变频器电源。

KM 常开触点 KM-2 闭合自锁。

KM 常开触点 KM-3 闭合，为 KA 得电做好准备。

④ 变频器通电指示灯点亮。

⑤ 按下运行按钮 SF，其常开触点闭合。

⑥ 中间继电器 KA 线圈得电。

KA 常开触点 KA-1 闭合，向变频器送入正转运行指令。

KA 常开触点 KA-2 闭合，锁定系统停机按钮 SB1。

KA 常开触点 KA-3 闭合自锁。

⑦ 变频器启动工作，向鼓风机电动机输出变频驱动电源，电动机开机正向启动，并在设定频率下正向运转。

⑧ 变频器运行指示灯点亮。

⑨ 当需要停机时，首先按下停机按钮 ST。

⑩ 中间继电器 KA 线圈失电释放，其所有触点均复位：常开触点 KA-1 复位断开，变频器正转运行端 FWD 指令消失，变频器停止输出；常开触点 KA-2 复位断

开，解除对停机按钮 SB1 的锁定；常开触点 KA-3 复位断开，解除对运行按钮 SF 的锁定。

⑪ 当需要调整鼓风机电动机转速时，可通过操作升速按钮 SB3、降速按钮 SB4 向变频器送入调速指令，由变频器控制鼓风机电动机转速。

⑫ 当变频器或控制电路出现故障时，其内部故障输出端子 TA-TB 断开，TA-TC 闭合。

TA-TB 触点断开，切断启动控制线路供电。

TA-TC 触点闭合，声光报警电路接通电源。

⑬ 交流接触器 KM 线圈失电，变频器通电指示灯熄灭。

⑭ 中间继电器 KA 线圈失电，变频器运行指示灯熄灭。

⑮ 报警指示灯 HL3 点亮，报警器 HA 发出报警声，进行声光报警。

⑯ 变频器停止工作，鼓风机电动机停转，等待检修。

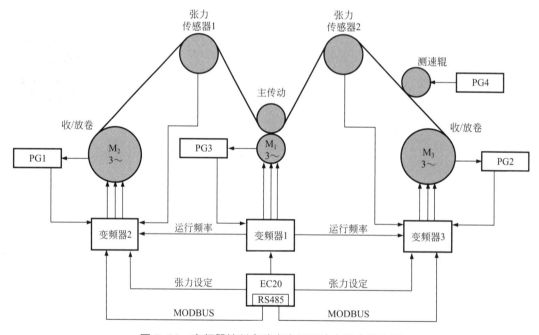

图 7-30　变频器控制电路在卷纸系统中的应用实例

7.3.6　锅炉水泵变频器控制电路的识读

图 7-32 所示为变频器控制电路在锅炉水泵系统中的应用实例，该系统中有两台风机驱动电动机和一台水泵驱动电动机，这三台电动机都采用了变频器驱动方式，大大节省了能耗，提高了效率。

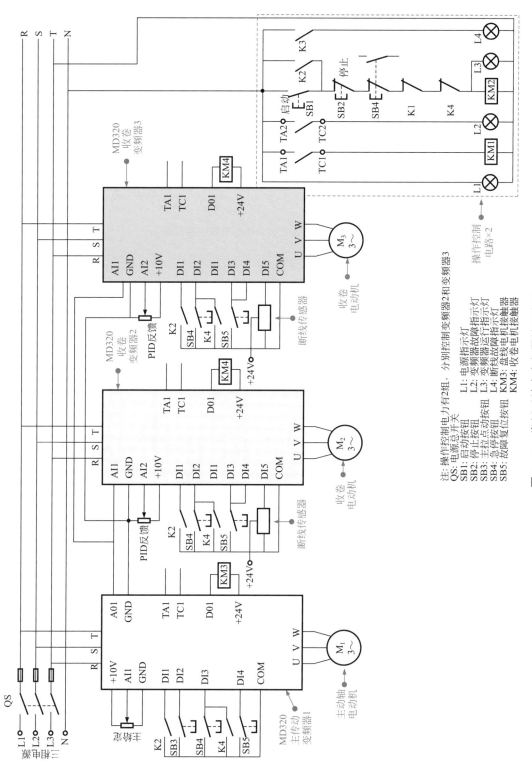

图 7-31 卷纸系统中变频器控制电路

注: 操作控制电力有2组, 分别控制变频器2和变频器3
QS: 电源总开关
SB1: 启动按钮
SB2: 停止按钮
SB3: 主拉点动按钮
SB4: 急停按钮
SB5: 故障复位按钮

L1: 电源指示灯
L2: 变频器故障指示灯
L3: 变频器运行指示灯
L4: 断线电机接触器
KM3: 盘线电机接触器
KM4: 收卷电机接触器

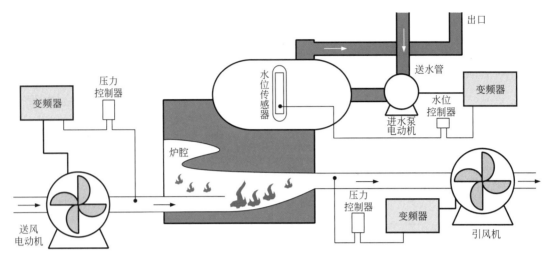

图 7-32　变频器控制电路在锅炉水泵系统中的应用实例

锅炉水泵系统中变频器控制电路见图 7-33。

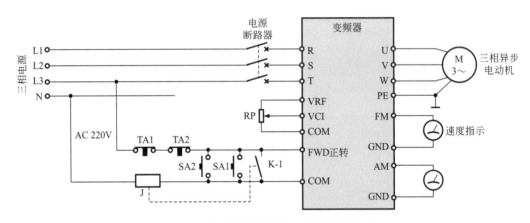

图 7-33　锅炉水泵系统中变频器控制电路

该系统在变频器的 FWD（正转）控制端，加入了继电器 K 和人工操作键，使电动机的控制可以加入人工干预。

7.3.7　储料器变频器控制电路的识读

储料器变频器控制电路见图 7-34。该系统中有两个电动机，分别由两个变频器控制调速，从而实现输料的自动控制使储料器中的料始终保持在上限位置和下限位置之间。

7.3.8　传送带变频器控制电路的识读

传送带变频器控制电路见图 7-35。

图 7-35 所示的传动系统中，采用变频器进行调速，采用继电器、开关按钮进行控制，为了提高自动化控制，可以加入 PLC 程序控制器，如图 7-36 所示。

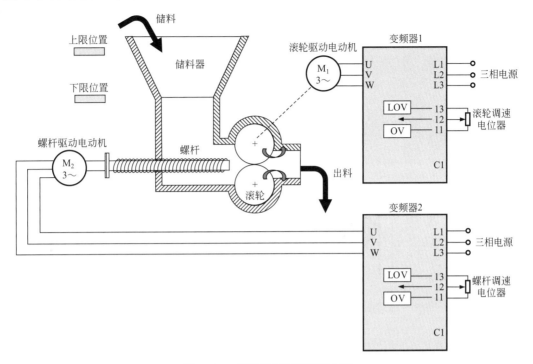

图 7-34　储料器变频器控制电路

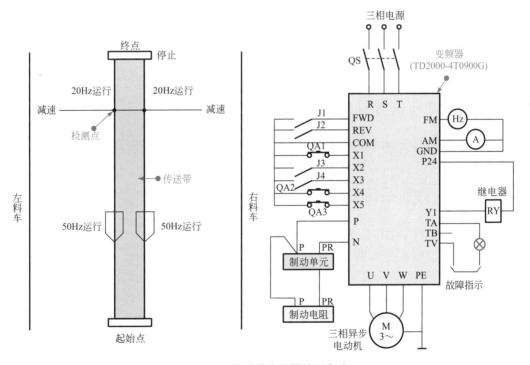

图 7-35　传动带变频器控制电路

　　将 VVVF 变频器、PLC 控制器加入传送系统，由三相交流电源为变频器供电，在变频器中经整流滤波电路、变频控制电路和功率输出电路后，由 U、V、W 端输出变频驱动信号，并加到进料电动机的三相绕组上。

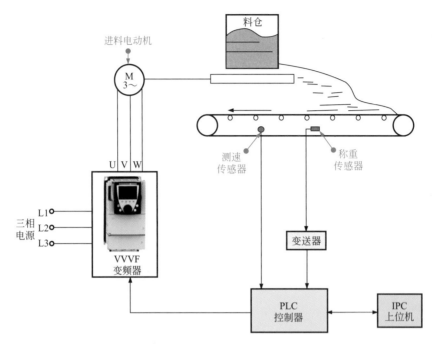

图 7-36　传动带 PLC 及变频器控制电路

变频器内的微处理器根据 PLC 的指令或外部设定开关，为变频器提供变频器控制信号，电动机启动后，传送带的转速信号经速度检测电路检测后，为 PLC 提供速度反馈信号，作为 PLC 的参考信号，经处理后由 PLC 变频器提供实时控制信号。

7.3.9　冲压机变频器控制电路的识读

冲压机变频器控制电路见图 7-37。该系统中采用了 VVVF05 通用变频器为电动机供电。

7.3.10　计量系统变频器控制电路的识读

计量泵变频器控制电路见图 7-38。
长度计数器变频器控制电路见图 7-39。
三相交流电源加到变频器的 R、S、T 端，在变频器中经整流滤波后，为功率输出电路提供直流电压，变频器中的控制电路根据人工指令，即正反向操作（N1）和启停操作（N2）键，为变频功率模块提供驱动信号，变频器的 U、V、W 端输出驱动电流送到三相电动机的绕组。

7.3.11　潜水泵变频器控制电路的识读

潜水泵变频器控制电路见图 7-40。

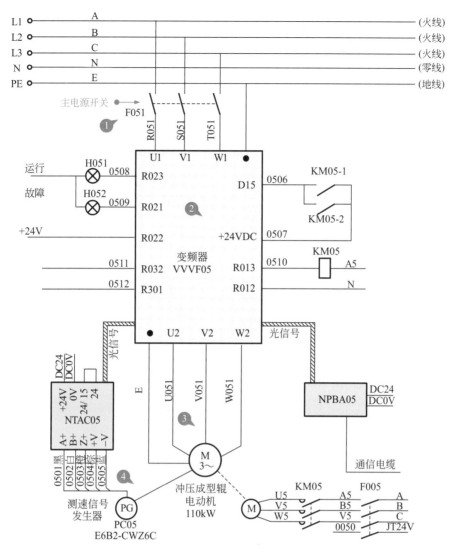

图 7-37 变频器在冲压机中的应用实例

【图解】▶▶▶

① 三相交流电源经主电源开关 F051 为变频器供电,将三相电源加到变频器的 U1、V1、W1 端。

② 经变频器转换控制后,变成频率可变的驱动电流。

③ 由变频器的 U2、V2、W2 端输出加到电动机的三相绕组上。

④ 测速信号发生器 PG 为变频器提供速度检测信号。

7.3.12 双电动机变频器控制电路的识读

双电动机变频器控制电路见图 7-41 和图 7-42。

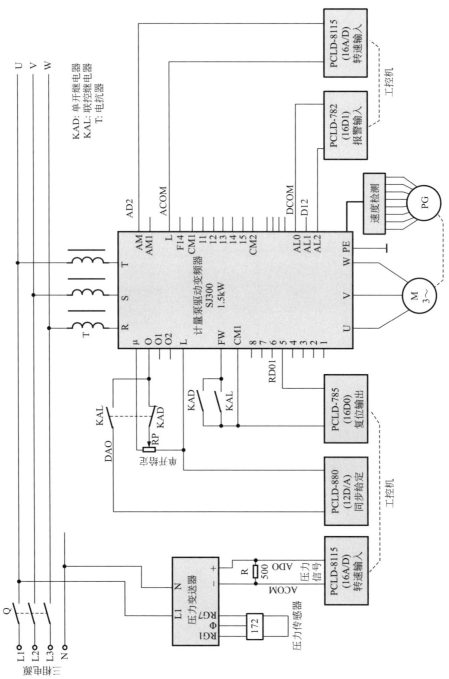

图 7-38 计量泵变频器控制电路

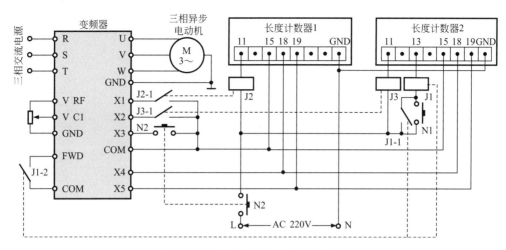

图 7-39　长度计数器变频器控制电路

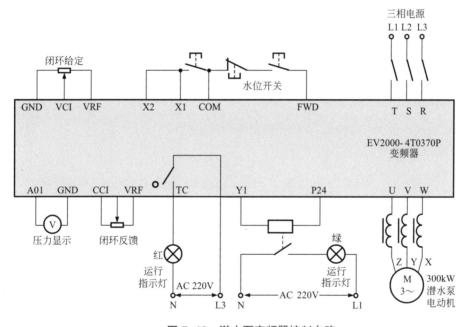

图 7-40　潜水泵变频器控制电路

7.3.13　多电动机变频器控制电路的识读

多电动机变频器控制电路见图 7-43。

7.3.14　大功率电动机变频器控制电路的识读

大功率电动机变频器控制电路见图 7-44。

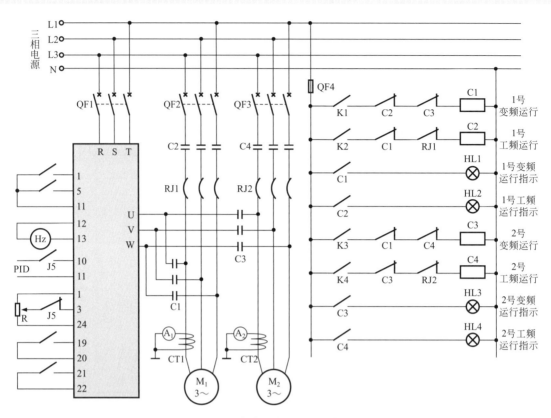

图 7-41 双电动机变频器控制电路（1）

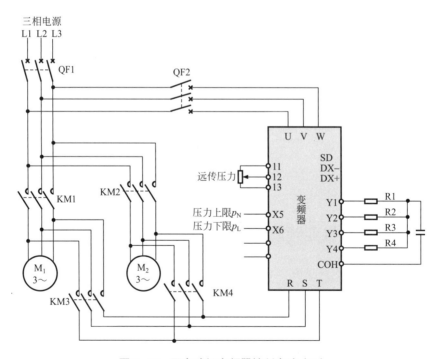

图 7-42 双电动机变频器控制电路（2）

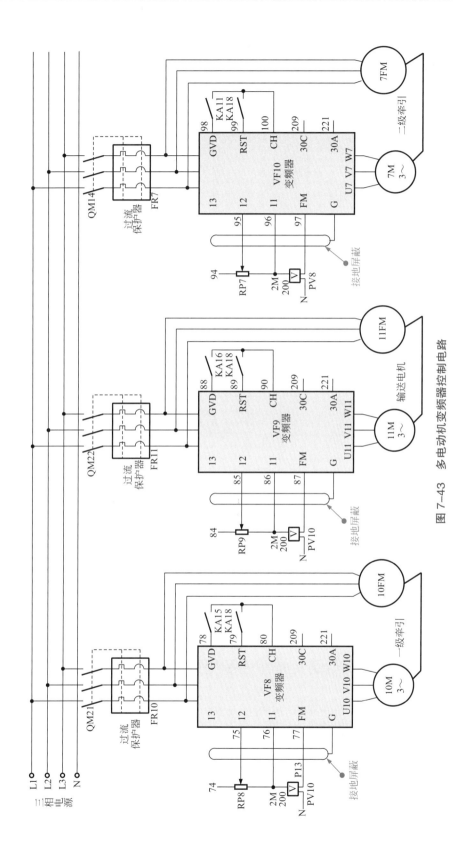

图 7-43 多电动机变频器控制电路

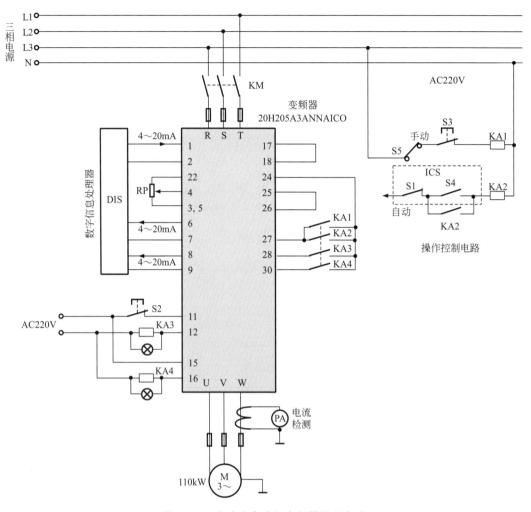

图 7-44　大功率电动机变频器控制电路

【图解】▶▶▶

　　变频器与数字信息处理器（DIS）和操作控制电路组合可实现对大功率电动机（110kW）的调速控制。

7.3.15　正反转驱动变频器控制电路的识读

　　正反转驱动变频器控制电路见图7-45。

　　该系统中采用了主轴电动机驱动变频器为电动机供电，三相交流电源为变频器供电，将三相电源加到变频器的 R、S、T 端，经变频器转换控制后，变成频率可变的驱动电流，为电动机供电，由变频器的 U、V、W 端输出，加到主轴电动机的三相绕组上。主轴编码器为变频器提供速度检测信号，变频器的①、②脚外接人工操作开关输入端，为变频器提供正转或反转运行指令。㉕、㉖脚外接指示器，指示电动机运行的速度和状态。

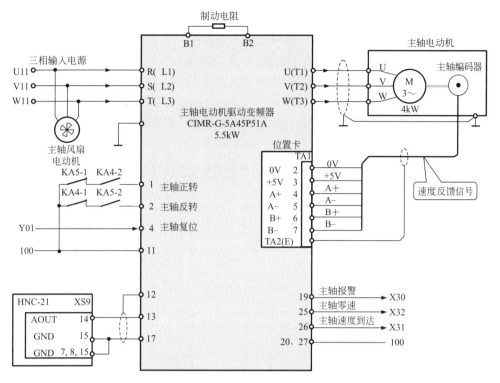

图 7-45　正反转驱动变频器控制电路

7.3.16　电梯驱动控制 PLC 及变频器控制电路的识读

电梯驱动系统 PLC 及变频器控制电路见图 7-46。

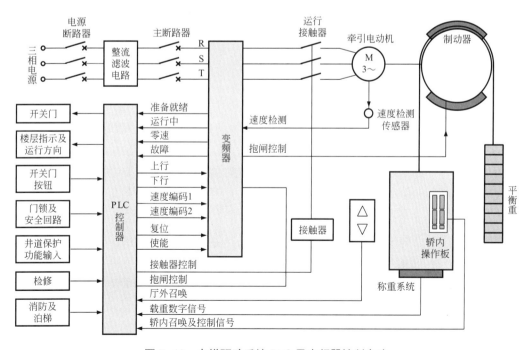

图 7-46　电梯驱动系统 PLC 及变频器控制电路

电梯的驱动是电动机，电动机在驱动过程中运转速度和运转方向都有很大的变化，电梯内和每层楼都有人工指令输入装置，电梯在运行时必须有多种自动保护环节。

三相交流电源经断路器、整流滤波电路、主断路器加到变频器的 R、S、T 端，经变频器变频后输出变频驱动信号，经运行接触器为牵引电动机供电。

为了实现多功能多环节的控制和自动保护功能，在控制系统中设置了 PLC 控制器，指令信号、传感信号和反馈信号都送到 PLC 中，经 PLC 后为变频器提供控制信号。

7.3.17　多泵电动机驱动 PLC 及变频器控制电路的识读

多泵系统 PLC 及变频器控制电路见图 7-47。

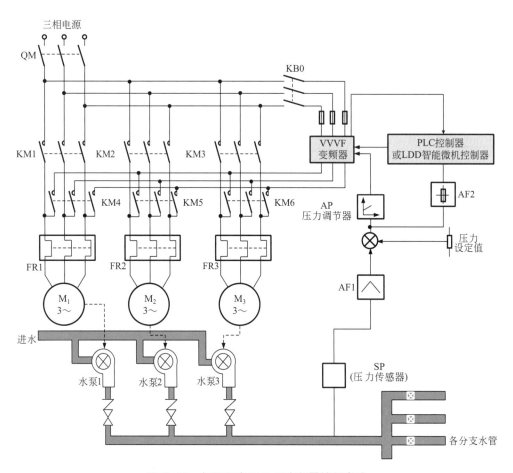

图 7-47　多泵系统 PLC 及变频器控制电路

该泵站系统中设有 3 个驱动水泵的电动机，统一由一个变频器控制，三相交流电源经总电源开关（QM）、接触器和熔断器给变频器供电，经变频器后转换为频率和电压可变的驱动信号，加给三台电动机。电动机的运转情况经压力传感器反馈到 PLC 控制电路和变频器。PLC 的控制信号送给变频器作为控制信号。这样就构成了泵站系统的自动控制系统。

第8章 ▶▶▶
检测及保护电路识图

8.1 检测及保护电路的特点及用途

8.1.1 检测及保护电路的功能及应用

（1）断相检测及保护电路的功能

断相检测及保护电路是由断相检测电路、控制器件和继电器等部分构成的，对供电电源进行检测和保护，进而实现对整个用电设备的实时监控和用电保护。

例如，图8-1所示断相保护电路，这是简单的检测及保护电路，由电容器星形连接构成。该电路是利用电容器星形连接的特点，通过检测三相电的平衡状态，来判断是否有断相现象产生，再利用三相不平衡产生的电压差转换成控制信号，控制继电器切断三相供电电源，达到保护的目的。

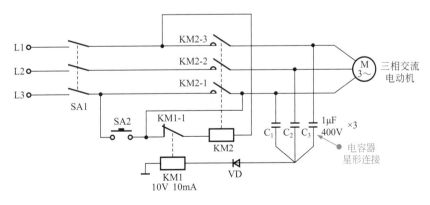

图8-1　断相保护电路

接通电源开关 SA1，按下启动开关 SA2，接触器 KM2 的线圈得电，常开触点 KM2-1、KM2-2、KM2-3 接通，使接触器 KM2 实现自锁，并为三相交流电动机供电，开始运转。

如电路出现断相故障，致使三相供电不平衡，电容器星形连接点对地就会产生电压，使二极管 VD 导通，继电器 KM1 的线圈得电，常闭触点 KM1-1 断开，同时切断接触器 KM2 的供电，由 KM2 的 3 组常开触点切断三相电源，停止三相交流电动机的供电，从而实现断电保护。

检测及保护电路由于应用环境的不同，其电路功能也不大相同。

三相交流电源的相序校正电路见图 8-2。这是由 JK 主从触发器构成的三相电相序校正电

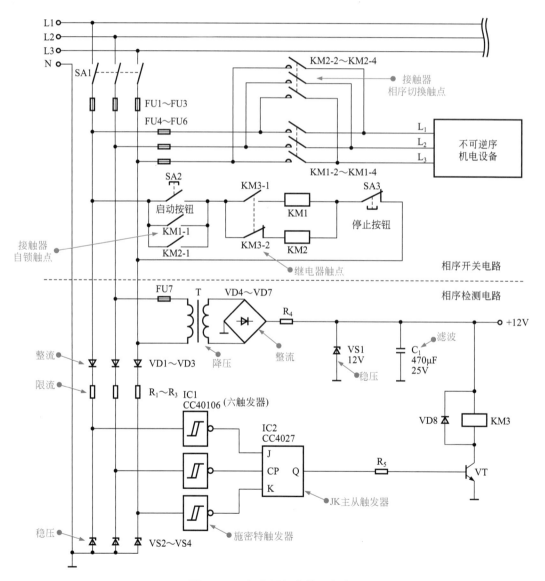

图 8-2 三相电源相序校正电路

【图解】 ▶▶▶

　　相序开关电路中，SA2 为启动开关，SA3 为停止开关，KM1 和 KM2 为接触器，各有四组常开触点，其中一组为自锁触点，另外三组控制相序切换。

　　相序检测电路中，变压器 T 与桥式整流堆 VD4 ～ VD7、稳压二极管 VS1 和电容器 C₁ 构成直流电压的整流、滤波、稳压电路，为继电器 KM3 提供工作电压，对相序开关电路中的开关触点进行控制。而继电器 KM3 的控制信号则来自触发器 IC1 和 IC2 构成的控制电路。

　　三相电经电源开关 SA1、熔断器 FU1 ～ FU3 后，一路经交流接触器 KM1 和 KM2，进行相序切换后，为不可逆序机电设备提供恒定相序供电电压；另一路经 VD1 ～ VD3 整流、R₁ ～ R₃ 限流、VS2 ～ VS4 稳压后，为相序检测电路提供相序信号，其中继电器 KM3 的工作电压，是由 L₂ 和 L₃ 两相电压经过降压、整流、滤波、稳压后生成的 +12V 直流电压来提供。

　　当三相电输入的是正相序三相电时，经施密特触发器 IC1 反相整形后的方波，依次滞后 120° 相位角，分别送给双 JK 主从触发器 IC2 的 J、CP、K 端。在 JK 触发器的时钟 CP 上升沿来到时，J 端为高电平、K 端为低电平，输出端 Q 输出高电平。该信号经 R₅ 加到晶体三极管 VT 的基极，使其导通，继电器 KM3 的线圈得电吸合，常开触点 KM3-1 接通，常闭触点 KM3-2 断开。

　　此时，按下启动按钮 SA2，交流接触器 KM1 线圈得电吸合，常开触点 KM1-1 接通，实现自锁，三组触点 KM1-2 ～ KM1-4 接通，将输入的正相序三相交流电直接送给不可逆的机电设备，以供使用。

　　当输入的三相电源相序不正常时（或出现逆相序情况），三相电压经 IC1 整形后输出信号的相位顺序失常，CP 端有上升沿信号时，K 端为正，J 端为负，则 Q 输出低电平。该信号经 R₅ 加到晶体三极管 VT 的基极，使其截止，继电器 KM3 的线圈断电，常开触点 KM3-1 断开，常闭触点 KM3-2 接通。

　　此时，按下启动按钮 SA2，交流接触器 KM2 线圈得电吸合，常开触点 KM2-1 接通，实现自锁，三组触点 KM2-2 ～ KM2-4 接通，将输入的逆相序三相交流电自动换相，切换为正相序，然后输送给不可逆的机电设备，以供使用。

路，该电路适用于不允许电源相序改变、不可逆序运转的机电设备当中，如水泵设备，只允许电动机正向运转，不能反向运转。采用该电路，当电网的相序发生变化，相序检测电路输出的控制信号控制相序开关电路，使其输出的相序保持恒定不变。如与三相交流电动机对应连接，则可确保电动机转向正确。

　　可见，根据不同的需求，检测及保护电路的结构及所选用的电子元件、控制器件和功能器件也会发生变化，正是通过对这些部件巧妙地连接和组合设计，使得检测及保护电路可实现各种各样的功能。

（2）漏电检测及保护电路的应用

　　漏电检测及保护电路最基本的功能就是实现对用电设备及操作人员的保护。而在电工作业过程中，触电是最常见一类事故。它主要是指人体接触或接近带电体时，电流对人体造成

第 8 章　检测及保护电路识图　**241**

的伤害。

为了预防触电伤害，除了建立安全操作意识，掌握规范操作方法之外，还可以利用各种检测、校正、保护电路对供电电路进行监测，从硬件设备上预防触电伤害或设备损坏。

例如，漏电保护电路（漏电保护器）的应用见图8-3。

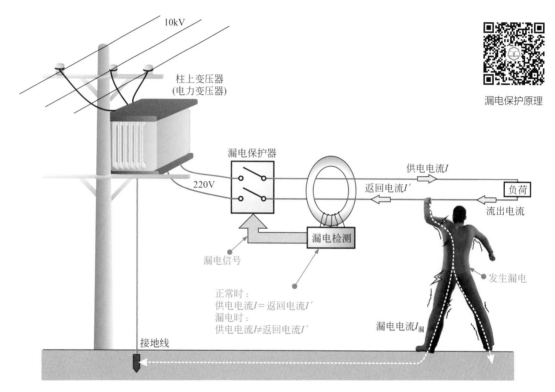

图 8-3 漏电保护电路（漏电保护器）的应用

【提示】▶▶▶

电路中的电源供电线穿过零序电流互感器的环形铁芯，零序电流互感器的输出端与漏电脱扣器相连接。在被保护电路工作正常，没有发生漏电或触电的情况下，通过零序电流互感器的电流相量和等于零，这样零序电流互感器的输出端无输出，漏电保护器不动作，系统保持正常供电。

当负载或用电设备发生漏电或有人触电时，由于漏电电流的存在，使供电电流大于返回电流，通过零序电流互感器两路电流的相量和不再等于零，在铁芯中出现了交变磁通。在交变磁通的作用下，零序电流互感器的输出端就有感应电流产生，当达到额定值时，脱扣器驱动断路器自动跳闸，切断故障电路，从而实现保护。

8.1.2 故障检测及保护电路的组成

故障检测及保护电路是由检测器、控制器件和功能器件构成的。在学习识读检测及保护电路之前，首先要了解故障检测及保护电路的组成，明确故障检测及保护电路中各主要检测器件、控制器件以及功能器件的电路对应关系。

故障检测电路的基本构成见图8-4。故障检测电路除了基本电路以外，最大的特点就是有用于提示的测量表或指示灯。

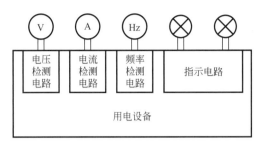

图 8-4　故障检测电路的基本构成

保护电路的基本构成见图8-5。用电设备性能的不同，保护电路也各种各样，如过压保护电路、过流保护电路、漏电保护电路、校正电路等。

图 8-5　保护电路的基本构成

8.2　故障检测及保护电路的识读方法

8.2.1　故障检测及保护电路中的主要元器件

从前面的章节中，大体了解了故障检测及保护电路基本组成。接下来，从故障检测及保护电路中的各主要组成元件、电气部件和功能器件入手，掌握这些电路组成部件的种类和功能特点，为识读检测及保护电路打好基础。

（1）过压、欠压保护器

过压、欠压保护器实物外形见图8-6。过压、欠压保护器用于在市电出现过压或欠压的情况下，自动切断负载的供电线路，可防止用电设备因欠压或过压而损坏。

（2）过流保护器

过流保护器实物外形见图8-7。过流保护器接在电源供电线路中进行过流检测和保护，如过流保护、浪涌保护、过载保护、限流保护等，当电路出现过流、过载等情况时，会切断电路，起到保护作用。

图 8-6 过压、欠压保护器

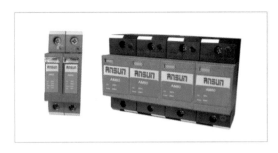

图 8-7 过流保护器

（3）漏电保护器

漏电保护器实物外形见图 8-8。漏电保护器用于在设备漏电或使用者触电的瞬间，进行断电保护的。常见的漏电保护器有单独的漏电保护器和与断路器制成一体的漏电保护器（带有漏电保护功能的断路器）。

单独的
漏电保护器

带有漏电保护
功能的断路器

图 8-8 漏电保护器

（4）交流接触器及继电器

交流接触器及继电器实物外形见图 8-9。交流接触器及继电器都是用于保护电路中的器件，通过继电器或交流接触器单独控制部分电路的导通与截止，对用电设备起到保护作用。

图 8-9　交流接触器及继电器实物外形

（5）相序检测及保护器

相序检测 / 保护器实物外形见图 8-10。相序检测 / 保护器用于校正三相电的相序，当三相电处于正相序三相电时与逆相序三相电时，相序检测 / 保护器内部触点的状态不同，可实现相序的校正，使负载设备正常运转。

图 8-10　相序检测 / 保护器实物外形

8.2.2　故障检测及保护电路的识读

故障检测及保护电路的结构多样，电子元件、控制部件和功能器件连接组合方式的不同，使得电路功能也千差万别。

因此，在对检测及保护电路进行识读时，通常先要了解检测及保护电路的结构特点，掌握检测及保护电路中的主要组成部件，并根据这些主要器件的功能特点和连接关系，对整个检测及保护电路进行单元电路的划分。

然后，进一步从控制部件入手，对检测及保护电路的工作流程进行细致的解析，搞清检测及保护电路工作的过程和控制细节，完成检测及保护电路的识读过程。

（1）过压保护电路

过压保护电路也称为过压、欠压保护电路，主要用于对电气设备的供电电路进行检测和保护，当电压过高或过低时，都会自动切断电气设备的供电，防止电气设备损坏。

1）过压保护电路结构特点的识读　在过压保护电路中，首先根据电路符号和文字标识，找到主要组成部件，并根据主要组成部件的功能特点和连接关系划分单元电路。

过压、欠压保护电路的符号含义及电路结构的识读见图8-11。

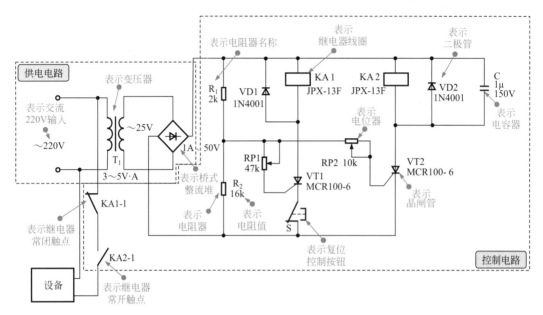

图8-11　过压、欠压保护电路的符号含义及电路结构的识读

【图解】 ▶▶▶

在过压、欠压保护电路图上，会看到图中包含了许多电路符号、文字标识、线条等元素，这些元素即为该电路的识读信息，在电路中均起到不同的作用。其中，"～"为交流信号标识；"⌒⌒"表示变压器；"◇"表示桥式整流堆；"▷"表示二极管；"▢"表示继电器线圈等。因此，了解电路符号及标识方法是识读过压、欠压保护电路的重要前提。

2）从控制部件入手，理清过压保护电路的工作过程　过压、欠压保护电路流程的识读见图8-12～图8-14。

经电路分析，当市电电压正常时，晶闸管VT2导通，继电器KA2触点动作，接通负载的供电电压；当电压过高时，晶闸管VT1导通，继电器KA1触点动作，切断负载的供电电压，起到过压保护作用；当电压过低时，晶闸管VT2截止，继电器触点复位，断开负载的供电电压，起到欠压保护作用。

（2）过流保护电路

过流保护电路包括过流保护、浪涌保护、过载保护、限流保护等，下面以典型三相过流保护电路为例进行介绍。

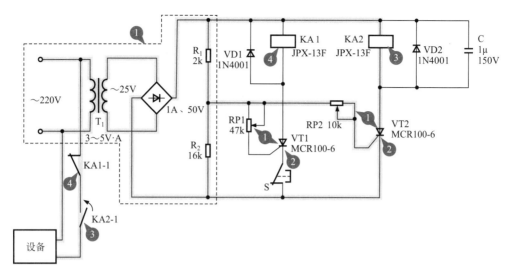

图 8-12　市电正常情况下的工作状态

【图解】▶▶▶

　　① 交流 220V 电压由变压器 T_1 降压后，经桥式整流堆整流，再由 R_1、R_2 进行分压，为电位器 RP1、RP2 及晶闸管 VT1、VT2 提供电压。

　　② 市电电压在 170 ~ 240V 之间时，晶闸管 VT1 截止，晶闸管 VT2 导通。

　　③ 继电器 KA2 线圈得电，常开触点 KA2-1 接通，负载设备接通电源启动工作。

　　④ 此时继电器 KA1 仍处于释放状态，常闭触点 KA1-1 仍处于接通状态。

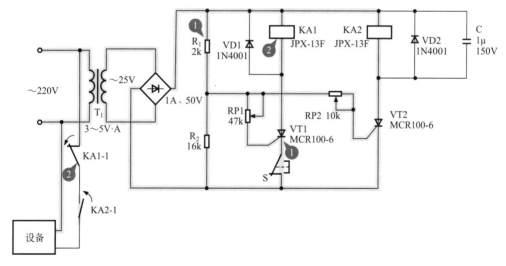

图 8-13　市电电压高于 240V 的工作状态

【图解】▶▶▶

　　① 当市电电压高于 240V 时，RP1 两端的电压降升高，VT1 导通。

② 继电器 KA1 线圈得电，常闭触点 KM1-1 断开，切断供电电路的供电电源，起到过压保护作用。

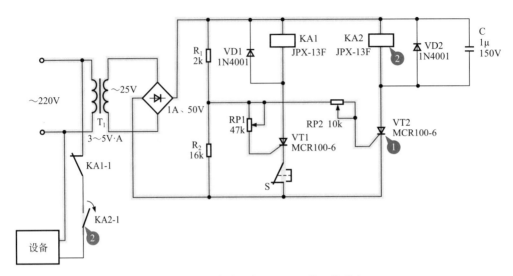

图 8-14　市电电压低于 170V 的工作状态

【图解】▶▶▶

① 当市电电压低于 170 V 时，单向晶闸管 VT2 的触发极电压过低而截止。

② 继电器 KA2 线圈失电，常开触点 KA2-1 断开，切断供电线路的供电电压，起到欠压保护作用。

1）过流保护电路结构特点的识读　在过流保护电路中，首先根据电路符号和文字标识，找到主要组成部件，并根据主要组成部件的功能特点和连接关系划分单元电路。

三相电过流保护电路的符号含义及电路结构的识读见图 8-15。过流保护电路的电路符号同电压保护电路相同，也是通过电路图中的不同电路符号及文字标识进行识读，通过识读电路上的符号信息及文字信息，可进一步识读该电路的信号流程。

2）从控制部件入手，理清电流保护电路的工作过程　电流保护电路流程的识读见图 8-16、图 8-17。

经电路分析，电路通过晶闸管的导通与截止来接通与断开继电器的供电，当负载电流正常时晶闸管截止，接触器仍处于释放状态，当负载电流出现过载时，晶闸管导通，接触器得电，触点动作，进而断开电路起到保护作用。该电路适用于三相小功率供电系统中。

（3）漏电保护电路

漏电保护器的特性不受电源电压的影响，环境温度对特性影响也很小，耐压冲击能力强，外界磁场干扰小，并具有结构简单、进出可倒接等优点，但耐机械冲击振动能力较差。

1）漏电保护电路结构特点的识读　在漏电保护电路中，首先根据电路符号和文字标识，找到主要组成部件，并根据主要组成部件的功能特点和连接关系划分单元电路。

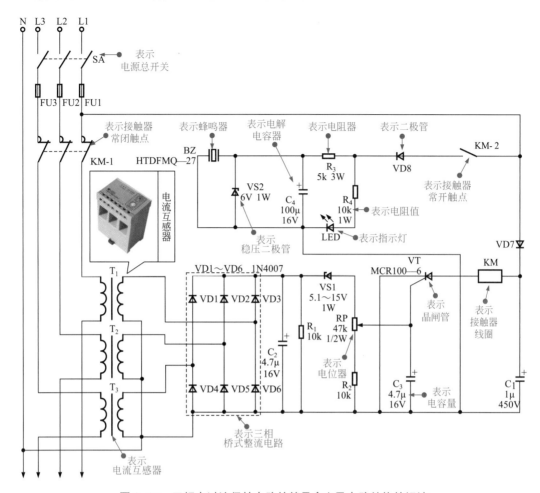

图 8-15　三相电过流保护电路的符号含义及电路结构的识读

三相漏电保护电路的符号含义及电路结构的识读见图 8-18。该电路主要由电力变压器 T、交流接触器 KM1、继电器 KM2、常开按钮开关 SB1、常闭按钮开关 SB2 和一些其他外围元器件构成，识读出各符号及文字标识的含义后，即可进行电路流程的识读。

2）从控制部件入手，理清漏电保护电路的工作过程　三相漏电保护电路流程的识读见图 8-19～图 8-21。

（4）单相供电保护电路

单相供电保护电路主要功能就是对火线和零线错接、短接等异常情况发生时进行校正和保护的电路。

1）单相供电保护电路结构特点的识读　在单相供电保护电路中，首先根据电路符号和文字标识，找到主要组成部件，并根据主要组成部件的功能特点和连接关系划分单元电路

单相校正电路的符号含义及电路结构的识读见图 8-22。该电路主要由继电器、晶体三极管、电容器、电阻器和二极管等器件构成，通过识读该电路的电路符号及文字标识，为进一步识读电路流程奠定基础。

2）从控制部件入手，理清单相供电保护电路的工作过程　单相校正电路流程的识读见图

8-23、图 8-24。其中，图 8-23 为线路 A 端连接火线（L），B 端连接零线（N）时的流程分析。图 8-24 为线路 A 端连接零线（N），B 端连接火线（L）时的流程分析。

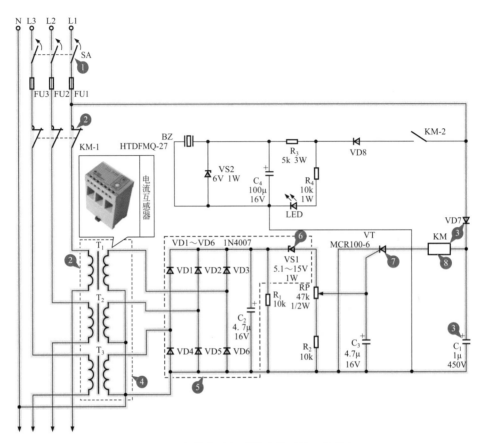

图 8-16　负载电流超过设定值时的工作状态

【图解】▸▸▸

①合上电源总开关 SA，L1、L2、L3 端提供 380V 供电电压。

②经接触器常闭触点 KM-1 进入电流互感器 $T_1 \sim T_3$ 为过流检测电路供电。

③其中相线 L1 提供 220V，由二极管 VD7 进行半波整流，C_1 滤波后，为接触器 KM 供电。

④电流互感滤波器对 380V 供电电流进行检测。

⑤检测值经三相桥式整流电路 VD1 ～ VD6 和电容器 C_2 进行整流滤波。

⑥将整流滤波后的电压加到稳压二极管 VS1 的负极上，当负载电流未超过设定值时，稳压二极管 VS1 截止，对后级电路没有作用。当负载电流超过设定值，稳压二极管 VS1 就会导通。

⑦给晶闸管 VT 送去触发信号，使其导通。

⑧接触器 KM 的线圈得电动作，并会切断三相电源。

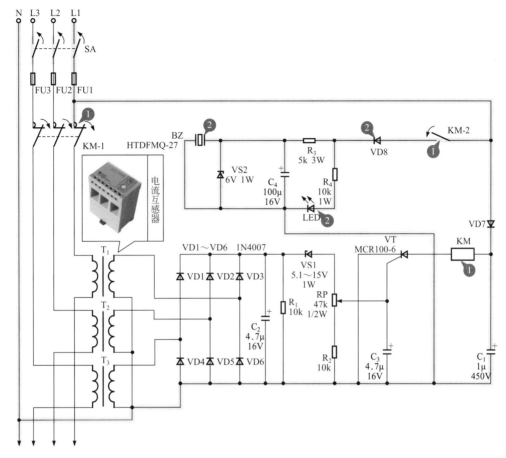

图 8-17　电路处于保护状态

【图解】▶▶▶

　　① 接触器 KM 的线圈得电后，常闭触点 KM-1 断开，切断供电电路。此时，接触器 KM 的常开触点 KM-2 接通。

　　② 相线 L1 提供的 220V 经 VD8 半波整流后，使指示灯 LED 发光，蜂鸣器 BZ 鸣响，提示线路处于过流保护状态。

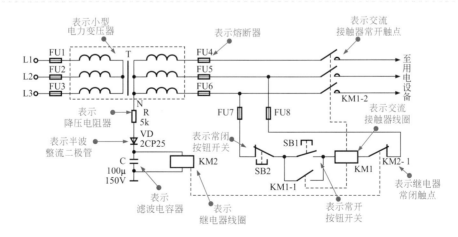

图 8-18　三相漏电保护电路的符号含义及电路结构的识读

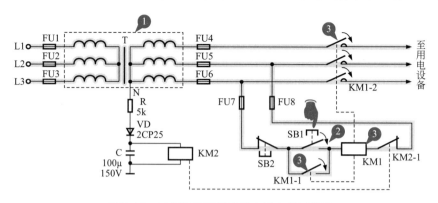

图 8-19　三相漏电保护电路未进入保护状态

【图解】▶▶▶

　　① 三相电经电力变压器 T 从次级绕组输出，交流接触器由两相线经熔断器 FU7、FU8 为控制电路供电。

　　② 按下常开按钮 SB1。

　　③ 交流接触器 KM1 线圈得电，常开触点 KM1-1 接通，实现自锁，常开触点 KM1-2 接通，为用电设备供电。

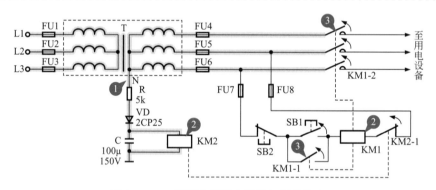

图 8-20　三相漏电保护电路进入保护状态

【图解】▶▶▶

　　① 当有人触摸到线路中的某一相线并与大地构成回路时，电力变压器 T 的零线（N）就会产生电压。

　　② 经整流后加到继电器 KM2 的线圈上，使其常闭触点 KM2-1 断开。

　　③ 交流接触器 KM1 线圈失电，常开触点 KM1-1、KM1-2 断开，切断电力变压器到用电设备之间的线路，起到了保护的作用。

　　经过电路分析，该电路火线（L）与零线（N）可任意接在 A、B 两端，由晶体管的导通与断开控制继电器 KM 线圈的供电，进而控制触点动作，实现单相校正保护。由于该电路具有自动识别，自动校正火线（L）与零线（N）的功能，也就是说无论输入端的线路是如何连接的，经过该电路后，输出端的火线（L）、零线（N）位置不变，便于对线路不了解的人员进行操作。

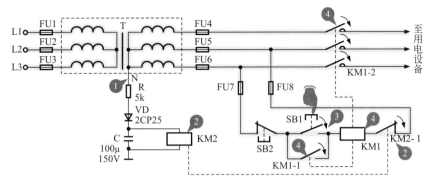

图 8-21　再次进入正常工作状态

【图解】▶▶▶

① 一旦人脱离三相电源，电力变压器次级绕组零线上的电压就会消失。

② 继电器 KM2 线圈失电，常闭触点 KM2-1 复位接通。

③ 再次按下常开按钮 SB1。

④ 交流接触器 KM1 再次得电，常开触点 KM1-1 接通，实现自锁，常开触点 KM1-2 接通，为用电设备供电。

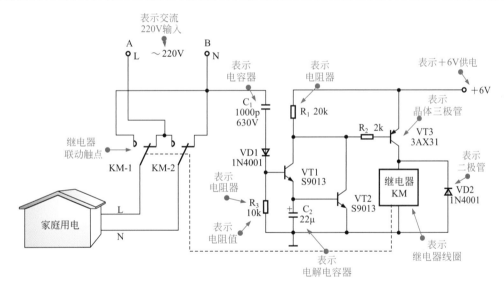

图 8-22　单相校正电路的符号含义及电路结构

（5）三相供电保护电路

三相供电保护电路在不同的供电环境下，其电路结构各有不同，下面以三相电相序校正电路为例进行介绍。

1）三相供电保护电路结构特点的识读　在三相供电保护电路中，首先根据电路符号和文字标识，找到主要组成部件，并根据主要组成部件的功能特点和连接关系划分单元电路。

三相电相序校正电路的符号含义及电路结构的识读见图 8-25。该电路主要由电源总开关 SA、熔断器 FU1 ～ FU3、接触器 KM1/KM2、时间继电器 KT、相序检测 / 保护器 XA、指示灯 HL1/HL2、过热保护继电器 FR、三相交流感应电动机等构成。识读出该电路中的各符号表示含义后，即可进行电路流程的识读。

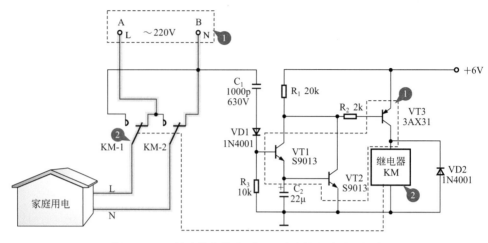

图 8-23　A 端连接火线（L），B 端连接零线（N）时

【图解】▶▶▶

　　① 当线路的 A 端连接火线（L），B 端连接零线（N）时，晶体三极管 VT1 ～ VT3 截止。

　　② 继电器 KM 不动作，其两个联动触点也不动作，校正电路保持静止状态。火线（L）和零线（N）直接经常闭触点供家庭用电使用。

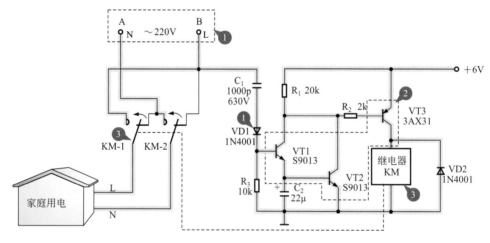

图 8-24　线路的 A 端连接零线（N），B 端连接火线（L）时

【图解】▶▶▶

　　按图中标号顺序说明如下。

　　a.当线路的 A 端连接零线（N），B 端连接火线（L）时，校正电路中的二极管 VD1 导通。

　　b.晶体三极管 VT1~VT3 也都导通。

c.继电器KM动作，其联动触点改变工作状态，常开触点接通，常闭触点断开。火线（L）和零线（N）经常开触点后供家庭用电的线路极性不变。

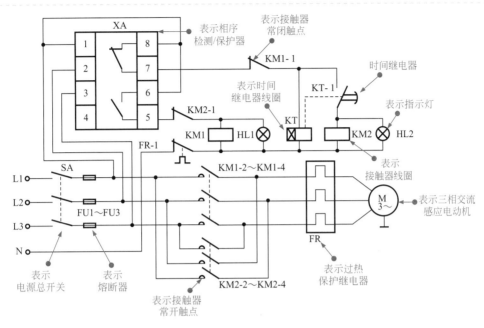

图 8-25　三相电相序校正电路的符号含义及电路结构的识读

2）从控制部件入手，理清三相供电保护电路的工作过程　图 8-26 为三相电处于正相序三相电时的流程分析。

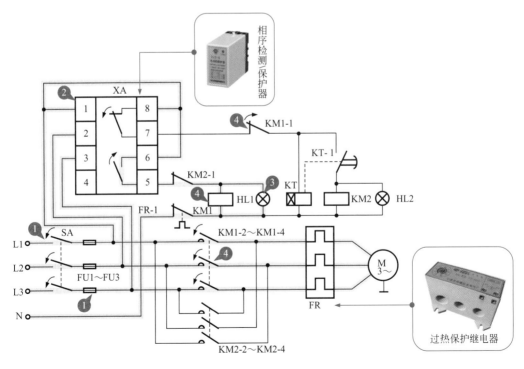

图 8-26　三相电处于正相序三相电时的流程

　　① 接通电源开关 SA，三相电通过熔断器 FU1～FU3 送入保护电路中。

　　② 当三相电处于正相序三相电时，相序保护器 XA 内部的继电器工作，⑦脚和⑧脚之间的常闭触点断开，⑤脚和⑥脚之间的常开触点接通。

　　③ 指示灯 HL1 点亮。

　　④ 接触器 KM1 的线圈得电，常开触点 KM1-2、KM1-3、KM1-4 接通，三相交流电动机正向运转。同时常闭触点 KM1-1 断开。

　　图 8-27 为三相电处于逆相序三相电时的流程分析。

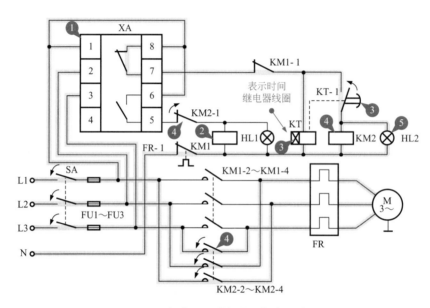

图 8-27　三相电处于逆相序三相电时的流程

　　① 当三相电处于逆相序三相电时，相序保护器 XA 内的触点不动作。

　　② 接触器 KM1 不工作。

　　③ 时间继电器 KT 得电延迟 1～2s，即常开触点 KT-1 接通。

　　④ 使接触器 KM2 的线圈得电，常开触点 KM2-2、KM2-3、KM2-4 接通，三相交流电动机供电线路换相仍保持正向运转。常闭触点 KM2-1 断开。

　　⑤ 同时指示灯 HL2 点亮。

　　相序保护器内部的继电器通电后，⑦脚和⑧脚之间的常闭触点的断开需要一定的时间，因此需要加入延迟电路，以避免三相电换相时，出现短路现象。

8.3 检测及保护电路的识读案例

8.3.1 过流保护电路的识读

过流保护电路主要是由晶体三极管、晶闸管和继电器进行控制。该电路可对流过负载的电流进行检测，一旦检测到超过额定值的负载电流，就会自动启动工作，切断负载的供电线路。掌握过流保护电路的识读对于设计、安装、改造和维修检测和控制电路有所帮助。

（1）过流保护电路的结构组成的识读

识读过流保护电路，首先要了解该电路的组成，明确电路中各主要部件与电路符号的对应关系。

过流保护电路的结构组成见图8-28。过流保护电路是由交流220V供电，电路结构是由继电器及其常闭触点、电力变压器、可变电阻器、稳压二极管、整流二极管、晶体三极管、晶闸管、电解电容器等组成。

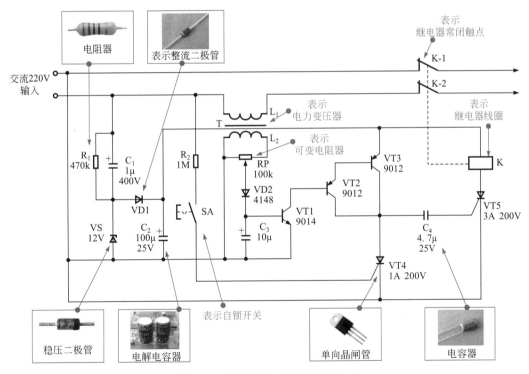

图8-28 过流保护电路的结构组成

（2）过流保护电路工作过程的识读

对过流保护电路工作过程的识读，通常会从电路的工作原理入手，通过对电路信号流程的分析，掌握过流保护电路的工作过程及功能特点。

过流保护电路电流正常时的工作过程见图8-29。

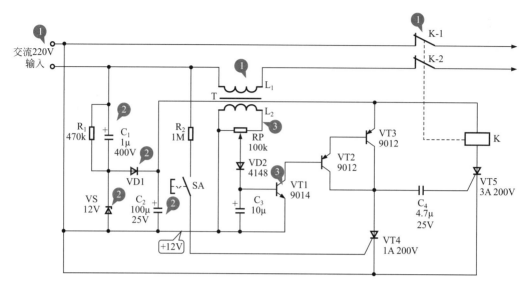

图 8-29 过流保护电路电流正常时的工作过程

【图解】▶▶▶

　① 交流 220V 经电流互感器 T 的初级绕组 L_1、继电器常闭触点 K-1 和 K-2 为负载供电。

　② 串联在供电线路中的检测电路，由 R_1、C_1 降压，稳压二极管 VS 稳压，二极管 VD1 半波整流、电容器 C_2 滤波后得到 12V 直流电压，为控制电路供电。

　③ 电路中电流正常时，电流互感器 T 的次级线圈 L_2 感应电压较小，晶体三极管 VT1 截止，后级电路不工作，KM 不动作。

　过流保护电路电流过大时的工作过程见图 8-30。

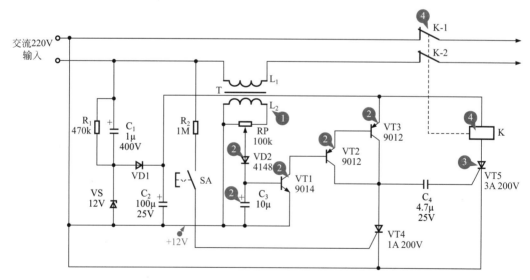

图 8-30 过流保护电路电流过大时的工作过程

【图解】▶▶▶

　　① 当负载电流过大时，电流互感器 T 的次级线圈 L₂ 产生感应电压升高。

　　② 经过整流二极管 VD2 和电容器 C3 半波整流滤波后，使晶体三极管 VT1、VT2 和 VT3 相继导通。

　　③ 当晶体三极管 VT1、VT2、VT3 导通后，为单向晶闸管 VT5 送入触发信号，使其导通。

　　④ 继电器 K 的线圈得电工作，其常闭触点 K-1 和 K-2 断开，切断负载的供电线路，起到保护作用。

　　经对过流保护电路的分析，当电流正常的情况下，电路可以直接为负载设备供电，当电路中出现过流或过载时，晶体三极管导通使晶闸管导通，继电器线圈得电工作，常闭触点断开，停止为负载设备进行供电，起到保护作用。当线路进入电流保护状态，在排除故障因素后，按下开关 SA，可使继电器 K 失电复位，恢复供电。

8.3.2　漏电保护电路的识读

　　漏电保护电路是由单向晶闸管和继电器等控制。该电路几乎不受电源电压的影响，环境温度对特性影响也很小，耐压冲击能力强，外界磁场干扰小，结构简单。掌握漏电保护电路的识读对于设计、安装、改造和维修供电及保护电路有所帮助。

（1）漏电保护电路的结构组成的识读

　　识读漏电保护电路，首先要了解该电路的组成，明确电路中各主要部件与电路符号的对应关系。

　　漏电保护电路的结构组成见图 8-31。

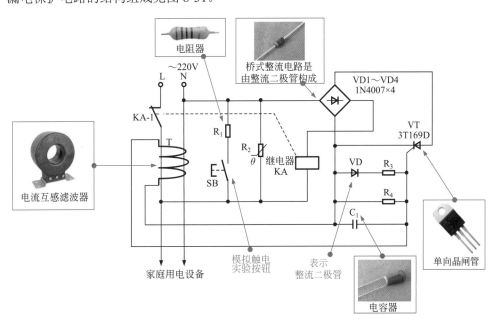

图 8-31　漏电保护电路的结构组成

漏电保护电路的是继电器及其控制触点、桥式整流电路、单向晶闸管、电流互感滤波器、热敏电阻器、二极管、电容器等构成。

（2）漏电保护电路工作过程的识读

对漏电保护电路工作过程的识读，通常会从电路的工作原理入手，通过对电路信号流程的分析，掌握漏电保护电路的工作过程及功能特点。

漏电保护电路正常运转时的工作过程见图8-32。

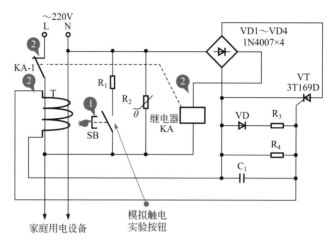

图 8-32 漏电保护电路正常运转时的工作过程

【图解】▶▶▶

① 模拟触电开关 SB 闭合。

② 在无漏电的情况下，也就是没有人触电时。电源供电线路 L、N 的电流平衡电流互感滤波器 T 的电压为零，继电器 KA 线圈无电流，常闭触点 KA-1 不动作，漏电保护电路正常运转。

漏电保护电路发生漏电现象时的工作过程见图8-33。

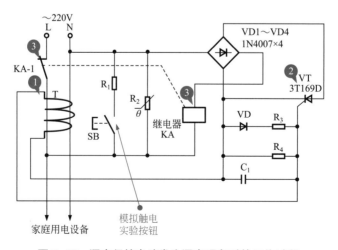

图 8-33 漏电保护电路发生漏电现象时的工作过程

【图解】▶▶▶

　　① 当线路中发生触电或漏电事故时，电流互感滤波器 T 中检测到火线和零线之间的电流不平衡，产生感应电动势。

　　② 感应电动势控制单向晶闸管 VT 导通。

　　③ 导通后，继电器 KA 线圈就有直流电流流过，产生磁通吸引衔铁，带动脱扣装置，使常闭触点 KA-1 断开，断开电路，从而达到安全保护的目的。

　　经对漏电保护电路分析，该电路是通过晶闸管的导通控制电路中继电器电气线圈的吸合，当该电路发生触电或漏电时，晶闸管导通，使继电器电磁线圈动作，电源总开关 SA 断开，整个电路断路，起到保护作用。

8.3.3　单相电校正电路的识读

　　单相电校正电路是由光敏电阻器和直流继电器构成。该电路可以校正电路中的零线与火线的位置，防止零线与火线接反而导致灾害等。掌握单向电校正电路的识读对于设计、安装、改造和维修相关电路有所帮助。

（1）单相校正电路的结构组成的识读

　　识读单相电校正电路，首先要了解该电路的组成，明确电路中各主要部件与电路符号的对应关系。

　　单相校正电路的结构组成见图 8-34。

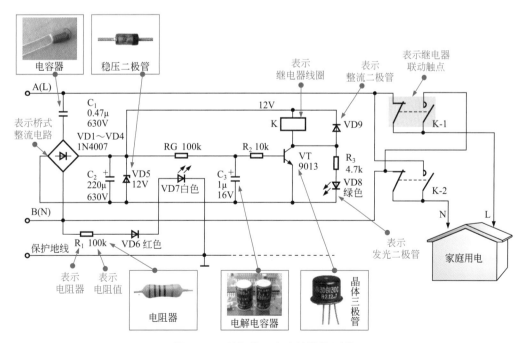

图 8-34　单相校正电路的结构组成

　　单相校正电路的是由桥式整流电路、电容器、电阻器、光电耦合器、继电器、发光二极管、稳压二极管、整流二极管等构成。

（2）单相校正电路工作过程的识读

对单相电校正电路工作过程的识读，通常会从电路的工作原理入手，通过对电路信号流程的分析，掌握单相电校正电路的工作过程及功能特点。

单相校正电路火线与零线连接正确时的工作过程见图 8-35。

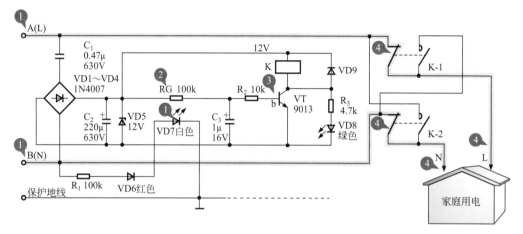

图 8-35　单相校正电路火线与零线连接正确时的工作过程

【图解】▶▶▶

①当火线（L）与零线（N）连接正确的时候，零线（N）与保护地线之间的电压很低，发光二极管 VD7 截止不发光。

②光敏电阻器 RG 无光照，呈高阻抗状态。

③晶体三极管 VT 的基极（b）无工作电流，处于截止状态。

④火线（L）与零线（N）经过常闭触点提供家庭用电。

单相校正电路火线与零线连接错误时的工作过程见图 8-36。

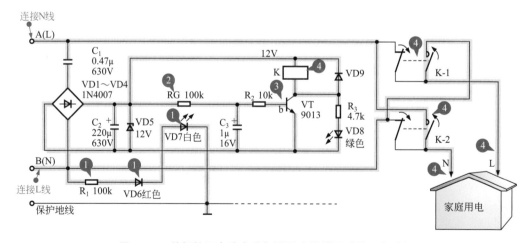

图 8-36　单相校正电路火线与零线连接错误时的工作过程

【图解】▶▶▶

　　① 当火线（L）与零线（N）连接错误的时候，即火线接到 B 端，有高压经 R₁ 和 VD6 加到发光二极管 VD7 上并使之导通发光。

　　② 光敏电阻器 RG 有光照，呈低阻抗状态。

　　③ 晶体三极管 VT 的基极（b）电压升高，处于导通状态。

　　④ 继电器 K 工作，其常闭触点断开，常开触点接通，火线（L）与零线（N）经过常开触点提供家庭用电，保持家庭供电的极性不变。

　　经过对单相校正电路分析，电路中的火线（L）与零线（N）可以任意接在 A、B 两端，是由晶体三极管 VT 进行控制继电器的导通，实现单相校正保护。该电路可以自动校正火线（L）与零线（N），无论输入端如何连接，经该电路后，输出端的火线（L）、零线（N）位置不会发生改变。

8.3.4　三相电断相保护电路的识读

　　三相电断相保护电路是由中间继电器和交流接触器构成的。该电路可用于动力配电箱中，对小型用电工厂进行系统配电。掌握三相电断相保护电路的识读对于设计、安装、改造和维修相关电路有所帮助。

（1）三相电断相保护电路的结构组成的识读

　　识读三相电断相保护电路，首先要了解该电路的组成，明确电路中各主要部件与电路符号的对应关系。

　　三相电断相保护电路的结构组成见图 8-37。

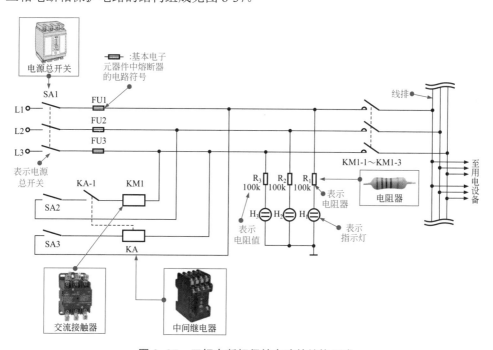

图 8-37　三相电断相保护电路的结构组成

三相电断相保护电路是由交流接触器及其控制触点、中间继电器及其控制触点、熔断器、指示灯、开关等构成。

（2）三相电断相保护电路工作过程的识读

对三相电断相保护电路工作过程的识读，通常会从电路的工作原理入手，通过对电路信号流程的分析，掌握三相电断相保护电路的工作过程及功能特点。

三相电断相保护电路正常情况下的工作过程见图8-38。

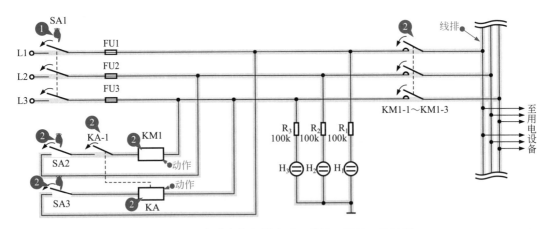

图8-38　三相电断相保护电路正常情况下的工作过程

【图解】▶▶▶

① 接通电源开关SA1，三相电进入配电箱。

② 分别闭合按钮SA2和SA3，可使中间继电器KA和交流接触器KM1的常开触点接通，使三相电顺利进入线排，再由线排分别送到各个用电设备中。

三相电断相保护电路L1断相情况下的工作过程见图8-39。

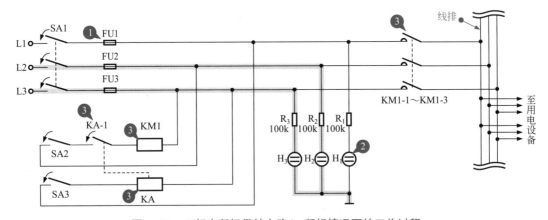

图8-39　三相电断相保护电路L_1断相情况下的工作过程

【图解】▶▶▶

① 若L1相的熔断器FU1熔断，导致断相。

② 指示灯 H₁ 灭。

③ 中间继电器 KA 的线圈断电释放，其常开触点 KA-1 断开，切断交流接触器 KM1 的供电，常开触点 KM1-1 ～ KM1-3 断开，切断送至线排的三相电。

三相电断相保护电路 L₂ 断相情况下的工作过程见图 8-40。

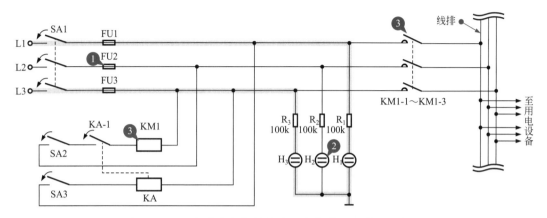

图 8-40　三相电断相保护电路 L₂ 断相情况下的工作过程

【图解】▶▶▶

① 若 L2 相的熔断器 FU2 熔断，导致断相。

② 指示灯 H₂ 灭。

③ 交流接触器 KM1 的线圈释放，常开触点 KM1-1 ～ KM1-3 被断开，同样切断送至线排的三相电。

三相电断相保护电路 L₃ 断相情况下的工作过程见图 8-41。

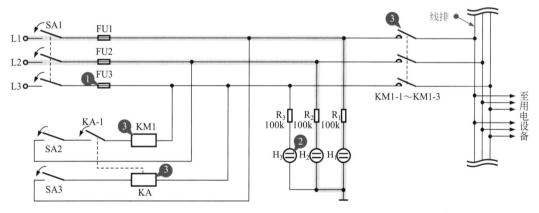

图 8-41　三相电断相保护电路 L₃ 断相情况下的工作过程

【图解】▶▶▶

① 若 L3 相的熔断器 FU3 熔断，导致断相。

经对三相电断相保护电路分析，当电路正常工作时，电路中的指示灯 H₁ ～ H₃ 全亮，若当其中某一相发生断路，其指示灯也将熄灭，可以准确地判断出现故障的相线，三相电被切断防止用电设备出现故障，起到保护作用。

第9章 ▶▶▶
农业电气控制电路识图

9.1 农业电气控制电路的特点及用途

9.1.1 农业电气控制电路的功能及应用

（1）农业电气控制电路的功能

农业电气控制电路是由电子元件、控制器件和功能器件构成的单元电路或模块设备，对工业设备进行控制，进而可以节约人力劳动，提高工作效率。

电围栏控制电路见图9-1。电围栏控制电路是由桥式整流电路、变压器、晶体三极管、

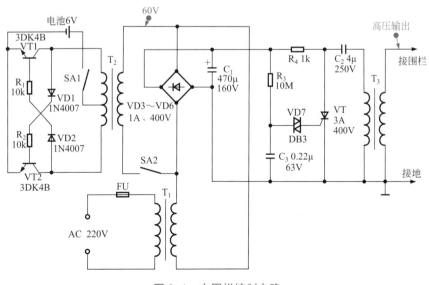

图9-1 电围栏控制电路

电围栏可用电池或交流 220V 供电，当用直流电压进行供电时，应将开关 SA1、SA2 接通，由 6V 的电池供电经开关 SA1 加到脉冲振荡电路，振荡脉冲加到变压器 T₂ 的初级。经变压后形成 60V 脉冲电压，该电压经桥式整流堆和电容器 C₁ 整流滤波后，形成直流电压同时经过电阻器 R₃ 为电容器 C₃ 充电。充电后电容器 C₃ 的电压使双向二极管 VD7 导通，触发信号使晶闸管 VT 触发并导通。晶闸管 VT 在触发信号的作用下形成振荡，振荡信号经升压变压器为围栏提供高压。

电围栏在交流电压进行供电时，应当将开关 SA1、SA2 断开，由 AC 220V 供电，经变压器 T₁ 进行降压，由变压器 T₁ 为桥式整流堆供电，其他电路与上述电路工作过程相同。

双向二极管和晶闸管等构成。该电路可以在振荡电路和升压变压器的作用下产生高压脉冲为电围栏进行供电，当有动物碰到该电围栏时，会受到围栏高压电击，使其产生惧怕心理。该围栏可以用于畜牧业，防止动物的丢失或被外来的猛兽袭击。也可以用于农田耕种的保护，防止动物的入侵。

雏鸡孵化告知电路见图 9-2。雏鸡孵化告知电路是由晶体三极管、稳压二极管、双向晶闸管、指示灯和蜂鸣器等构成的。该电路主要用于雏鸡孵化时检测雏鸡是否出壳，检测到雏鸡出壳后，蜂鸣器会发出警示声，指示灯亮，提醒养殖户将雏鸡取出，以免影响到其他蛋的孵化。

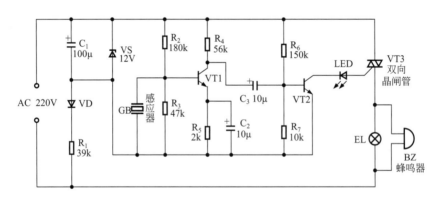

图 9-2　雏鸡孵化告知电路

当雏鸡从蛋中孵化后，GB 感受到雏鸡而产生信号，感应器接收到信号经三极管 VT1、VT2 放大，为双向晶闸管 VT3 提供触发信号使之导通，指示灯 EL 亮，蜂鸣器 BZ 发出警示音提醒养殖户将其取出。当雏鸡被取出后，感应器无信号，晶体三极管 VT1、VT2 截止，双向晶闸管 VT3 截止，照明灯 EL 灭，蜂鸣器停止发声。进入准备状态，等待下一个蛋的孵化。

可见根据不同的需要，农业电气控制电路的结构以及所选用的负载设备和控制部件也会发生变化。正是通过对这些部件巧妙地连接和组合设计，使得农业电气控制电路可以实现各种各样的功能。

（2）农业电气控制电路的应用

农业电气控制电路的应用见图9-3。

图9-3　农业电气控制电路的应用

常见的农业电气控制电路主要有粮食升降机控制电路、水泵控制电路、供氧机控制电路、孵化设备、温度/湿度检测控制电路、农机设备控制电路等。

① 粮食升降机控制电路可用来在存储或运输粮食作物时帮助吊装粮食，节省人力。

② 水泵控制电路可以用来检测水塘中的水位，对其进行排灌。

③ 供氧机控制电路多应用在渔业养殖中，可以根据养鱼池中氧气量的多少对养鱼池进行增氧。

④ 孵化设备可以使用农业电气控制电路进行雏鸡自动孵化。

⑤ 温度/湿度检测控制电路可以检测大棚中土壤的湿度，根据湿度的变化利用控制电路对其进行控制，使其达到需要的湿度。

⑥ 农机设备控制电路可以将种植或收割工作转变为自动化。

9.1.2　农业电气控制电路的组成

农业电气控制电路是由电子元件、控制部件和功能器件构成的。在学习识读农业电气控制电路之前，首先要了解农业电气控制电路的组成。明确农业电气设备中各主要电子元器件、控制部件以及功能器件的电路对应关系。

农业电气控制电路的基本构成见图9-4。

图9-4　农业养殖孵化电气控制电路的基本结构

农业电气控制电路是由电源电路为整个电路进行供电，由控制电路根据所设定的参数（温度、湿度、时间等）控制负载设备（电动机）的运转和停止。

了解农业电气控制电路的组成是识读农业电气控制电路的前提，当熟悉农业电气控制电路中包含的元件及连接关系，才能识读出农业电气控制电路的功能及工作过程。

　　农业电气控制电路主要是由电源电路、控制电路和负载等部分构成。控制电路的不同决定了该照明电路的控制方法，控制电路主要是由元器件、不同的控制开关和继电器等组成控制，负载为电动机、扬声器、指示灯等。当农业电气控制电路需要控制的设备不同其负载有所不同，控制电动机负载可以进行灌溉、加工等工作；扬声器负载作为警报使用，对养殖户或种植户进行需要的提醒；指示灯负载的作用是提示和警示，如图9-5所示。

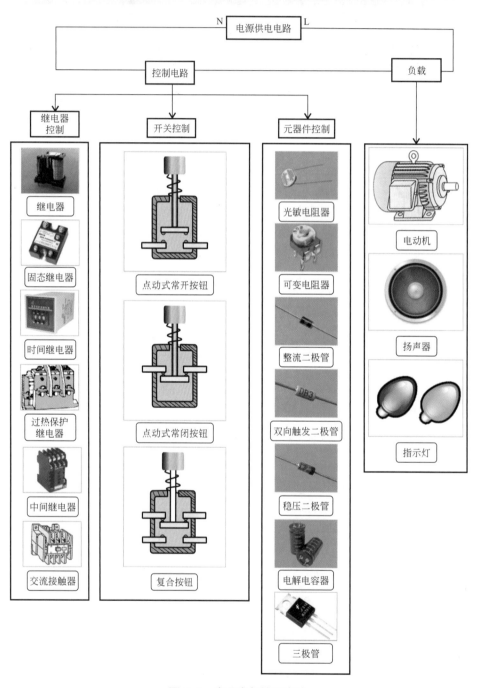

图9-5　农业电气控制电路

9.2 农业电气控制电路的识图方法

9.2.1 农业电气控制电路中的主要元器件

在前面的章节中，大体了解了农业电气控制电路的基本组成。接下来，从农业电气控制电路中的主要组成元件、电气部件和功能器件入手，掌握这些电路的组成部件的种类和功能特点，为识读农业电气控制电路打好基础。

（1）开关组件

农业电气控制电路中常见的开关组件主要有电源总开关、点动开关、自锁开关、常开按钮、常闭按钮、复合按钮等。

① 电源总开关在电路中使用"SA、QS、S"符号表示，在农业电气控制电路中，电源总开关通常采用断路器，主要用于接通或切断供电线路，这种开关具有过载、短路或欠压保护的功能。

② 点动开关在电路中使用"SA、QS、S"符号表示，控制电路的导通与断开。

③ 自锁开关在电路中使用"SA、QS、S"符号表示，当其按下后电路进行锁定模式。

④ 常开按钮在电路中使用"SA、QS、S"符号表示，常开按钮内部的触点在操作前断开，当手指按下时触点闭合，手指放松后，按钮自动复位。

⑤ 常闭按钮在电路中使用"SA、QS、S"符号表示，常闭按钮内部的触点在操作前闭合，当手指按下时，触点被断开，放松后，按钮自动复位。

⑥ 复合按钮在电路中使用"SA、QS、S"符号表示，复合按钮在其内部设有常开和常闭组合按钮，它设有两组触点，操作前有一组触点是闭合的，另一组触点是断开的。当手指按下时，闭合的触点断开，而断开的触点闭合，手指放松后，两组触点全部自动复位。

（2）继电器和接触器

继电器和接触器都是根据信号（电压、电流、时间等）来接通或切断小电流电路和电器的控制元件，该元器件在电工电子行业应用较为广泛，在许多机械控制及电子电路中都采用这种器件。

（3）泵组件

农业电气控制电路中常见的泵组件见图9-6。

9.2.2 农业电气控制电路的识读

农业电气控制电路的结构多样，电子元件、控制部件和功能器件连接组合方式的不同，使得电路的功能也千差万别。

因此，在对农业电气控制电路进行识读时，通常先要了解农业电气控制电路的结构特点，掌握农业电气控制电路中的主要组成部件，并根据这些主要组成部件的功能特点和连接关系，对整个农业电气控制电路进行单元电路的划分。

①单级离心泵   ②增氧泵   ③抽水泵

图9-6 农业电气控制电路中常见的泵组件

【提示】▶▶▶

① 单级离心泵又可以分为单级单吸式、单级双吸式和多级式三种。单级单吸式具有扬程较高、流量较小、结构简单、使用方便等优点，水泵出水口的方向可以根据需要进行上下、左右调整，适用于丘陵、山区等小型灌溉场所。

② 增氧泵多用于渔业养殖中，可以通过控制电路对其进行控制。

③ 抽水泵适合需要干燥的养殖环境，当水过多时，抽水泵可以通过控制电路将水抽出。

然后，进一步从控制部件入手，对农业电气控制电路的工作流程进行细致的解析，搞清农业电气控制电路的工作过程和控制细节，完成农业电气控制电路的识读过程。

（1）孵化设备控制电路的识读

1）孵化设备控制电路结构特点的识读　孵化设备控制电路结构特点的识读见图9-7。

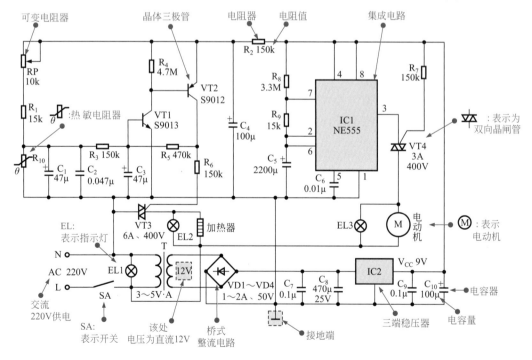

图9-7 孵化设备控制电路的结构特点

【图解】▶▶▶

　　在一张农业电气控制电路图上，可以看到图中包含了许多电路符号、文字标识、线条等元素，这些元素即为该孵化设备控制电路的识读信息，在电路中均起到不同的作用。如"AC"为交流供电标识；"EL"与"⊗"同样表示指示灯；"‿＼"与"SA"表示开关；"🌡"表示热敏电阻器；"◁▷"表示双向晶闸管；"◇"表示桥式整流堆；"⊥"表示电容器；"▭"表示电阻器；"⊥╱"表示晶体三极管；"Ⓜ"表示电动机。因此，了解电路符号及标识方法是识读孵化设备控制电路的关键。

　　2）根据主要组成部件的功能特点和连接关系划分单元电路　识读孵化设备控制电路的结构见图9-8。

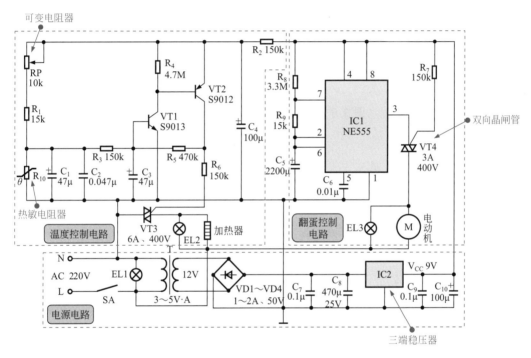

图 9-8　孵化设备控制电路结构的识读

【图解】▶▶▶

　　在对孵化设备控制电路进行识读时，首先了解该电路的结构，从图中可知该电路是由电源电路、温度控制电路和翻蛋控制电路构成的。然后再对各个电路的构成进行了解，在该图中电源电路由开关 SA、指示灯 EL1、变压器、桥式整流电路和三端稳压器等构成；温度控制电路由热敏电阻器、双向晶闸管、晶体三极管和指示灯 EL2 构成；翻蛋控制电路是由 IC1（NE 555）集成电路芯片、双向晶闸管、指示灯 EL3 和电动机 M 等构成的。

　　3）从控制部件入手，理清孵化设备控制电路的工作过程　识读孵化设备控制电路的流程见图9-9。

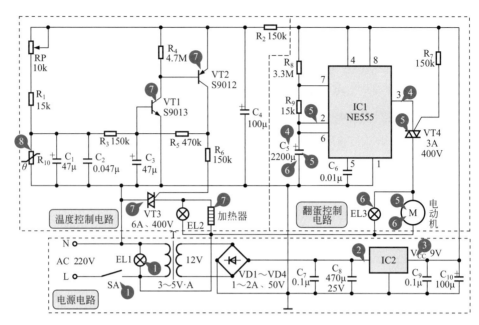

图 9-9　孵化设备控制电路的工作流程

【图解】▶▶▶

按图中标号顺序说明如下。

① 该电路当开关 SA 闭合时，由 AC 220V 供电，指示灯 EL1 亮，经变压器 T 后输出 12 V 电压。

② 12V 电压经桥式整流堆整流，由电容器 C_7 和 C_8 进行滤波，将直流电压加给三端稳压器。

③ 经三端稳压器内部工作后输出 9V 电压为翻蛋控制电路和温度控制电路供电。

④ 当 9V 工作电压输入到翻蛋控制电路中时，电容器 C_5 进行充电，开始时由于 IC1 的②脚、⑥脚电压过低，由③脚输出的为低电平，双向晶闸管 VT4 截止，指示灯 EL3 不亮，电动机 M 不工作，无法进行翻蛋。

⑤ 当电容器 C_5 进行充电后，IC1 的②脚、⑥脚电压上升，IC1 的③脚输出低电平，使双向晶闸管 VT4 导通，指示灯 EL3 亮，电动机 M 进行翻蛋工作。

⑥ 当翻蛋工作完成后，电容器 C_5 电压下降，IC1 的③脚输出高电平，双向晶闸管截止，指示灯 EL3 灭，电动机 M 停止翻蛋工作；当电容器 C_5 的电量再次充满后，翻蛋控制电路继续进行翻蛋工作。进入反复工作状态。

⑦ 当温度控制电路中接到供电电压后，由于该电路在刚开始时，加热器处于低温，热敏电阻器的阻值较大，使晶体三极管 VT1、VT2 导通，双向晶闸管 VT3 导通，指示灯 EL2 亮，加热器进行加热工作。

⑧ 当加热器加热到一定的温度后，热敏电阻器阻值减小，使晶体三极管 VT1、VT2 截止。双向晶闸管也随之截止，指示灯 EL2 灭，加热器停止工作。当一段时间后，随着热敏电阻器周围的温度降低，晶体三极管 VT1、VT2 重新导通，双向晶闸管导通，指示灯 EL2 亮，加热器工作。该电路进入反复工作状态。

孵化设备控制电路可以控制孵化过程中的温度，使其达到孵化设定的温度，防止产生过高的温度使孵化的蛋损坏。可以自动进行翻蛋使其孵化的过程更为简便，节省了人力劳动还可以增加效率。

（2）养鱼池水泵和增氧泵自动交替运转的控制电路识读

1）养鱼池水泵和增氧泵自动交替运转的控制电路结构特点的识读　养鱼池水泵和增氧泵自动交替运转的控制电路结构特点的识读见图9-10。

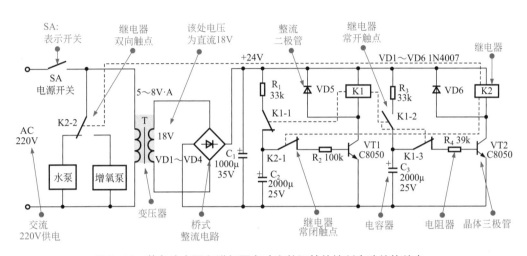

图9-10　养鱼池水泵和增氧泵自动交替运转的控制电路结构特点

【图解】▶▶▶

在养鱼池水泵和增氧泵自动交替运转的控制电路图中，可以看到包含了许多电路符号、文字标识、线条等元素，这些元素即为该电路的识读信息，在电路中起到不同的作用。如"AC"表示交流供电；"T"表示变压器；"＿＼＿"与"SA"表示开关；"⊻"表示二极管；"◇⊳"表示桥式整流电路；"⊥"表示电容器；"▭"表示电阻器；"⊥"表示晶体三极管；"▭K"表示继电器，"╱＿"表示继电器控制的双向触点，"＿＿"表示继电器控制的常开触点，"╲↙"表示继电器控制的常闭触点。因此，了解电路符号及标识方法是识读该控制电路的关键。

2）根据主要组成部件的功能特点和连接关系划分单元电路　识读养鱼池水泵和增氧泵自动交替控制电路的结构见图9-11。

3）从控制部件入手，理清照明控制电路的工作过程　识读水泵和增氧泵自动交替控制电路的流程见图9-12。

（3）农用排灌设备控制电路识读

1）农用排灌设备控制电路结构特点的识读　农用排灌设备控制电路结构特点的识读见图9-13。

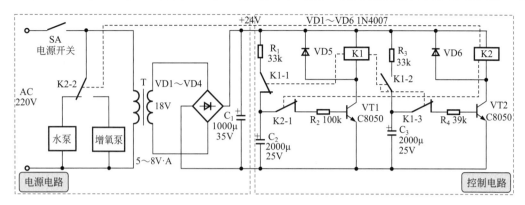

图 9-11　养鱼池水泵和增氧泵自动交替控制电路结构的识读

【图解】▶▶▶

在对养鱼池水泵和增氧泵自动交替控制电路进行识读时，首先了解该电路的结构，从图中可知该电路是由电源电路和控制电路构成的。电源电路是由电源开关 SA、水泵、增氧泵、变压器、桥式整流电路和电容器 C_1 构成。控制电路是由电阻器 $R_1 \sim R_4$、电容器 C_2 和 C_3、晶体三极管 VT1 和 VT2、二极管 VD5 和 VD6、继电器 K1 和 K2 构成。

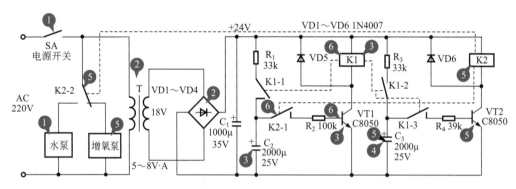

图 9-12　养鱼池水泵和增氧泵自动交替控制电路工作流程

【图解】▶▶▶

① 当电源开关 SA 接通后，电源供电经继电器触点 K2-2 输入水泵后，水泵进行工作。

② 交流 220V 电源经变压器后输出 18V 电压，经桥式整流电路和电容器 C_1 整流滤波，输出 24V 直流电压为控制电路进行供电。

③ 直流 24V 经 R1、接触器常闭触点 K1-1 后，为电容器 C_2 进行充电，当充电完成后，晶体三极管 VT1 导通，继电器 K1 动作，控制的常闭触点 K1-1 和 K1-3 断开、常开触点 K1-2 接通。

④ 继电器常开触点 K1-2 接通后，24V 为电容器 C_3 充电。

⑤ K1 复位，K1-2 断开，电容器 C_3 上的电压释放，经继电器常闭触点 K1-3，

晶体三极管 VT2 导通，继电器 K2 动作，使其触点 K2-2 与增氧泵端接通，增氧泵进行工作，水泵停止。

⑥ 继电器 K2 动作，常闭触点 K2-1 断开，晶体三极管 VT1 截止，继电器 K1 复位，其触点恢复原位。接着电路再次循环上述电路的工作过程，两电机的转换时间取决于充电电容器 C_2、C_3 和充电电阻的值。

该电路应用在养鱼池中，通过继电器的控制的触点转换水泵与增氧泵之间运行情况，使其可以自动转换。

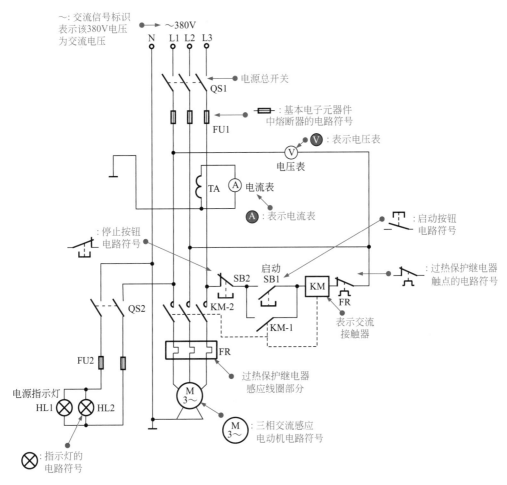

图 9-13 农用排灌设备控制电路结构特点

【图解】▶▶▶

在农用排灌设备控制电路图中，可以看到包含了许多电路符号、文字标识、线条等元素，这些元素即为该电路的识读信息，在电路中起到不同的作用。如"～"表示交流供电；"⊣⊢⊣⊢"表示电源总开关；"┌┘"表示停止按钮；"_┌┐"表示

2）根据主要组成部件的功能特点和连接关系划分单元电路 识读农用排灌设备控制电路的结构见图9-14。

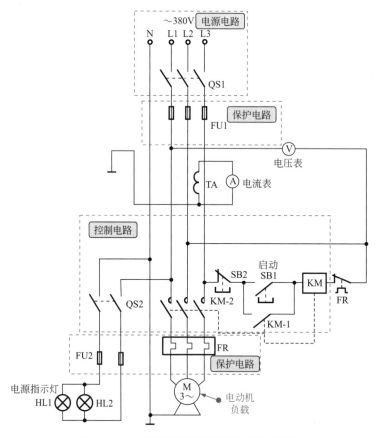

图9-14 农用排灌设备控制电路结构的识读

在对农用排灌设备控制电路进行识读时，首先了解该电路的结构，从图中可知该电路是由电源电路、保护电路和控制电路构成的。电源电路是由电源总开关QS1。保护电路是由熔断器FU1、FU2和过热保护继电器FR构成，控制电路是由交流接触器、启动按钮、停止按钮等构成。

3）从控制部件入手，理清农用排灌设备控制电路的工作过程 识读农用排灌设备控制电路的工作流程见图9-15。

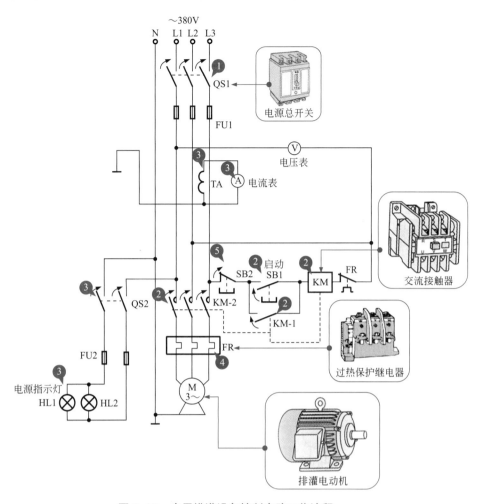

图 9–15　农用排灌设备控制电路工作流程

【图解】▶▶▶

①当接通电源总开关 QS1 后，排灌设备处于待机状态。

②按下启动开关 SB1，交流电源为交流接触器 KM 供电，KM-1 与 KM-2 吸合，KM-1 触点接通为交流接触器提供自锁电源。同时 KM-2 触点接通为电动机 M 供电，电动机开始工作。

③电流互感器 TA 的输出接电流表上指示工作电流，交流电压表接在 L_1 和 L_2 之间指示工作电压，同时开关 QS2 接照明灯 HL1、HL2，指示交流输入电压是否正常。

④在电动机供电电路中还设有过热保护继电器 FR，当温度过高时进行断路保护。

⑤停机时操作停机键 SB2，使交流接触器 KM 失去电源，KM 切断电动机的供电，电动机停转。

9.3.1 土壤湿度检测电路的识读

湿度检测电路是湿敏电阻器对于湿度感应产生变化，利用指示灯进行提示，可以达到对湿度的实时检测，防止湿度过大导致减产的可能。该电路多用于农业种植对湿度检测，使种植者可以随时根据该检测设备的提醒对湿度进行调整，掌握湿度检测电路的识读对于设计、安装、改造和维修相关电路有所帮助。

（1）湿度检测电路的结构组成的识读

识读湿度检测电路，首先要了解该电路的组成，明确电路中各主要部件与电路符号的对应关系。

湿度检测电路的结构组成见图9-16。

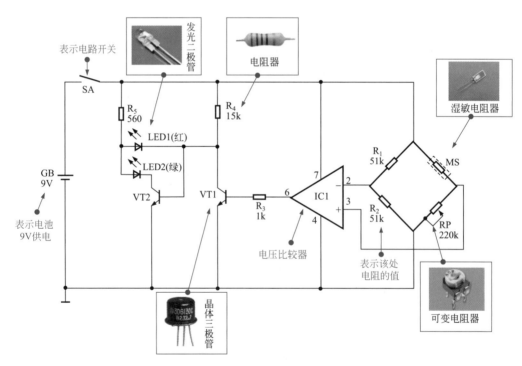

图9-16　湿度检测电路的结构组成

湿度检测电路是由电池供电、电路开关、晶体三极管、三端稳压器、可变电阻器、湿敏电阻器和发光二极管等构成。

（2）湿度检测电路工作过程的识读

对湿度检测电路工作过程的识读，通常会电路的工作原理入手，通过对电路信号流程的分析，掌握湿度检测电路的工作过程及功能特点。

湿度检测电路检测到土壤湿度正常时的工作过程见图9-17。

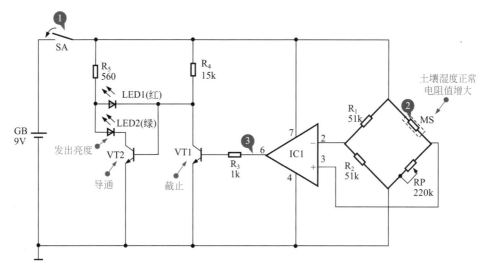

图 9-17　湿度检测电路检测到土壤湿度正常时工作过程

【图解】▶▶▶

① 当开关 SA 闭合。

② 9V 电源为检测电路供电。湿度正常时，湿敏电阻器 MS 的阻值大于可变电阻器 RP 的阻值。

③ 使电压比较器 IC1 的③脚电压低于②脚，IC1 的⑥脚输出低电平，晶体三极管 VT1 截止、VT2 导通，指示二极管 LED2 绿灯亮。

土壤湿度过大时的工作过程见图9-18。

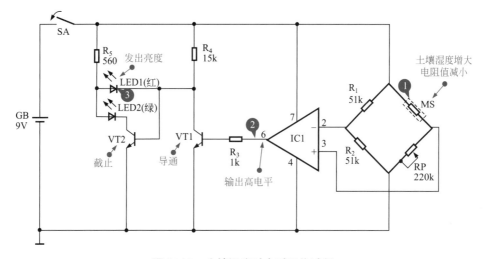

图 9-18　土壤湿度过大时工作过程

① 当土壤的湿度过大时，湿敏电阻器MS的阻值减小，则IC1 ③脚的电压上升。

② 电压经比较器 IC1 的 ⑥脚输出高电平，使晶体三极管 VT1 导通、VT2 截止

③ 指示二极管 LED1 点亮、LED2 熄灭，给农户以提示，应适当减小大棚内的湿度。

9.3.2 菌类培养湿度检测电路的识读

菌类培养湿度检测电路是由 NE 555 集成电路和扬声器发出提示信号。由于培养菌类对土壤湿度的要求很高，可以采取该电路对其湿度进行监测，当湿度出现异常时，扬声器会发出报警声。掌握菌类培养湿度检测电路的识读对于设计、安装、改造和维修相关电路有所帮助。

（1）菌类培养湿度检测电路结构组成的识读

识读菌类培养湿度检测电路，首先要了解该电路的组成，明确电路中各主要部件与电路符号的对应关系。

菌类培养湿度检测电路的结构组成见图9-19。

菌类培养湿度检测控制电路

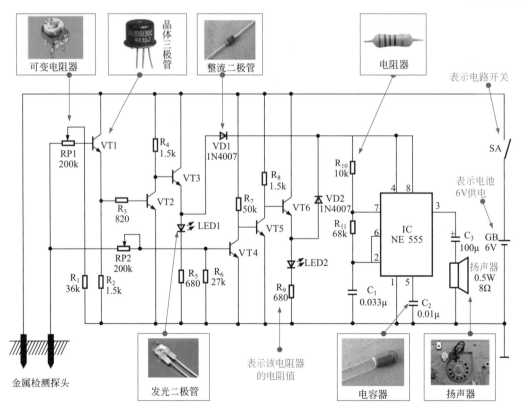

图9-19 菌类培养湿度检测电路的结构组成

菌类培养湿度检测电路是由电池进行供电，由金属检测探头、可变电阻器、晶体三极

管、发光二极管、集成电路 IC NE 555 和扬声器等构成。利用扬声器和指示灯发出警报指示。

（2）菌类培养湿度检测电路工作过程的识读

对菌类培养湿度检测电路工作过程的识读，通常会从电路的工作原理入手，通过对电路信号流程的分析，掌握菌类培养湿度检测电路的工作过程及功能特点。

湿度过大状态，菌类培养湿度检测电路的工作过程见图9-20。

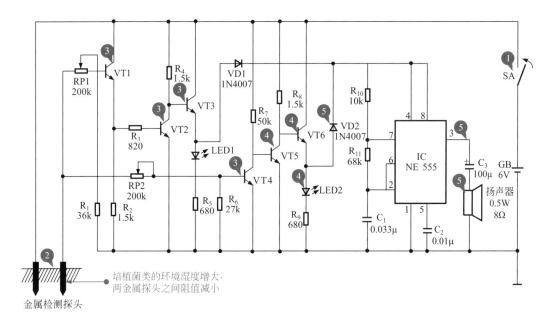

图 9-20　菌类培养湿度检测电路检测土壤湿度过大工作过程

【图解】▶▶▶

　　① 电路中开关 SA 闭合。

　　② 当培植菌类的环境湿度增大时，两探头之间的电阻减小。

　　③ 晶体三极管 VT1、VT2 和 VT4 导通。

　　④ 晶体三极管 VT5 截止，晶体三极管 VT6 导通使发光二极管 LED2 发光。

　　⑤ 二极管 VD2 导通，集成电路芯片 IC NE555 的④脚、⑧脚电压上升，于是③脚输出报警信号，扬声器发出警报声。

湿度过小状态，菌类培养湿度检测电路的工作过程见图9-21。

9.3.3　畜牧产仔报警电路的识读

畜牧产仔无线警报电路是感应到有新生命的产生发出警报，对养殖户进行提醒。该电路有效地节省了人力，不需要长时间的看守。掌握畜牧产仔无线报警电路的识读，对于设计、安装、改造和维修相关电路有所帮助。

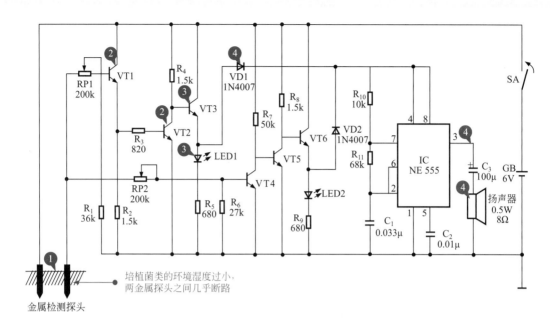

图 9-21　菌类培养湿度检测电路检测土壤湿度过小工作过程

【图解】▶▶▶

①当培植菌类的环境湿度过小时，两探头之间的阻值增大，几乎断路。

②晶体三极管 VT1 和 VT2 截止。

③晶体三极管 VT3 导通，发光二极管 LED1 亮。

④二极管 VD1 导通，集成电路芯片 IC NE 555 的④脚、⑧脚电压上升，于是③脚输出报警信号，扬声器同时也会发出警报声。

当培植菌类的环境湿度适宜时，两探头间阻抗中等，晶体三极管 VT4 截止、VT1 导通。晶体三极管 VT3、VT6 截止，IC NE555 的④、⑧脚为低电平，IC 无动作，扬声器无声。

（1）畜牧产仔无线警报电路的结构组成的识读

识读畜牧产仔无线警报电路，首先要了解该电路的组成，明确电路中各主要部件与电路符号的对应关系。

畜牧产仔无线报警电路的结构组成见图 9-22。

畜牧产仔无线警报电路是由电池进行供电，由信号产生电路发射信号和信号接收电路接收信号并发出警报，整个电路是由感应器、与非门集成电路、无线电检测发射电路、无线电检测接收电路、音乐集成电路、晶体三极管和扬声器等构成。

（2）畜牧产仔无线警报电路工作过程的识读

对畜牧产仔无线警报电路工作过程的识读，通常会电路的工作原理入手，通过对电路信号流程的分析，掌握畜牧产仔无线警报电路的工作过程及功能特点。

畜牧产仔无线警报电路的工作过程见图 9-23。

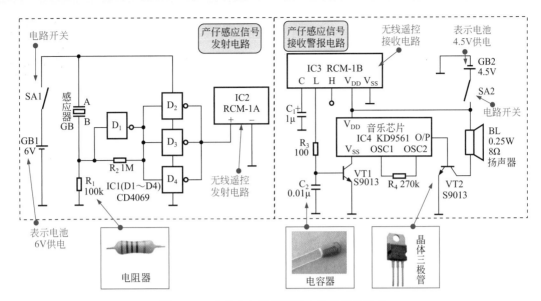

图 9-22 畜牧产仔无线警报电路的结构组成

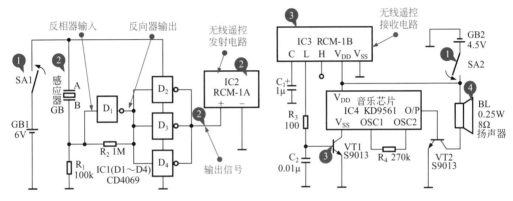

图 9-23 畜牧产仔无线警报电路的工作过程

【图解】▶▶▶

① 畜牧场中动物产仔，而养殖户不能在现场看守时，将感应端的开关 SA1 和警报器端的开关 SA2 同时接通。

② 当感应器 GB 感应到有新的动物时，GB 有感应信号输出经反相器放大后将信号送入无线发射电路 IC2 的输入端，使无线控制发射电路发出信号。

③ 无线接收电路接收到信号后，输出信号使晶体三极管 VT1 导通，输入到音乐芯片 IC4 中。

④ 由音乐芯片的 O/P 端输出音乐信号经晶体三极管 VT2 放大后去驱动扬声器，扬声器发出报警声音作为提醒。

【提示】▶▶▶

该电路当养殖户接收到警报信号后，可以将开关 SA2 断开，扬声器即可停止发出警报声。当养殖户赶到畜牧园中，将感应端的开关 SA1 断开，对新生产的动物进行看管。这样可以节约该电路中的电能。

9.3.4 秸秆切碎机驱动控制电路的识读

典型秸秆切碎机
驱动控制电路

　　秸秆切碎机驱动控制电路是指利用两个电动机带动机械设备动作，完成送料和切碎工作的一类农机控制电路，可有效节省人力劳动，提高工作效率。

　　图 9-24 为秸秆切碎机驱动控制电路的结构组成。

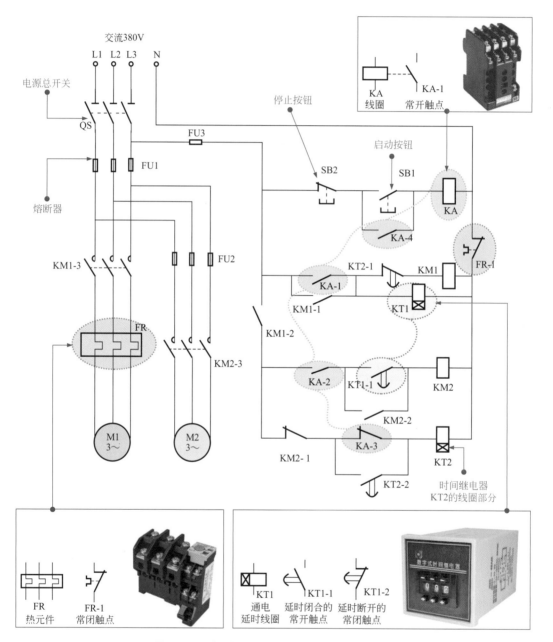

图 9-24　秸秆切碎机驱动控制电路的结构组成

　　图 9-25 为秸秆切碎机驱动控制电路的工作过程。

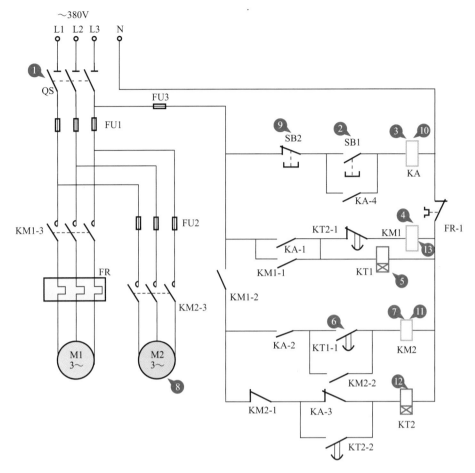

图 9-25　秸秆切碎机驱动控制线路的工作过程

【图解】▶▶▶

①闭合电源总开关 QS。

②按下启动按钮 SB1，触点闭合。

③中间继电器 KA 的线圈得电，相应触点动作。

自锁常开触点 KA-4 闭合，实现自锁，即使松开 SB1，中间继电器 KA 仍保持得电状态。

控制时间继电器 KT2 的常闭触点 KA-3 断开，防止时间继电器 KT2 得电。

控制交流接触器 KM2 的常开触点 KA-2 闭合，为 KM2 线圈得电做好准备。

控制交流接触器 KM1 的常开触点 KA-1 闭合。

④交流接触器 KM1 的线圈得电，相应触点动作。

自锁常开触点 KM1-1 闭合，实现自锁控制，即当触点 KA-1 断开后，交流接触器 KM1 仍保持得电状态。

辅助常开触点 KM1-2 闭合，为 KM2、KT2 得电做好准备。

常开主触点 KM1-3 闭合，切料电动机 M1 启动运转。

⑤时间继电器 KT1 的线圈得电，时间继电器开始计时（30s），实现延时功能。

⑥当时间经 30s 后，时间继电器中延时闭合的常开触点 KT1-1 闭合。

⑦ 交流接触器 KM2 的线圈得电。

自锁常开触点 KM2-2 闭合，实现自锁。

时间继电器 KT2 线路上的常闭触点 KM2-1 断开。

KM2 的常开主触点 KM2-3 闭合。

⑧ 接通送料电动机电源，电动机 M2 启动运转。

实现 M2 在 M1 启动 30s 后才启动，可以防止因进料机中的进料过多而溢出。

⑨ 当需要系统停止工作时，按下停机按钮 SB2，触点断开。

⑩ 中间继电器 KA 的线圈失电。

自锁常开触点 KA-4 复位断开，解除自锁。

控制交流接触器 KM1 的常开触点 KA-1 断开，由于 KM1-1 自锁功能，此时 KM1 线圈仍处于得电状态。

控制交流接触器 KM2 的常开触点 KA-2 断开。

控制时间继电器 KT2 的常开触点 KA-3 闭合。

⑪ 交流接触器 KM2 的线圈失电。

辅助常闭触点 KM2-1 复位闭合。

自锁常开触点 KM2-2 复位断开，解除自锁。

常开主触点 KM2-3 复位断开，送料电动机 M2 停止工作。

⑫ 时间继电器 KT2 线圈得电，相应的触点开始动作。

延时断开的常闭触点 KT2-1 在 30s 后断开。

延时闭合的常开触点 KT2-2 在 30s 后闭合。

⑬ 交流接触器 KM1 的线圈失电，触点复位。

自锁常开触点 KM1-1 复位断开，解除自锁，时间继电器 KT1 的线圈失电。

辅助常开触点 KM1-2 复位断开，时间继电器 KT2 的线圈失电。

常开主触点 KM1-3 复位断开，切料电动机 M1 停止工作，M1 在 M2 停转 30s 后停止。

在秸秆切碎机电动机驱动控制电路工作过程中，若电路出现过载、电动机堵转导致过流、温度过热时，过热保护继电器 FR 主电路中的热元件发热，常闭触点 FR-1 自动断开，使电路断电，电动机停转，进入保护状态。

9.3.5 磨面机驱动控制电路的识读

磨面机驱动控制电路是利用控制设备控制电路机进行磨面工作。该电路可以节约人力劳动和能源消耗，提高工作效率。掌握磨面机驱动控制电路的识读，对于设计、安装、改造和维修相关电路有所帮助。

(1) 磨面机驱动控制电路的结构组成的识读

识读磨面机驱动控制电路，首先要了解该电路的组成，明确电路中各主要部件与电路符号的对应关系。

磨面机驱动控制电路的结构组成见图 9-26。

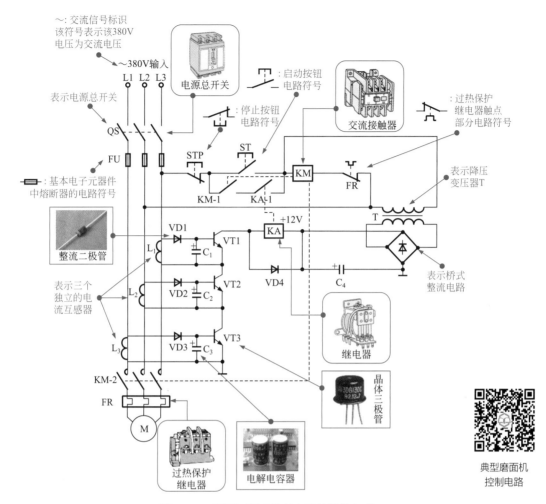

图 9-26　磨面机驱动控制电路的结构组成

　　磨面机驱动控制电路是由控制电路、保护电路和电动机负载电路构成。磨面机内的电动机采用交流三相 380V 供电，电源经总开关 QS 为设备供电。控制电路是由电源总开关、启动按钮、停机按钮、交流接触器、桥式整流电路、降压变压器、电流互感器、继电器、晶体三极管、电容器和整流二极管构成；保护电路是由熔断器、过热保护继电器构成。

（2）磨面机驱动控制电路工作过程的识读

　　对磨面机驱动控制电路工作过程的识读，通常会从电路的工作原理入手，通过对电路信号流程的分析，掌握磨面机驱动控制电路的工作过程及功能特点。

　　磨面机驱动控制电路启动的工作过程见图 9-27。

　　在电动机的三相供电电路中分别设有一个电流互感器 L_1、L_2、L_3，用来检测三相线路中的电流，当电动机启动后三相供电线路中都有电流，因而 L_1、L_2、L_3 均有交流感应电压输出。交流检测用互感器输出的交流电压分别经 VD1、VD2、VD3 整流和 C_1、C_2、C_3 滤波；并变成直流电压分别加到晶体管 VT1、VT2、VT3 的基极上。三个晶体管便导通，三个晶体管串联起来为继电器 KA 提供了直流通路。于是继电器 KA 迅速吸合。KA 的触点 KA-1 也闭合，KA-1 与 KM-1 串联接在为 KM 供电的电路中，维持交流接触器的吸合状态。磨面机进行正常工作。如果三相供电电路中有缺相的情况，三个电流互感器中会有一个无信号输出，三个晶体管 VT1、VT2、VT3 中会有一个晶体管截止，从而使继电器 KA 失电，则 KA-1 断路，KM 断电，KM-2 断开，电动机停机。

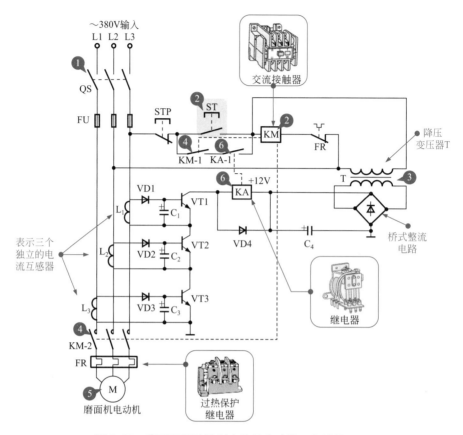

图 9-27　磨面机驱动控制电路的启动的工作过程

【图解】▶▶▶

① 接通电源总开关 QS。

② 按下启动键 ST 时，交流接触器 KM 两端接通了 L2、L3 相的 380V 电源，交流接触器 KM 吸合。

③ 降压变压器 T 的初级加上了 380V 交流电压。

④ 交流接触器 KM 得电后，KM-1、KM-2 均接通，KM-1 为交流接触器 KM 提供了自锁电压，即使启动键复位，KM 也有电源维持工作状态。

⑤ KM-2 接通后，将交流 380V 电压加到电动机的三相绕组上，电动机 M 旋转，磨面机开始工作。

⑥ 降压变压器得电后，次级输出交流低压信号，该低压交流信号经桥式整流电路整流和 C_4 滤波输出 +12V 直流电压，该电压为缺相检测电路和保护继电器 KA 供电。KA 受电流互感器的控制。

磨面机驱动控制电路的停机的工作过程见图 9-28。

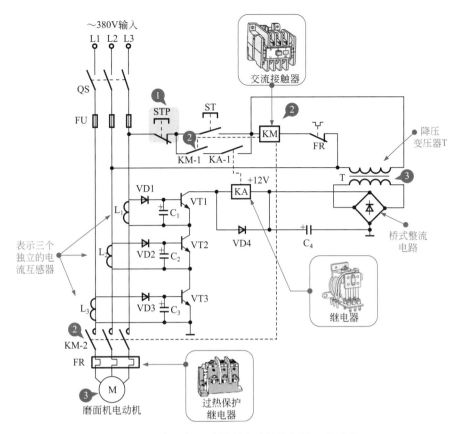

图 9-28 磨面机驱动控制电路的停机的工作过程

【图解】▶▶▶

① 当需要结束工作时，按下停机键 STP，整个控制电路失电。

② 交流接触器 KM 断电，KM-1、KM-2 触点断开。

③ 当触点 KM-2 断开时，磨面电动机延迟停止工作

在夏季连续工作时间过长，机器温升过高、过热保护继电器 FR 会自动断开，便切断了电动机的供电电源，同时也切断了 KM 的供电，磨面机进入断电保护状态。这种情况在冷却后仍能正常工作。

9.3.6 淀粉加工机控制电路的识读

淀粉加工机控制电路是利用控制电路对电动机进行控制。使其可以节约人力劳动和能源消耗，提高工作效率。掌握淀粉加工机控制电路的识读，对于设计、安装、改造和维修相关电路有所帮助。

（1）淀粉加工机控制电路的结构组成的识读

识读淀粉加工机控制电路，首先要了解该电路的组成，明确电路中各主要部件与电路符

号的对应关系。

淀粉加工机控制电路的结构组成见图9-29。

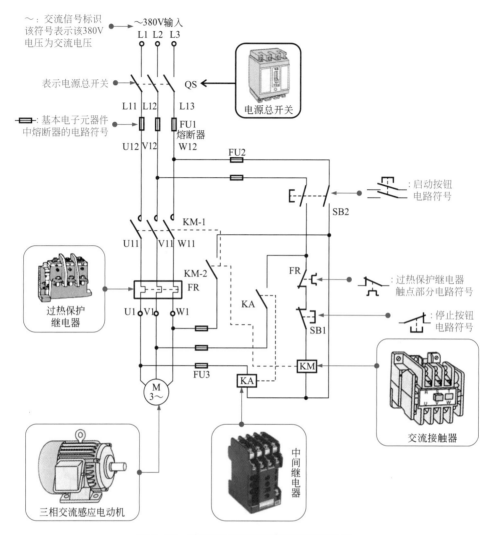

图9-29 淀粉加工机控制电路的结构组成

淀粉加工机控制电路是由380V交流供电。该电路由控制电路、保护电路和电动机负载组成。控制电路是由电源总开关、启动按钮、停机按钮、交流接触器、中间继电器构成；保护电路是由熔断器和过热保护继电器构成。

（2）淀粉加工机控制电路工作过程的识读

对淀粉加工机控制电路工作过程的识读，通常会从电路的工作原理入手，通过对电路信号流程的分析，掌握淀粉加工机控制电路的工作过程及功能特点。

淀粉加工机控制电路的启动的工作过程见图9-30。

淀粉加工机控制电路的停机的工作过程见图9-31。

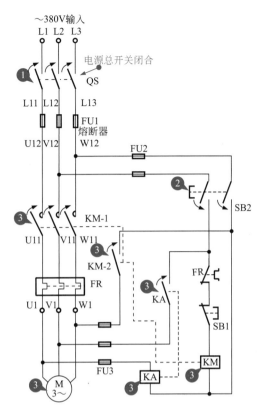
图 9-30　淀粉加工机控制电路的启动过程

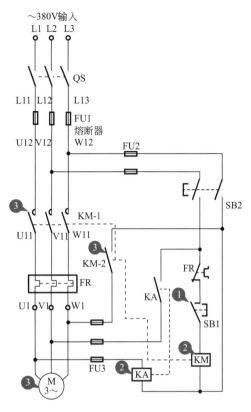
图 9-31　淀粉加工机控制电路的停机过程

【图解】▶▶▶

　　① 接通电源总开关 QS。

　　② 按下启动开关 SB2。

　　③ 交流接触器 KM 和中间继电器 KA 接通，交流接触器 KM 控制的触点 KM-1、KM-2 接通，中间继电器 KA 控制的触点 KA 接通，三相交流感应电动机得电，进行淀粉加工。

【图解】▶▶▶

　　① 按下停机按钮 SB1。

　　② 交流接触器 KM 断电，中间继电器 KA 断电。

　　③ 交流接触器触点 KM-1、KM-2 断开，中间继电器 KA 触点断开，三相交流感应电动机失电，停止工作。

【提示】▶▶▶

　　在正常工作状态，如果出现缺相故障，KA 或 KM 会断电，KM-1、KM-2、KA 触点都会断开，从而切断电动机的供电电源，电动机停机，进行自我保护。

　　当连续工作时间过长，电动机温度上升过高，过热保护继电器 FR 会动作，自动切断电动机的供电电源，电动机自动停机。

9.3.7 谷物加工机控制电路的识读

谷物加工机电气控制电路是利用控制电路对电动机进行控制，使其可以节约人力劳动和能源消耗，提高工作效率。掌握谷物加工机电气控制电路的识读，对于设计、安装、改造和维修相关电路有所帮助。

（1）谷物加工机电气控制电路的结构组成的识读

识读谷物加工机电气控制电路，首先要了解该电路的组成，明确电路中各主要部件与电路符号的对应关系。

谷物加工机电气控制电路的结构组成见图9-32。

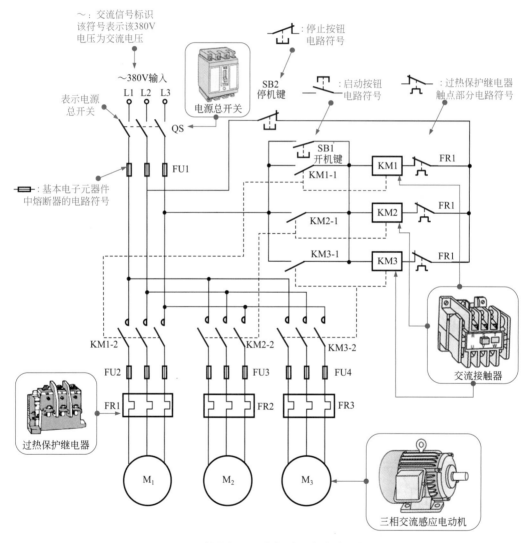

图9-32　谷物加工机电气控制电路的组成

谷物加工机电气控制电路是由380V交流供电。该电路由控制电路、保护电路和电动机负载组成。控制电路是由电源总开关、启动按钮、停机按下钮、交流接触器构成；保护电路是由熔断器和过热保护继电器构成。

（2）谷物加工机电气控制电路工作过程的识读

对谷物加工机电气控制电路工作过程的识读，通常会电路的工作原理入手，通过对电路信号流程的分析，掌握谷物加工机电气控制电路的工作过程及功能特点。

谷物加工机电气控制电路的启动的工作过程见图9-33。

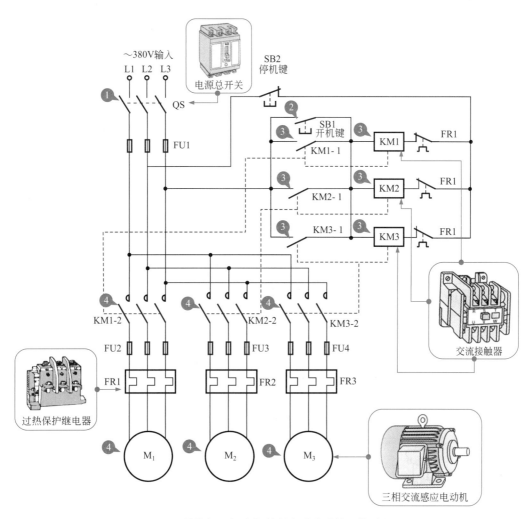

图9-33　谷物加工机电气控制电路启动的工作过程

【图解】▶▶▶

① 将电源总开关 QS 闭合。

② 按下启动开关 SB1。

③ 当开关 SB1 按下后，交流接触器 KM1、KM2、KM3 得电，于是 3 个交流接触器的触点 KM1-1、KM2-1、KM3-1 接通，为接触器提供电源自锁。

④ 交流接触器的自锁触点接通后，KM1-2、KM2-2、KM3-2 触点接通，使 3 个电动机得电后开始工作。

谷物加工机电气控制电路的停机的工作过程见图9-34。

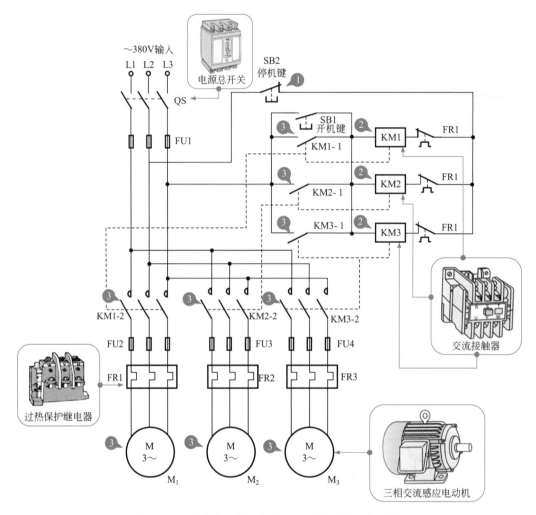

图 9-34　谷物加工机电气控制电路停机的工作过程

【图解】▶▶▶

　　① 当工作完成后，按动停机键 SB2。

　　② 当按下停机键后，交流接触器 KM1、KM2、KM3 失电，三个交流接触器复位。

　　③ 交流接触器的自锁触点 KM1-1、KM2-1、KM3-1 断开，KM1-2、KM2-2、KM3-2 断开，电动机的供电电路被切断，电动机 M_1、M_2、M_3 停止工作。

9.3.8　池塘排灌控制电路的识读

　　池塘排灌控制电路是检测池塘中的水位，根据池塘中水位的位置，利用电动机对水位进行调整，使其水位可以保持在设定值。该电路可以节约人力劳动及提高产业效率。掌握池塘排灌控制电路的识读，对于设计、安装、改造和维修相关电路有所帮助。

（1）池塘排灌控制电路的结构组成的识读

识读池塘排灌控制电路，首先要了解该电路的组成，明确电路中各主要部件与电路符号的对应关系。

池塘排灌控制电路的结构组成见图 9-35。

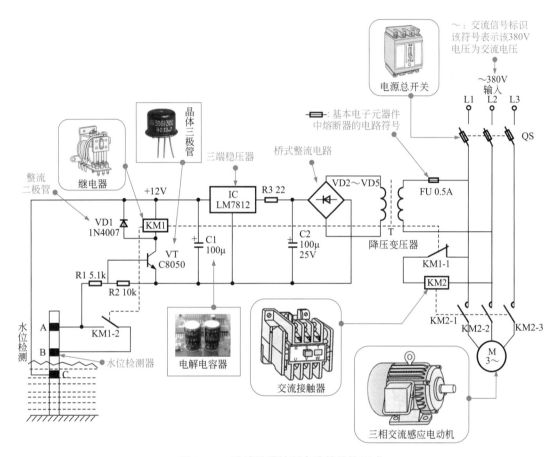

图 9-35　池塘排灌控制电路的结构组成

池塘排灌控制电路是由水位检测器、三端稳压器、桥式整流堆、降压变压器、继电器、交流接触器和带有熔断器的闸刀总开关构成。

（2）池塘排灌控制电路工作过程的识读

对池塘排灌控制电路工作过程的识读，通常会从电路的工作原理入手，通过对电路信号流程的分析，掌握池塘排灌控制电路的工作过程及功能特点。

池塘排灌控制电路的工作过程见图 9-36。

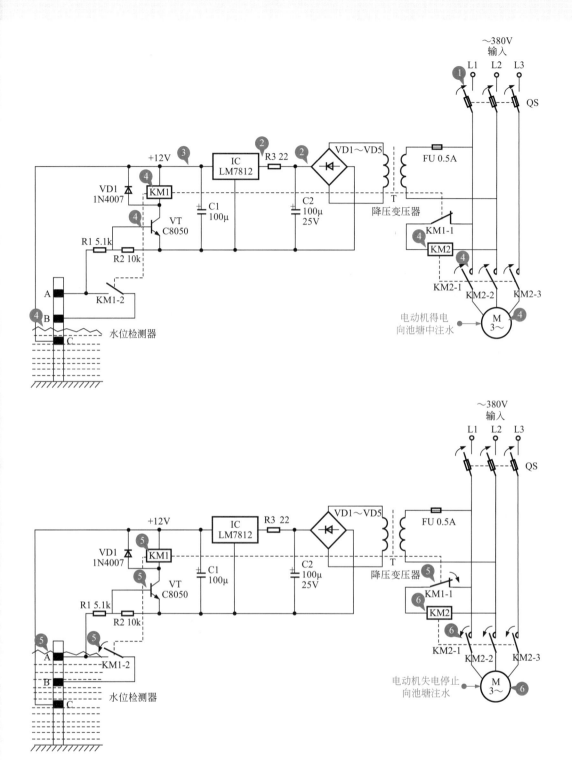

图 9-36 池塘排灌控制电路的工作过程

【图解】▶▶▶

① 将带有熔断器的闸刀总开关 QS 闭合。

② 交流 380V 电压经变压器 T 进行降压，再由桥式整流电路和电容器 C2 进行滤

波和整流，再经电阻器 R3 限流后输入到三端稳压器 IC 中。

③ 经三端稳压器后输出 +12V 电压供给检测电路。

④ 当水位监测器检测到农田中的水位低于 C 点，晶体三极管 VT 截止，继电器 KM1 不动作，交流接触器 KM2 得电，常开触点 KM2-1、KM2-2、KM2-3 接通，电动机动作，向池塘中注水。

⑤ 当水位超过 A 点时，晶体三极管 VT 导通，继电器 KM1 动作，常闭触点 KM1-1 断开，常开触点 KM1-2 接通。

⑥ 交流接触器 KM2 失电复位，其常开触点 KM2-1、KM2-2、KM2-3 复位，电动机失电，停止工作。

第 10 章 ▸▸▸
电子电路识图技能

10.1 电子电路的特点及用途

10.1.1 电子电路的功能及应用

电子电路属于弱电电路，与电工电路（强电电路）不同，使用起来比较安全，因此在电工领域中，很多控制模块是由电子电路完成的，比如照明控制电路中的不同开关方式、农用电气设备中的控制电路等。

电子电路图是所有电子产品的"档案"。能够读懂电子电路图就能够掌握电子产品的性能、工作原理以及装配和检测方法。因此，学习电子电路识图是从事电子产品生产、装配、调试及维修的关键环节。

10.1.2 电子电路的组成

（1）串联电路

电路的串联方式

① 电阻串联电路　电阻串联电路是电路中最基本的电路形式之一，它主要是指将两个以上的电阻依次首尾相连形成的电路。

在电阻串联电路中，只有一条电流通路，即流过电阻器的电流都是相等的，这些电阻器的阻值相加就是该电路中的总阻值，每个电阻器上的电压根据每个电阻器阻值的大小，按比例分配。

电阻串联电路的基本结构见图 10-1。

② 电容串联电路　电容串联电路是电路中最基本的电路形式之一，它主要是指将两个以上的电容依次首尾相连，中间无分支形成的电路。

串联电路中通过每个电容的电流相同。同时，在串联电路中仅有一个电流通路。当开关打开或电路的某一点出现问题时，整个电路将变成断路。

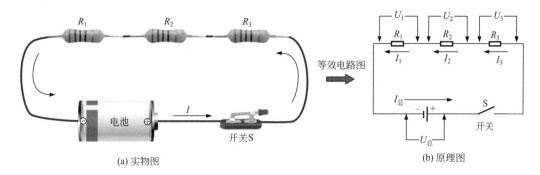

图 10-1　电阻串联电路结构

【图解】▶▶▶

图中，$U_总 = U_1 + U_2 + U_3$　$R_总 = R_1 + R_2 + R_3$　$I_总 = I_1 = I_2 = I_3$

电路中各串联电阻上的电压分配与各电阻值成正比。

电路中，$U_1 = I_1 R_1 = IR_1$，因 $I = \dfrac{U}{R_1 + R_2 + R_3}$，所以有 $U_1 = U\dfrac{R_1}{R_1 + R_2 + R_3}$

同理，$U_2 = U\dfrac{R_2}{R_1 + R_2 + R_3}$，$U_3 = U\dfrac{R_3}{R_1 + R_2 + R_3}$

可以看出，在电阻串联电路中，电阻值越大，该电阻两端的电压就越高。

根据电阻串联电路的特性，便可以通过调整串联电阻器数量或改变串联电阻器阻值的方式对电路进行调整，以实现相应的功能。

两个电容器串联的电路见图 10-2。

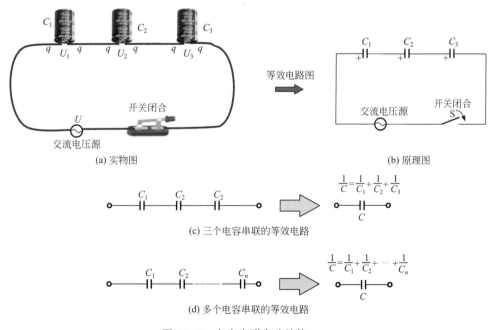

图 10-2　电容串联电路结构

在电容串联电路中，电容与电阻的串联计算相反，即电容串联时，三个电容的总电容倒数等于三个电容倒数之和。多个电容串联的总电容的倒数等于各电容的倒数之和。

当外加电压 U 加到串联电容两端时，中间电容的各个极板则由于静电感应而产生感应电荷，感应电荷的大小与两端极板上的电荷量相等，均为 q，已知电荷量的公式为

$$q = CU$$

则

$$q = C_1U_1 = C_2U_2 = C_3U_3$$

每个电容所带的电量为 q，因此这个电容组合体的总电量也是 q。由串联电路的总电压公式可知电容串联时的总电压是

$$U = U_1 + U_2 + U_3 = \frac{q}{C_1} + \frac{q}{C_2} + \frac{q}{C_3} = q\left(\frac{1}{C_1} + \frac{1}{C_2} + \frac{1}{C_3}\right)$$

由上述公式可见，串联电容上的电压之和等于总输入电压，因而串联电路具有分压功能。

【提示】▶▶▶

有极性电解电容串联时，若将电容的两个正极相连，进行逆串联，如图 10-3 所示，则连接后的电容量是两个电容器平均电容量的 1/2，得到的是一个无极性的电解电容。

图 10-3　将有极性电容进行逆串联

电路的并联方式

（2）并联电路

电阻并联电路是电路中最基本的电路形式之一，它主要是指将两个以上的电阻按首首和尾尾方式形成的电路，并接在电路的两点之间。

在电阻串联电路中，各并联电阻两端的电压都相等，电路中的总电流等于各分支的电流之和，且电路中的总电阻的倒数等于各并联电阻的倒数和。

3 个电阻并联电路基本结构见图 10-4。

（3）RC 电路

RC 电路是一种由电阻器和电容器按照一定的方式进行连接的功能单元。学习该类电路识图时，应首先认识和了解该类电路的结构形式，接下来再结合具体的电路单元弄清楚其电路特点和功能。最后，根据其结构特点，在实际电子产品电路中，找到该电路单元，再进行

识读，以帮助分析和理解整个电子产品电路。

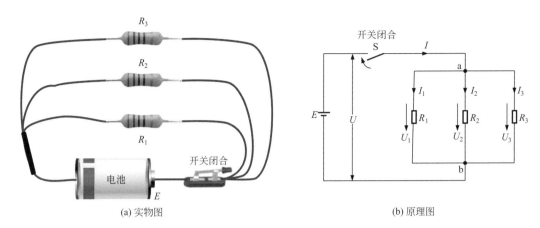

(a) 实物图　　　　　　　　　　　　　　　(b) 原理图

图 10-4　3 个电阻并联电路结构

【图解】▶▶▶

图 10-4 中：

● 各并联电阻两端的电压相等。

$$U = U_1 = U_2 = U_3$$

因为各电阻两端分别接在电路的 a 与 b 点之间，所以各电阻两端电压与电路总电压都相等。

● 电路的总电流等于各分支的电流之和：

$$I = I_1 + I_2 + I_3$$

根据电流连续性原理，流入 a 点的电流 I 应等于 a 点流出的电流 I_1、I_2、I_3 之和。

● 电路的等效电阻（总电阻）的倒数等于各并联电阻的倒数和：

$$\frac{1}{R} = \frac{1}{R_1} + \frac{1}{R_2} + \frac{1}{R_3}$$

● 电路中流过电阻的电流值与各电阻值成反比：

$I_1 R_1 = U_1 = U$，$I_2 R_2 = U_2 = U$，$I_3 R_3 = U_3 = U$，所以 $I_1 R_1 = I_2 R_2 = I_3 R_3$，则可得下式：

$$I_1 : I_2 : I_3 = \frac{1}{R_1} : \frac{1}{R_2} : \frac{1}{R_3}$$

可以看出，在电阻并联电路中电阻越小，流过该电阻的电流就越大。

【提示】▶▶▶

在一个电路中，既有电阻串联又有电阻并联的电路称为电阻串并联电路，也叫混联电路。电阻串并联电路的形式很多，应用广泛。图 10-5 所示为电阻的串并联电路。

分析这些电路的结构进一步简化串联电路、并联电路。首先，计算出并联部分的总电阻值，然后将并联部分的总电阻值加上串联电路的电阻值就得到了这个串并联电路的总电阻值。其他参数值也都可以计算出来了。

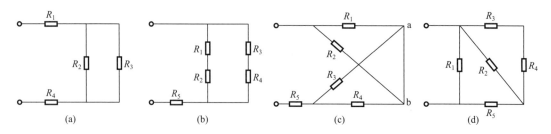

图 10-5　电阻串并联电路

根据不同的应用场合和功能，RC 电路通常有两种结构形式，一种是 RC 串联电路，另一种是 RC 并联电路，如图 10-6 所示。

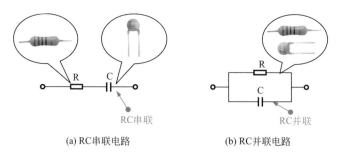

(a) RC串联电路　　　　　(b) RC并联电路

图 10-6　RC 电路的结构形式

① RC 串联电路　电阻器和电容器串联连接后的组合称为 RC 串联电路，该电路多与交流电源连接。

电阻器和纯电容器串联连接于交流电源的电路见图 10-7。

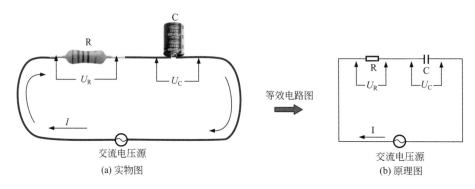

图 10-7　RC 串联电路结构

电路中流动的电流引起了电容器和电阻器上的电压降，这些电压降与电路中电流及各自的电阻值或容抗值成比例。电阻器电压 U_R 和电容器电压 U_C 用欧姆定律表示为（X_C 为容抗）：

$$U_R = IR$$

$$U_C = IX_C$$

② RC 并联电路　电阻器和电容器并联连接于电路中的组合称为 RC 并联电路。

电阻器和纯（理想）电容器并联连接于交流电压源电路见图 10-8。

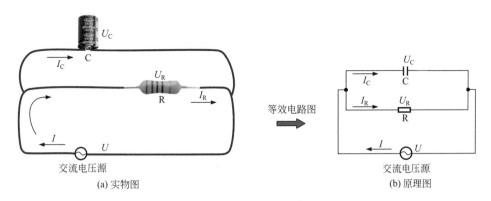

(a) 实物图　　　　　　　　　　　　(b) 原理图

图 10-8　RC 并联电路

【图解】▶▶▶

　　与所有并联电路相似，在 RC 并联电路中，外施电压 U 直接加在各个支路上。因此各支路的电压相等，都等于外施电压，并且三者之间的相位相同。因为整个电路的电压相同，当知道任何一个电路电压时，将会知道所有电压值。

$$U=U_R=U_C$$

【提示】▶▶▶

　　RC 元件除构成简单的串并联电路外，还有一种常见的电路为 RC 正弦波振荡电路。该电路是利用电阻器和电容器的充放电特性构成的。RC 的值选定后它们的充放电时间（周期）就固定为一个常数，也就是说它有一个固定的谐振频率。一般用来产生频率在 200kHz 以下的低频正弦信号。常见的 RC 正弦波振荡电路有桥式、移相式和双 T 式等几种，如图 10-9 所示。由于 RC 桥式正弦波振荡电路具有结构简单、易于调节等优点，应用广泛。

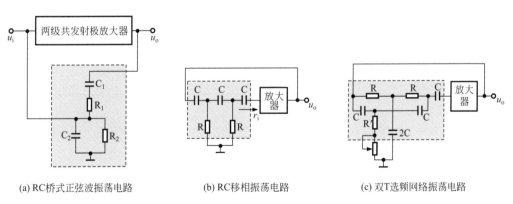

(a) RC桥式正弦波振荡电路　　　(b) RC移相振荡电路　　　(c) 双T选频网络振荡电路

图 10-9　RC 正弦波振荡电路方框图

（4）LC 电路

　　LC 电路是一种由电容器和电感器按照一定的方式进行连接的功能单元。学习该类电路识图时，应首先认识和了解该类电路的结构形式，接下来再结合具体的电路单元弄清楚其电路特点和功能。最后，根据其结构特点，在实际电子产品电路中，找到该电路单元，再进行识读，以帮助分析和理解整个电子产品电路。

由电容和电感组成的串联或并联电路中，感抗和容抗相等时，电路成为谐振状态，该电路称为 LC 谐振电路。LC 谐振电路又可分为 LC 串联谐振电路和 LC 并联谐振电路两种，如图 10-10 所示。

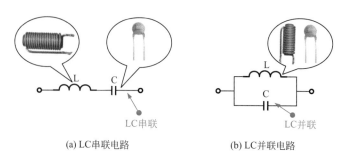

(a) LC串联电路　　　　　(b) LC并联电路

图 10-10　LC 谐振电路的结构形式

① LC 串联谐振电路　LC 串联谐振电路是指将电感器和电容器串联后形成的，且为谐振状态（关系曲线具有相同的谐振点）的电路。

不同频率信号通过 LC 串联电路后的状态见图 10-11。

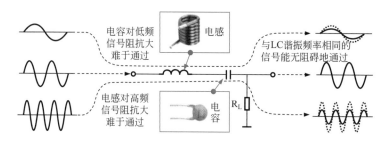

图 10-11　LC 串联谐振电路

当输入信号经过 LC 串联电路时，根据电感和电容的特性，信号频率越高电感的阻抗越大，而电容的阻抗则越小，阻抗大则对信号的衰减大，频率较高的信号通过电感会衰减很大，而直流信号则无法通过电容器。当输入信号的频率等于 LC 谐振的频率时，LC 串联电路的阻抗最小。此频率的信号很容易通过电容器和电感器输出。此时 LC 串联谐振电路起到选频的作用。

② LC 并联谐振电路　LC 并联谐振电路是指将电感器和电容器并联后形成的，且为谐振状态（关系曲线具有相同的谐振点）的电路。

不同频率的信号通过 LC 并联谐振电路后的状态见图 10-12。

当输入信号经过 LC 谐振电路时，同样根据电感器通直流隔交流，电容器通交流隔直流的特性，交流信号可以从电路的电容器通过，而直流信号则通过电感器到达输出端。由于 LC 回路在谐振频率 f_0 处阻抗最大，信号既无法通过电容器，也无法通过电感器而被阻止。

（5）RLC 电路

RCL 电路是指电路中由电阻器、电感器和电容器构成的电路单元。

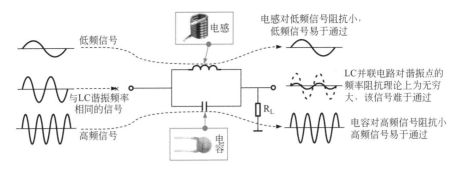

图 10-12　LC 并联谐振电路示意图

RLC 电路见图 10-13。

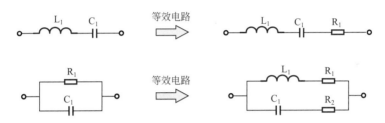

图 10-13　RLC 电路

　　在前述的 LC 电路中，电感器和电容器都有一定的电阻值，如果电阻值相对于电感的感抗或电容的容抗很小时，往往会被忽略，而在某些高频电路中，电感器和电容器的阻值相对较大，就不能忽略，原来的 LC 电路就变成了 RLC 电路。

10.2　电子电路的识读方法

10.2.1　电子电路中的主要元器件

　　电子电路图是将各种元器件的连接关系用图形符号和连线连接起来的一种技术资料，因此电路图中的符号和标记必须有统一的标准。这些电路符号或标记中包含了很多的识图信息，从电路图中可以了解电路结构、信号流程、工作原理和检测部位，掌握这些识图信息能够方便对其在电路中的作用进行分析和判断，也是学习电子电路识读的必备基础知识。

　　对于电工线路中的图形符号的认识，是为了便于通过识图的方式得知该电路的连接走向和线路连接的方式。

　　例如，一张简单的电子电路图（整流稳压电路）见图 10-14。

　　由此可见，了解电子电路中的基本标识符号是学习识图的关键，下面以表格的形式列出电工线路中常见元器件的基本标识符号，以供大家学习和参考。

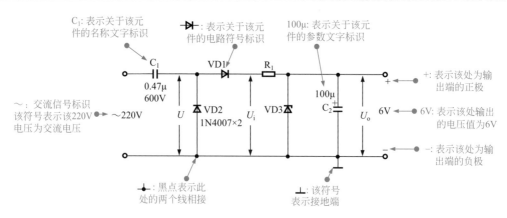

C_1: 表示关于该元件的名称文字标识

C_1: 表示关于该元件的电路符号标识

100μ: 表示关于该元件的参数文字标识

+: 表示该处为输出端的正极

~: 交流信号标识 该符号表示该220V 电压为交流电压

6V: 表示该处输出的电压值为6V

-: 表示该处为输出端的负极

黑点表示此处的两个线相接

该符号表示接地端

图 10-14　电子电路图的基本标识

【图解】▶▶▶

图中，每个图形符号或文字、线段都体现了该电路中的重要内容，也是识读该电路的所有依据来源。例如，图中"～"则直观地说明这个电路左端的电压是交流的；又如，图中右侧的"6V"文字标识则明确地表示了该电路右侧输出的电压值为6V（直流，一般电压值前没有交直流符号时，默认为直流）；等等。

【提示】▶▶▶

电子电路中的电子元器件与电路符号的对应关系见表 10-1 ~ 表 10-10。

表 10-1　电阻器的图形符号、文字符号及功能

种类及外形结构		图形符号	文字符号	说明
普通电阻器			R	电阻器在电路中一般起限流和分压的作用
压敏电阻器			R 或 MY	压敏电阻器具有过压保护和抑制浪涌电流的功能
热敏电阻器			R 或 MZ 或 MF	热敏电阻器的阻值随温度变化，可用作温度检测元件
湿敏电阻器			R 或 MS	湿敏电阻器的阻值随周围环境湿度的变化而变化，常用作湿度检测元件
光敏电阻器			R 或 MG	光敏电阻器的阻值随光照的强弱变化，常用于光检测元件

种类及外形结构		图形符号	文字符号	说明
气敏电阻器			R 或 MQ	气敏电阻器是利用金属氧化物半导体表面吸收某种气体分子时，会发生氧化反应或还原反应而使电阻值改变的特性而制成的电阻器
可变电阻器			RP	可变电阻器主要是通过改变电阻值而改变分压大小

表 10-2　电容器的图形符号、文字符号及功能

种类及外形结构		图形符号	文字符号	说明
无极性电容器			C	耦合、平滑滤波、移相、谐振
有极性电容器			C	耦合、平滑滤波
单联可变电容器			C	用于调谐电路
双联可变电容器			C	用于调谐电路 容量范围：最小 >7pF 最大 <1100pF 直流工作电压：100V 以上 适用频率：低频、高频
四联可变电容器			C	四联可变电容器的内部包含有 4 个可变电容器，4 个电容可同步调整
微调电容器			C	电容量可小范围调整，主要应用于收音机的调谐电器中

表 10-3　电感器的图形符号、文字符号及功能

种类及外形结构		图形符号	文字符号	说明
空心线圈			L	分频、滤波、谐振
磁棒、磁环线圈			L	分频、滤波、谐振

种类及外形结构		图形符号	文字符号	说明
固定色环、色码电感器		⌒⌒⌒	L	分频、滤波、谐振
微调电感器		⌒⌒⌒	L	滤波、谐振

表 10-4　二极管的图形符号、文字符号及功能

种类及外形结构		图形符号	文字符号	说明
整流二极管		▷|	VD	整流（该符号左侧为正极、右侧为负极）
检波二极管		▷|	VD	检波（该符号左侧为正极、右侧为负极）
稳压二极管		▷|‒	VS 或 ZD	稳压（该符号左侧为正极、右侧为负极）
发光二极管		▷|	VD 或 LED	指示电路的工作状态
光敏二极管		▷|	VD	光敏二极管当受到光照射时，反向阻抗会随之变化（随着光照射的增强，反向阻抗会由大到小）
变容二极管		▷|‡	VD	变容二极管在电路中起电容器的作用。被广泛地用于超高频电路中的参量放大器、电子调谐及倍频器等高频和微波电路中
双向触发二极管		▷◁	VD	双向触发二极管是具有对称性的两端半导体器件。常用来触发双向晶闸管，或用于过压保护、定时、移相电路

表 10-5　三极管的图形符号、文字标识及功能

种类及外形结构		图形符号	文字符号	说明
NPN 型三极管		b⊣⦿c,e	VT	电流放大、振荡、电子开关、可变电阻等
PNP 型三极管		b⊣⦿c,e	VT	电流放大、振荡、电子开关、可变电阻等

表 10-6　场效应管的图形符号、文字符号及特点

名称	符号		外形	文字符号	说明
	N 沟道	P 沟道			
结型场效应晶体管	 结型N沟道	 结型P沟道		VT（V 或 Q 为旧标识）	结型场效应晶体管是利用沟道两边的耗尽层宽窄，改变沟道导电特性来控制漏极电流的 常应用于电压放大、恒流源、阻抗变换、可变电阻、电子开关等电路中
绝缘栅型场效应晶体管	 MOS耗尽型单栅N沟道 MOS增强型单栅N沟道 MOS耗尽型双栅N沟道	 MOS耗尽型单栅P沟道 MOS增强型单栅P沟道 MOS耗尽型双栅P沟道		VT（V 或 Q 为旧标识）	绝缘栅型场效应晶体管是利用感应电荷的多少，改变沟道导电特性来控制漏极电流的。它与结型场效应晶体管的外形相同，只是型号标记不同 常应用于：电压放大、恒流源、阻抗变换、可变电阻、电子开关等电路中

表 10-7　晶闸管的图形符号、文字符号及功能

种类及外形结构		图形符号	文字符号	说明
单结晶体管			V	振荡、延时和触发电路
单向晶闸管			V	无触点开关 阳极受控

种类及外形结构	图形符号	文字符号	说明
单向晶闸管	阳极A 控制极G 阴极K	V	阴极受控
可关断晶闸管	阳极A 控制极G 阴极K	V	阴极受控
双向晶闸管	第二电极T2 控制极G 第一电极T1	V	无触点交流开关

表 10-8　变压器的图形符号、文字符号及功能

种类及外形结构	图形符号	文字符号	说明
普通电源变压器	① T ③ 初级绕组　次级绕组 ② ④	T	电压变换、电源隔离
双绕组变压器	① T ③ 初级绕组　次级绕组 ② ④	T	绕组之间无铁芯
示出瞬时电压极性的带铁芯变压器	① T ③ 初级绕组　次级绕组 ② ④	T	变压器的初级和次级线圈的一端画有一个小黑点，表示①、③端的极性相同，即当①为正时，③也为正①为负时，③也为负
音频变压器		T	信号传输与分配、阻抗匹配等

种类及外形结构	图形符号	文字符号	说明
中频变压器		 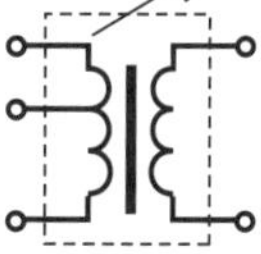 T	选频、耦合
带铁芯三绕组变压器	初级绕组 次级绕组	 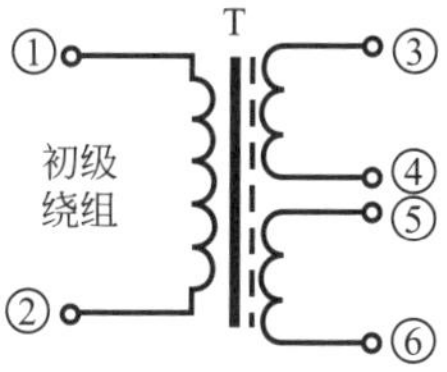 T	有两组次级绕组：③-④和⑤-⑥绕组。图中间部分垂直实线表示铁芯，虚线表示变压器的初级和次级线圈之间设有一个屏蔽层
有中心抽头的变压器	 初级绕组 次级绕组	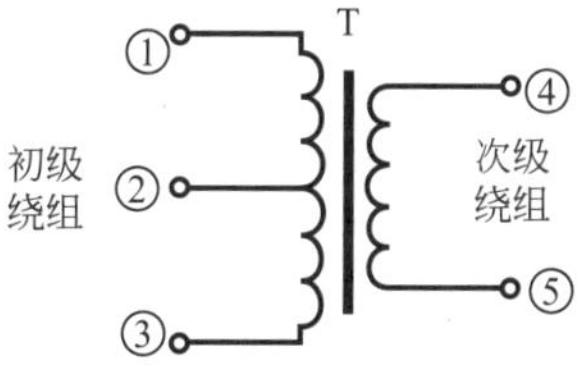 T	该变压器的初级线圈有一个抽头，将初级线圈分为①-②、②-③两个线圈。这样可以变换输出与输入电压比
自耦变压器		 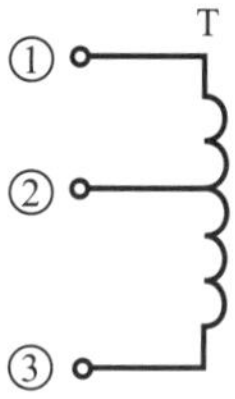 T	该变压器只有一个线圈，其中②为抽头，称为自耦变压器。应用时，若②-③之间为初级，①-③之间就为次级线圈，它是一个升压器；当①-③之间为初级线圈时，②-③之间为次级线圈，它是一个降压器

表 10-9　常见集成电路的图形符号、文字符号及功能

种类及外形结构	图形符号	文字符号	说明
运算放大器		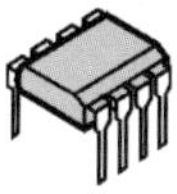 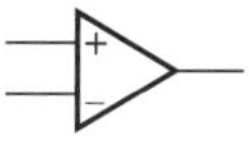 IC 或 U	一般左侧两引脚为输入端，右侧为输出端
双运放		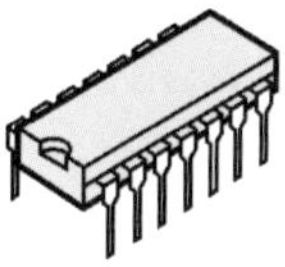 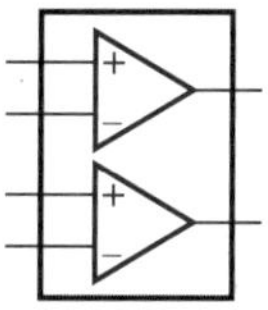 IC 或 U	左侧为输入端，右侧为输出端，三角形指向传输方向
时基电路	IC555	 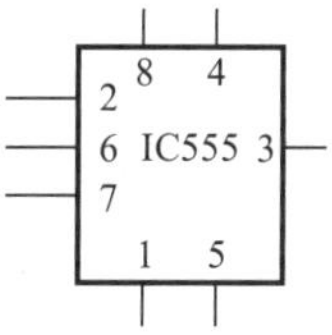 IC 或 U	能产生时间基准信号和完成各种定时或延迟功能非线性模拟集成电路
集成稳压器	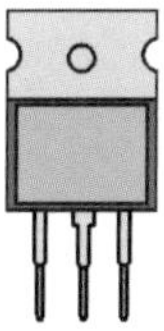 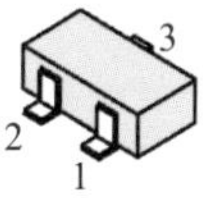 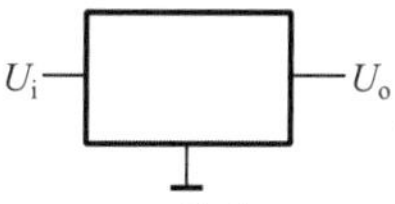 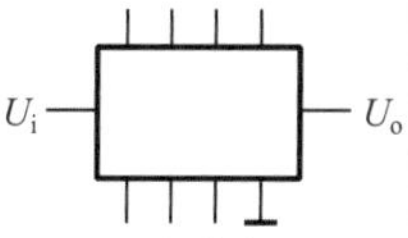 U_i —□— U_o 或 U_i —□— U_o　三端式　　多端式	IC 或 U	能够将不稳定的直流电压变为稳定的直流电压的集成电路，多应用于电源电路中

种类及外形结构		图形符号	文字符号	说明
触发器			IC 或 U	符号左为输入端，右为输出端
数模转换器		D/A	IC 或 U	符号左侧为输入端，右侧为输出端
模数转换器		A/D	IC 或 U	符号左侧为输入端，右侧为输出端
音频功率放大器		IC	IC 或 U	具有对音频信号进行功率放大功能的集成电路，多应用于音频电路中
数字图像处理器		IC	IC 或 U	大规模集成电路
微处理器		IC	IC 或 U	大规模集成电路

表 10-10　其他常用电子器件的图形符号、文字符号及功能

种类及外形结构		图形符号	文字符号	说明
桥式整流堆			VD	其符号右侧为直流正输出端，左侧为直流负输出端，上下为交流输入端
晶体			Y 或 Z	时钟电路中作为振荡器件
电池			BAT	通常在电路中作为直流电源使用
扬声器			BL	电声器件，常在电路中作为输出负载使用

种类及外形结构	图形符号	文字符号	说明
光电耦合器		IC	开关电源电路中常用器件（误差反馈）
熔断器（保险丝）		FB	当电路中出现过流和过载情况时，会迅速熔断，保护电路

10.2.2 电子电路的识读

在识读电子电路时，了解了电子电路的种类和特点，明确识图所包含的领域，还应掌握一定的识图要领和步骤，为学习电子电路识图理清思路。

（1）电子电路识图要领

① 从元器件入手学识图 电路板上的电子元器件的标示和电路符号见图 10-15。

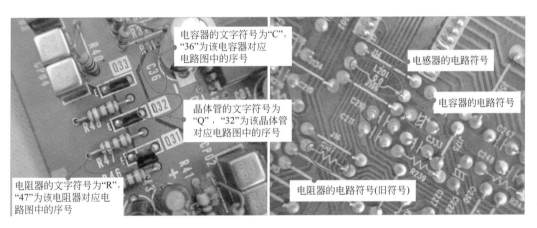

电容器的文字符号为"C"，"36"为该电容器对应电路图中的序号

晶体管的文字符号为"Q"，"32"为该晶体管对应电路图中的序号

电阻器的文字符号为"R"，"47"为该电阻器对应电路图中的序号

电感器的电路符号

电容器的电路符号

电阻器的电路符号(旧符号)

图 10-15 电路板上的电子元器件的标示和电路符号

【图解】▶▶▶

在电子产品的电路板上有不同外形、不同种类的电子元器件，电子元器件所对应的文字标识、电路符号及相关参数都标注在了元器件的旁边。

电子元器件是构成电子产品的基础，即任何电子产品都是由不同的电子元器件按照电路规则组合而成的。因此，了解电子元器件的基本知识，掌握不同元器件在电路图中的电路表示符号以及各元器件的基本功能特点是学习电路识图的第一步。这就相当于学习文章之初，必须先识字，只有将常用文字的写法和所表达的意思掌握了，才能进一步读懂文章。

② 从单元电路入手学识图 单元电路就是由常用元器件、简单电路及基本放大电路构成的可以实现一些基本功能的电路，它是整机电路中的单元模块。例如，串并联电路、RC 电路、LC 电路、放大器、振荡器等。

如果说电路符号在整机电路中相当于一篇"文章"中的"文字"，那么单元电路就是"文章"中的一个"段落"。简单电路和基本放大电路则是构成段落的词组或短句。因此从电源电路入手，了解简单电路和基本放大电路的结构、功能、使用原则及应用注意事项，对于电路识图非常有帮助。

③ 从整机入手学识图　电子产品的整机电路是由许多单元电路构成的。在了解单元电路的结构和工作原理的同时，弄清电子产品所实现的功能以及各单元电路间的关联，对于熟悉电子产品的结构和工作原理非常重要。例如，在许多影音产品中，包含有音频、视频、供电及各种控制等多种信号。如果不注意各单元电路之间的关联，单从某一个单元电路入手很难弄清整个电路的结构特点和信号流向。因此，从整机入手，找出关联，理清顺序是最终读懂电路图的关键。

（2）电子电路识图步骤

不同的电路电子电路识图步骤也有所不同，下面根据电子电路应用的行业领域的不同，分别介绍电原理图、方框图、元器件分布图、印制线路板图和安装图的识图步骤。

① 电原理图的识图步骤　电原理图的识读可以按照如下四个步骤进行。

a. 了解电子产品功能。一个电子产品的电路图，是为了完成和实现这个产品的整体功能而设计的，首先搞清楚产品电路的整体功能和主要技术指标，便可以在宏观上对该电路图有一个基本的认识。

电子产品的功能可以根据其名称了解，比如收音机的功能是接收电台信号，处理后将信号还原并输出声音的信息处理设备；电风扇则是将电能转换为驱动扇叶转动的机械能的设备。

b. 找到整个电路图总输入端和总输出端。整机电原理图一般是按照信号处理的流程为顺序进行绘制的，按照一般人读书习惯，通常输入端画在左侧，信号处理为中间主要部分，输出则位于整张图纸的最右侧部分。比较复杂的电路，输入与输出的部位无定则。因此，分析整机电原理图可先找出整个电路图的总输入端和总输出端，即可判断出电路图的信号处理流程和方向。

c. 以主要元器件为核心将整机电原理图"化整为零"。在掌握整个电原理图的大致流程基础上，根据电路中的核心元件将整机划分成一个一个的功能单元，然后将这些功能单元对应学过的基础电路，再进行分析。

d. 最后各个功能单元的分析结果综合"聚零为整"。每个功能单元的结果综合在一起即为整个产品，即最后"聚零为整"，完成整机电路原理图的识读。

② 方框图的识图步骤　识读方框图时一般可按如下步骤进行。

a. 分析信号传输过程。了解整机电路图中的信号传输过程，主要是看方框图中箭头的指向。箭头所在的通路表示了信号的传输通路，箭头的方向指出了信号的传输方向。

b. 熟悉整机电路系统的组成。由于具体的电路比较复杂，所以会用到方框图来完成。在方框图中可以直观看出各部分电路之间的相互关系，即相互之间是如何连接的。特别是控制电路系统中，可以看出控制信号的传输过程、控制信号的来源及所控制的对象。

c. 对框图中集成电路的引脚功能进行了解。一般情况下，在分析集成电路的过程中，由于在方框图中没有集成电路的引脚作为资料时，可以借助于集成电路的内电路方框图进行了解、推理引脚的具体作用，特别是对可以明确了解哪些是输入引脚、输出引脚和电源引脚，而这三种引脚对识图非常重要。当引脚引线的箭头指向集成电路外部时，这是输出引脚，箭头指向内部时都是输入引脚。

③ 元件分布图的识图步骤　识读元件分布图时可分为以下几个步骤来进行。

a. 找到典型元器件及集成电路。在元件分布图中各元器件的位置和标识都和实物相对应，由于该电路图简洁、清晰地表达了电路板中所有元件的位置关系，所以可以很方便地找到相应的元器件及集成电路。

b. 找出各元器件、电路之间的对应连接关系，完成对电路的理解。电子产品电路板中，各元器件是根据元件分布图将元器件按对应的安装位置焊接在电路实物板中的，因此元件分布图中元件的分布情况与实物完全对应。

④ 印制线路板图的识图步骤

a. 找到线路板中的接地点。在印制线路板中找地线时，可以明显看到大面积铜箔线路是地线，一块电路板上的地线是处处相连的。

印制线路板识读接地点见图10-16。

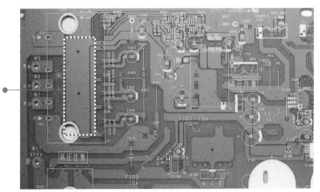

右图为典型印制线路板图，在找其接地点时，可以明显看到有相对较大面积的铜箔线，这些则为线路板中的接地点

图10-16　根据印制线路板找到接地点

【图解】▶▶▶

有些元器件的金属外壳是接地的，在找接地点时，上述任何一点都可以作为接地点，在电路及信号检测时都以接地点为基准。

b. 找到印制线路板图的线路走向。了解电路板上的元器件与铜箔线路的连接情况，铜箔线路的走向，也是在识图时必要的步骤。

找到印制线路板图的线路走向见图10-17。

通过印制线路板查询线路的走向，这在电子产品调试、检验和维修过程中十分常用。

⑤ 安装图的识图步骤　学会识读安装图是组装技术人员必备的一种能力，在设计、安装、调试以及进行技术交流时，都要用到安装图。在识读时首先要认识各元器件及能够找出来，接着要了解各部件的功能，最后找出各器件的装配关系。

识读安装图一般可按如下步骤进行。

a. 找到典型的元器件。安装图是用于指导电子机械部件和整机组装的一份简图，其中对元器件的认识是非常重要的步骤之一，只有对各元器件的结构和外形都掌握了，才可以很快地找到典型的元器件。

b. 弄清各器件之间的相对位置、装配关系。在识读安装图中最重要的是将"零散"的器件通过线路组接到一起，完成整机的装配，所以正确安装各器件的位置也要遵循整机布线图中的装配关系。

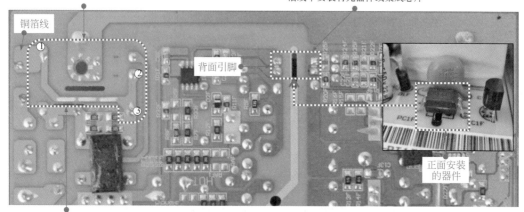

① 由于在印制线路板中可以看出铜箔线的连接情况，这样就很方便地通过铜箔线将电路板上元器件与元器件之间连接的引脚找出来

③ 根据铜箔线的连接可以看出此处有断开，但有元器件的引脚焊点，则表示在这条铜箔线中安装有元器件或集成芯片

铜箔线

背面引脚

正面安装的器件

② 不同元器件的引脚可以通过铜箔线连接起来，例如图中不同元器件的①脚、②脚和③脚都是通过铜箔线连接起来的，它们相当于一个点

图 10-17　找到印制线路板图的线路走向

10.3　电子电路的识读案例

10.3.1　电阻串联电路的识读

电阻串联电路是实际电子电路中的一个构成元素，因此对其进行识读时，可首先在电路中找到该基本单元，然后根据该电路的基本功能识读其在实际电路中的作用，这对整体识别整个电子产品电路起着至关重要的作用。下面就结合一些实际电子产品电路来介绍一下简单电阻串联电路的识图分析。

一种小功率可变直流稳压电源电路见图 10-18。

小功率可变直流稳压电路的主要功能是用来将 220V 交流电压变为多路直流电压，为后级的电路进行供电。

首先对电阻串联电路进行识读，由 8 个电阻器组成的串联电路实现分压功能，在该部分又设有 6 个输出点，当开关打在不同的输出点上时，可以提供图 10-18 中 6 组电压数值输出，进而实现输出直流电压可变的功能。

① 交流 220V 电压经变压器 T 后输出交流低压。

② LM350T 为稳压控制器，可以输出不同的直流电压。

③ 该电容为滤波电容，起到滤波作用。

例如，当开关打在 30Ω 电阻器左侧输出点时，相当于将一个 30Ω 的电阻器接在稳压器调整端，其他 7 只电阻器被短路，控制稳压器输出端输出 1.5V 电压；当开关打在 180Ω 电阻器左侧输出点时，相当于将一个 30Ω 的电阻器和一个 180Ω 电阻器串联后接在稳压器调整端，其他 6 只电阻器被短路，控制稳压器输出端输出 3V 电压。以此类推，当开关置于不同的输出端上时，可控制稳压器 LM350T 输出 1.5V、3V、5V、6V、9V、12V 六种电压值。

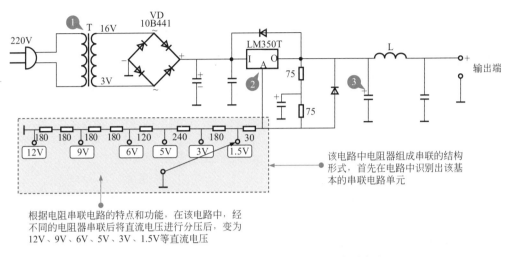

图 10-18　小功率可变直流稳压电源电阻串联电路

10.3.2　电阻并联电路的识读

简单的彩色照明灯电路见图 10-19。

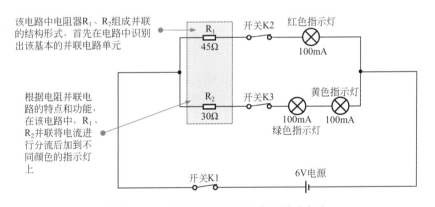

图 10-19　简单的彩色照明灯电阻并联电路

通过图 10-19 可知，电阻器 R_1（45Ω）和 R_2（30Ω）并联使用，组成分流电路。6V 直流电压经总开关 K1 后，再经电阻并联电路为不同颜色的指示灯进行供电，其中红色指示灯与 R_1 串联，当开关 K2 接通时，指示灯发光；绿色和黄色指示灯与电阻器 R_2 串联，当开关 K3 接通时，绿色和黄色指示灯发光，此时电阻 R_1 和 R_2 处于并联状态。

10.3.3　电容串联电路的识读

由于电容器自身具有通交流隔直流的作用，因此分析包含由电容串联的电路，对直流供电部分的识读时，可将电容器的部分视为线路断路；只有对交流信号的传输过程分析时才考虑该元件。

简单的充电器电路见图 10-20。

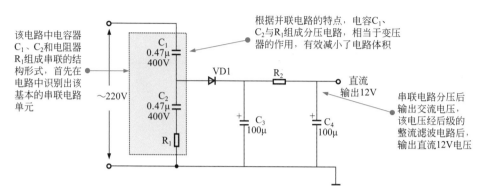

图 10-20　简单的充电器电容串联电路

根据电路图可知，电容器 C_1 与 C_2 为串联电路，并与电阻器 R_1 串联组成分压电路，起变压器的作用，实现将交流 220V 降压后输出。由分压电路降压后输出的交流低压，首先经二极管 VD1 整流后，整流为脉动较大的直流电压，再由 C_3、R_2、C_4 构成的滤波电路滤波后，输出较平滑的直流电压。

另外，该电路中通过改变 R_1 的大小，还可以改变电容分压电路中压降的大小，进而可以改变输出的直流电压值，这种电路体积小、结构简单，但稳定性能差。注意该电路没有与市电隔离，地线有可能带交流高压，防止发生触电事故。

10.3.4　RC 电路的识读

RC 电路是构成实际电子产品电路中重要的功能单元，主要功能是在电路中起到振荡和滤波的作用。下面就结合一些实用电子产品电路来介绍一下 RC 电路的识图技巧。

一种简单的直流稳压电源电路见图 10-21。

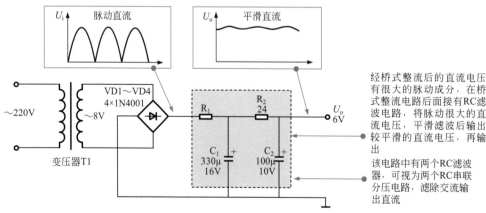

图 10-21　直流稳压电源 RC 电路

直流稳压电源电路主要用来将交流 220V 电压变为直流电压，电阻器 R_1、R_2 和电容器 C_1、C_2 组成两级基本的 RC 电路。交流 220V 变压器降压后输出 8V 交流低压，8V 交流电压经桥式整流电路输出约 11V 直流电压，该电压经两级 RC 滤波后，输出较稳定的 6V 直流电压。

【提示】▶▶▶

交流电压经桥式整流堆整流后变为直流电压，且一般满足 $U_直=1.37U_交$，例如，220V 交流电压经桥式整流后输出约 300V 直流电压；8V 交流电压经桥整流堆输出约 11V 直流电压。

10.3.5　LC 电路的识读

简单的稳压电源 LC 电路见图 10-22。

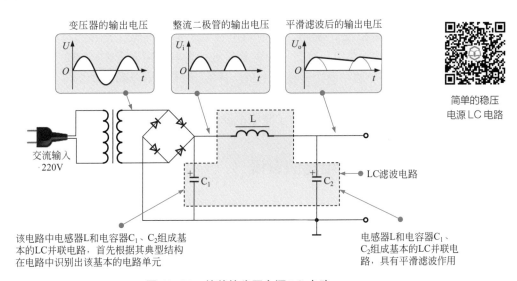

图 10-22　简单的稳压电源 LC 电路

在该电路中，电感器 L 与电容器 C_1、C_2 组成的基本 LC 并联电路（又称为 π 形 LC 滤波器），具有更强的平滑滤波效果，特别是对滤除高频噪波有更为优异的效果。交流 220V 经变压器和桥式整流电路后，整流二极管输出的脉动直流电压 U_i 中的直流成分可以通过 L，而交流成分绝大部分不能通过 L，被 C_1、C_2 旁路到地，输出电压 U_o 则为较纯净的直流电压。

10.3.6　电源稳压电路的识读

根据上述内容了解到，电源稳压电路主要是由二极管、电阻及三极管等部件构成的，因此对其进行识读时，可首先在电路中找到该基本单元，根据电路结构，区分稳压电路的电路结构。

例如，一种低压小电流稳压电源电路的识图分析见图 10-23。

该电路能输出稳定的 −6V 电压，最大输出电流可达 100mA，适用于收音机。在不考虑 C_1 和 C_2（起滤波作用）时，电路可分为两部分：稳压部分和保护电路部分。其中，稳压部分主要是由 VT1、VD$_Z$、R$_1$ 和 R$_L$ 构成，保护电路部分由 VT2、R$_1$、R$_2$ 和 R$_3$ 构成。

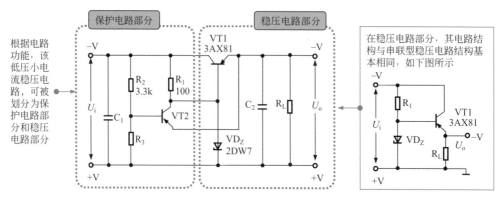

图 10-23　一种低压小电流稳压电源电路

从图 10-23 中可以看出，当稳压电路正常工作时，VT2 发射极电位等于输出端电压。而基极电位由 U_i 经 R$_2$ 和 R$_3$ 分压获得，发射极电位低于基极电位，发射结反偏使 VT2 截止，保护不起作用。当负载短路时，VT2 的发射极接地，发射结转为正偏，VT2 立即导通，而且由于 R$_2$ 取值小，一旦导通，很快就进入饱和。其集 - 射极饱和压降近似为零，使 VT1 的基 - 射之间的电压也近似为零，VT1 截止，起到了保护调整管 VT1 的作用。而且，由于 VT1 截止，对 U_i 无影响，因而也间接地保护了整流电源。一旦故障排除，电路即可恢复正常。

10.3.7　整流滤波电路的识读

整流滤波电路主要是由电容、电感等部件组成的，因此对其进行识读时，首先要了解该电路的基本组成，找该电路中典型器件构成的功能电路，对其在整个电路中的功能进行识读，最后完成整个电路的识图过程。

典型整流滤波电源电路见图 10-24。

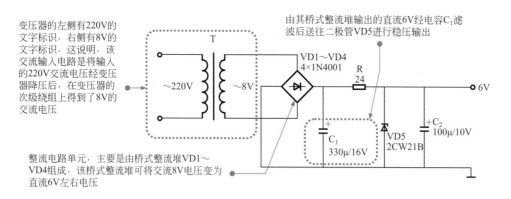

图 10-24　典型整流滤波电源电路

通过图 10-24 可知，收音机电路中的电源电路主要是由变压器 T、桥式整流堆 VD$_1$ ～ VD$_4$、滤波电容 C$_1$、C$_2$ 及稳压二极管 VD$_5$ 等部件构成的。

在收音机的电源电路中，交流 220V 电压经变压器降压后输出 8V 交流低压，8V 交流电压经桥式整流电路输出约 11V 直流电压，再经 C_1 滤波，R 限流、VD_5 稳压，C_2 滤波后输出 6V 稳压直流电压。电路中使用了两只电解电容进行平滑滤波。

【提示】▶▶▶

利用稳压二极管进行稳压的电源电路虽然简单，但最大的缺点就是在负载断电的情况下稳压二极管仍然有电流消耗，负载电流越小时稳压管上流过的电流则相对较大，因为这两股电流之和等于总电流。故该稳压电源仅适用于负载电流较小且变化不大的场合。

10.3.8 基本触发电路的识读

在对基本触发电路进行识图分析时，首先需对该电路的基本功能进行了解。之后，可对电路中涉及触发器的电路结构进行识别，确定该触发器的具体类型。对于一些无法判定其结构类型的触发器，读者通常可根据其电路型号，通过网络或其他资源来确定其电路结构。然后，可根据该触发器的功能及输入 / 输出引脚的外围电路，对电路的识读内容进行逐步扩展，从而了解整个电路的信号走向。

例如，采用八 D 触发器的轻触式电子互锁开关电路见图 10-25。

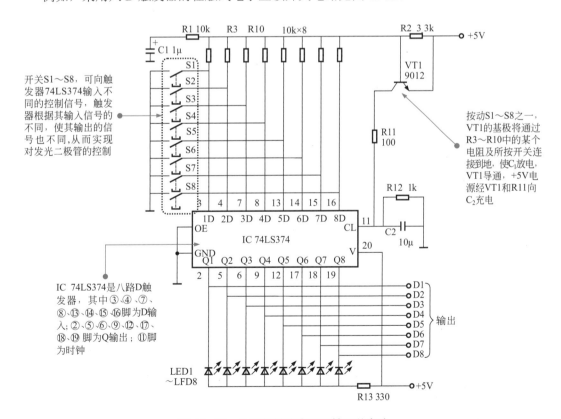

图 10-25　八路轻触式电子互锁开关电路

该电路具有简洁、体积小、操作舒适的特点，可输出八路信号。

该电路主要由三态同相八 D 触发器 74LS374 构成。电路中 S1 ～ S8 为八个轻触按钮开关。LED1 ～ LED8 为对应的开关状态指示灯。按动 S1 ～ S8 之一，VT1 的基极将通过 R$_3$ ～ R10 中的某个电阻及所按开关连接到地，使 C1 放电，VT1 导通，+5V 电源经 VT1 和 R$_{11}$ 向 C2 充电，在 IC⑪脚形成一个正脉冲，经整形后送往各 D 触发器，由于所按下的按钮对应的 D 端接地，且①脚接地为低电平，其对应的 Q 端也跳变为低电平并锁存。此时相应的 LED 指示灯被点亮，并输出信号至功能选择电路。若下次再按动其他按钮开关，电路将重复上述过程。

C2 和 R12 可提供一个约 10ms 的延迟时间，可在换挡时防止误动作。C1 主要起开机复位作用。

10.3.9　基本运算放大器的识读

对基本运算放大器的识读，首先要了解基本运算放大器的特点和基本功能。接下来，从电路的主要电路部分入手，找到主要的运放部件，了解该运放的功能及结构特点。然后，依据运放引脚功能，理清信号经输入 / 输出信号端、控制端后产生的变化或影响。最后，顺信号流程，逐步完成整个运算放大电路的识读方法。

例如，利用运算放大器构成的温度检测电路见图 10-26。

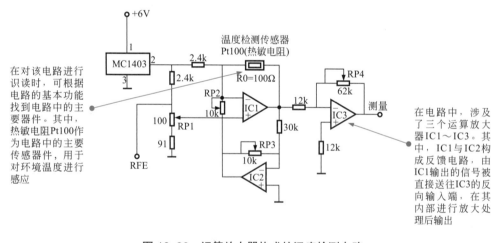

图 10-26　运算放大器构成的温度检测电路

MC1403 为基准电压产生电路，其②脚输出经电阻（2.4kΩ）和电位器 RP1 等元件分压后加到运算放大器 IC1 的同相输入端，热敏电阻 PT100 接在运算放大器的负反馈环路中。

环境温度发生变化，热敏电阻的值也会随之变化，IC1 的输出加到 IC3 的反相输入端，经 IC3 放大后作为温度传感信号输出，IC1 相当于一个测量放大器，IC2 是 IC1 的负反馈电路，RP2、RP3 可以微调负反馈量，从而提高测量的精度和稳定性。

10.3.10　遥控电路的识读

在对遥控接收电路进行识读时，通常先根据其电路功能，将电路进行划分，区分开遥控发射和遥控接收部分。接着，分别从各单元电路入手，找到电路中主要元器件，并对其功能进行了解，逐一识读线路的基本信号流程。

简单的红外光遥控电路见图 10-27。

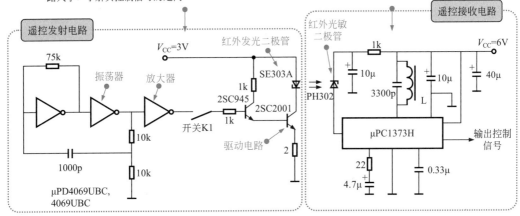

根据电路功能，该电路可被划分成遥控发射电路和遥控接收电路两部分。在对电路进行识读时，可首先从遥控发射电路入手，了解其控制信号的走向

在对遥控接收电路进行识读时，其信号的输入端为红外光敏二极管，其用来接收由遥控发射电路送出的光信号，读者可以将这一信号的变化作为识读的主线，逐步了解该信号在经过不同部件后，所产生的变化

图 10-27　简单的红外光遥控电路

遥控发射电路是由振荡器、放大器、开关 K1，驱动电路等部分构成的，振荡器产生的脉冲信号经放大、驱动后去驱动红外发光二极管。

红外遥控接收电路是由 μPC1373H 和红外光敏二极管等部分构成的，红外光敏二极管收到光信号后，将光信号变成电流送给 μPC1373H，经放大、滤波后输出控制信号。

工程师宝典APP

可 以 看 视 频 的 电 子 书

☑ **嵌入视频**：无需扫码，直接观看　☑ **搜索浏览**：知识点快速定位

☑ **重新排版**：更适合移动端阅读　☑ **留言咨询**：与作者及同行交流

扫描二维码下载APP，
免费获取本书全部电子版

电子书获取步骤：

1.扫描二维码根据提示下载APP

2.使用邀请码注册（刮开涂层，获取邀请码）

3.搜索作者名或书名（或书号）下载电子书